丛书编委会

主　编：顾逸东

副主编：侯中喜　姜鲁华　徐忠新

编　委：宁　辉　段登平　陆伟宁　刘　毅

　　　　杨希祥　杨宇明　谭惠峰　朱立宏

　　　　宋笔锋　王勋年

临近空间低速飞行器系统与技术丛书

太阳能飞机
基于广义能源的总体参数设计

Solar-powered Aircraft
Conceptual Parametric Design Based on Generalized Energy

郭　正　朱雄峰　侯中喜　高显忠　李晓华　著

科　学　出　版　社
北　京

内 容 简 介

受限于太阳辐射的光伏转换效率，能源紧缺是太阳能飞机总体设计面临的核心问题，所有分系统设计参数都必须追求极限以满足能源闭环的要求。本书提出了广义能源概念，并发展出一种太阳能飞机总体参数设计理论，推导出一系列广义设计参数，将气动、结构、动力推进、光电转换、储能电池等分系统性能参数统一表征为广义能源，得到不同学科设计指标对能源闭环的影响度和贡献度。通过总体优化设计，发现各学科参数的等价性和敏感性，找到最有利于能源闭环的设计域和最佳的分系统设计参数匹配。

本书适合高等院校飞行器设计专业高年级本科生和研究生使用，也可供从事飞行器设计工作的科研人员和工程技术人员参考。

图书在版编目（CIP）数据

太阳能飞机：基于广义能源的总体参数设计/郭正等著. —北京：科学出版社，2021.12
（临近空间低速飞行器系统与技术丛书）
ISBN 978-7-03-070844-1

I. ①太… II. ①郭… III. ①太阳能–飞机–总体设计–教材
IV. ①V272

中国版本图书馆 CIP 数据核字（2021）第 261712 号

责任编辑：刘信力 / 责任校对：彭珍珍
责任印制：吴兆东 / 封面设计：无极书装

科 学 出 版 社 出版
北京东黄城根北街 16 号
邮政编码：100717
http://www.sciencep.com

北京虎彩文化传播有限公司 印刷
科学出版社发行　各地新华书店经销
*

2021 年 12 月第 一 版　开本：720×1000 1/16
2021 年 12 月第一次印刷　印张：10 3/4
字数：200 000
定价：118.00 元
（如有印装质量问题，我社负责调换）

丛 书 序

临近空间 (Near Space) 主要指高于一般航空器的飞行高度，而又低于一般航天器轨道高度的空间区域，其高度和自然环境特殊，与传统航空航天范畴存在较大差异，是人类科学技术和空间利用认知水平达到一定程度的产物。

临近空间概念自 2003 年就陆续在多篇学术文章中出现，但较为系统完整的阐述是在 2005 年 1 月美国一篇《临近空间——空间效果赋能器》的研究论文中，当时研究主要围绕利用 20km 附近存在较为稳定的低速风带特征，关注可能实现年量级区域保持能力的临近空间低速飞行器，期望未来可实现较大区域覆盖能力的信息保障能力，高空太阳能飞机和平流层飞艇是两个重点发展方向，其高价值应用能力也被形象地称为"平流层卫星"。

世界各国高度关注临近空间的未来应用期望和战略地位，积极布局和开展临近空间与临近空间飞行器研究。但由于该区域大气密度较低，如按照国际标准大气数据，20km 高度大气密度约为海平面的 1/14，50km 约为万分之八，这使得飞机因无法获得足够的气动升力而难以抵达；而有大气就有大气的阻力，大气阻力的耗散作用又使卫星速度迅速衰减，进而导致陨落。长久以来，传统航空和航天领域设计师很难设计出适合临近空间环境可靠飞行器的飞行器，成为人类有待开发和利用的新领域。

自 2004 年，我国就系统地开展了临近空间的体系布局和技术攻关研究，还曾经在名称上翻译为"近空间"还是"临近空间"进行了争论，也曾就区域上限和下限的具体数值定义进行了多轮争论；特别是在临近空间概念界定之初，我国科学家就将高超声速飞行器纳入其中，将临近空间典型飞行器拓展为低速和高速两大类，而美国在 2006 年后才逐步有了这些认识。上述工作都反映了我国临近空间领域研究的活跃性，也反映了我国一批科研工作者活跃在该领域研究和发展的前沿。

时间上我国临近空间研究与世界各国站在同一起跑线上，且经过多年攻关研究，取得了较为系统全面的发展，形成了一些有我国特色需求的技术路线，掌握了一批核心关键技术，部分方向已经走在了世界的前列。但与美国相比，仍存在工业基础和基础研究薄弱、技术攻关和创新能力欠缺、集成测试和试验验证能力不足等问题，这对我国抢占临近空间新型战略空间，形成新型应用能力，推动国民经济和社会发展产生严重影响。

由于临近空间系统研究的时间较短，到目前为止世界范围内还没有形成完整独立的研究体系，也较少有应用成熟的产品，这给我国在该领域实现突破性发展，引领世界创造了新机遇。临近空间利用也带来了新挑战，给我国基础科学研究带来了创新前沿牵引，对空天领域多学科交叉发展有着巨大的推动作用，对催生新的技术和产业链提供了新契机，对促进国民经济发展和军事应用带来了更为广阔的空间。

要实现临近空间在世界范围内的领先地位，人才培养和知识积累是重要的基础和保障。当前我国独立从事临近空间领域研究的人员较少，多为原航空、航天范畴科研人员转改，技术基础薄弱，系统培训不足；加之，临近空间还未形成独立的学科专业，新一代人才培养模式没有与临近空间快速发展的形势相匹配，专门的临近空间体系化基础书籍已成为制约人才培养的核心因素之一。

科学出版社审时度势规划建设"临近空间低速飞行器系统与技术丛书"，期望将我国在临近空间领域最新研究成果及时总结，做好知识积累的体系谋划和人才培养推动的基础支撑。本丛书重点关注临近空间低速飞行器的设计、研发、测试、试验、使用、维护等环节的关键技术，着重讲述相关基础科学和重难点问题，计划为临近空间领域低速部分的科研工作者提供较为系统完整的基础知识参考，为后续有计划开展临近空间研究的高年级本科生和研究生提供教材或辅导书。

本丛书围绕临近空间低速飞行器的总体设计、材料与结构、再生循环能源、动力与推进、动力学与控制、环境适应性与环控、试验场与测控、临近空间环境等方向规划丛书建设，并且结合快速发展的技术及时更新，初步计划再用5年的时间完成第一批丛书的建设，填补世界范围内没有专门临近空间系列丛书的空白，树立中国在该领域基础知识传播的文化自信，计划再用5年的时间完成丛书的体系优化和改版，形成较为完善的临近空间低速方向的研究基础丛书。该丛书的出版，特别是系列中文书籍的出版，功在当代，利在千秋，将更有利于我国科技工作者和学生的快速成长，可为我国临近空间领域的开发和利用奠定坚实的基础。

本丛书的组织工作得到了国家重大专项管理部门的大力支持，得到了国内该领域优势单位的积极响应，得到了一批高水平专家学者的鼓励和参与，在此一并表示衷心的感谢！

丛书编委会成员主要是按照丛书重点专业方向，由国内该方向资深专家学者构成，后续也期待有越来越多的专家投入丛书编写和编审工作，进一步提升丛书的广度和深度，推动我国临近空间领域工作形成体系，实现国际一流的发展目标，为建设世界一流国家做贡献。

2019 年 7 月

前　言

临近空间太阳能飞机以其飞行高度优势和持久驻留特性，成为可执行侦察、监视、预警、通信等任务的优良的军民两用高空飞行平台，是当今航空航天技术领域的研究热点之一；另一方面，太阳能飞机利用太阳辐射经光伏转换而来的电能维持飞行，具有零排放、零污染的环境友好特性，正符合当前全球大力倡导的低碳环保要求，可以预见，太阳能飞机必将获得各科技大国的大力支持，并在先进设计技术和工程实用化方面取得巨大进展。

太阳能飞机以环境中的太阳辐照为能源，而常规飞机则以自带化石燃料为能源，二者的能源体系截然不同，导致其总体设计方法也大不相同。由于太阳辐射能源及其转换效率较低，能量紧缺成为太阳能飞机总体设计面临的核心问题，所有分系统设计参数都必须紧紧围绕能源闭环这一核心要求，具体表现为气动、结构、动力、推进、控制等分系统参数都趋于设计极限。针对这一客观实际，本书提出了广义能源概念，并力图以此为基础发展出一种太阳能飞机总体参数设计理论，其思想是将气动效率、结构重量、动力推进效率、光伏转换效率、储能电池能量密度等参数都表征为广义能源，直观地理解就是，对于缓解能源紧缺的矛盾，提高气动效率或降低结构重量与获取更多的能源是等效的，提高其它分系统性能效果亦然，也就是说，气动效率亦即能源，结构减轻亦即能源，高效推进亦即能源等等。按照这一思路，本书推导出一系列广义设计参数，分别称为广义气动参数、广义结构参数、广义光伏参数、广义储能参数等，使用这些组合参数可以将不同学科设计参数统一到能源的角度，得到齐整的关系式表征不同学科设计指标对能源闭环的影响度和贡献度。这将简化总体设计过程，发现各学科参数的等价性和敏感性，找到有利于能源闭环的设计域和最佳的多学科设计参数的统筹匹配。

作者从 2009 年开始从事太阳能飞机总体设计技术及工程实现技术研究。在实际研究工作中，不断深化完善基于广义能源的总体参数设计方法，并通过研制工程样机实际验证该方法，得到了一些有意义的结论和成果，为下一步太阳能飞机的型号研制提供了技术支撑。现将相关研究工作整理出版，希望能够为从事太阳能飞机相关技术开发工作的科研人员，以及相关专业的本科生、研究生提供些许参考和借鉴。

本书中所说的"太阳能飞行器"即指"太阳能飞机"。

本书的研究工作得益于作者团队与西北工业大学、哈尔滨工业大学、中国航天空气动力技术研究院、中国电子科技集团 18 所和 21 所相关同行的密切交流与合作，在此谨向上述单位的同行表示衷心感谢！感谢作者单位各级主管部门对本书出版工作的大力支持！感谢国防科技大学空天科学学院杨希祥教授、朱炳杰副教授、王鹏副教授、陈清阳副研究员、麻震宇副研究员、包慧娟工程师对本书研究与出版的指导和支持！

限于作者的学识水平，书中难免存在不足与疏漏之处，敬请广大读者批评指正。

作　者

2021 年 11 月于国防科技大学

目　　录

第 1 章 绪   论

本章绪论首先概述介绍太阳能飞行器，即太阳能飞行器的概念、主要特点等；并探讨了太阳能飞行器的预期应用前景；随后介绍国内外太阳能飞行器的研究进展，分为原型演示验证机的研究进展和理论研究进展；最后介绍本书的框架结构和主要创新点。

1.1 太阳能飞行器概述

光伏太阳能技术即通过太阳能光伏电池吸收太阳辐照，并将其转换成电能的技术。从 20 世纪 70 年代起，光伏太阳能技术被认为是人类获得可替代能源的一项革命性途径。然而，随着上一次能源危机逐渐离我们远去，人类对太阳能的兴趣骤然下降 [1]。步入 21 世纪，随着社会的进步，人类对减少对化石能源的依赖，以及减少温室气体排放的呼声越来越高。由于太阳能飞行器以可再生的太阳能作为能源，因此再一次吸引了航空航天领域研究人员以及公众的广泛兴趣。从 1974 年，人类历史上第一架太阳能飞行器 Sunrise I 完成了首航，针对太阳能飞行器的研究就不断的进行着。与传统的飞行器不同，太阳能飞行器通过覆盖在机翼表面上的太阳电池，将太阳能转换成电能，所获得的能量用于满足飞行器白天飞行的能量需求，并将剩余的能量储存在二次储能电池中，当夜间到来时，储能电池将提供飞行器飞行所需的能量。太阳能所具有的环境友好和能量取之不尽、用之不竭的优点，正符合了当前全球化的环境主义精神即零排放和零污染等需求，因此太阳能飞行器在可预见的未来将会获得巨大发展 [2]。

由于太阳能是取之不尽的能源，太阳能飞行器在高空长航时 (High Altitude and Long Endurance, HALE) 飞行领域具有巨大的应用潜力。太阳能飞行器可以设计飞行在临近空间，即高于传统的航空飞行器飞行空域且低于航天飞行器的飞行区域 (20~100 km)。此外，太阳能飞行器可以不间断的飞行在临近空间历时数月甚至数年，飞行时间将取决于飞行器系统的可靠性和太阳光辐照条件 [3,4]。如此长的飞行时间，对传统的采用化石燃料的航空飞行器而言显然是不可行的。太阳能飞行器可以作为低轨道卫星的补充 (即大气层内卫星，Pseudo Satellite)，且具有如下优点：飞行高度低、自由方便的部署调度、更高的对地空间分辨率、更高的对地观察时间分辨率 (重复覆盖时间间隔短)，以及更低的研发、制造和使用成本 [5]。太阳能飞行器亦可以作为高空气球，临近空间飞艇的替代品或补充，并具有如下优点：较高的机动能力、较强适应各种天气的能力，以及可以方便的部署和回收。与传统的低高度飞行的航空飞行器相比，太阳能飞行器具有如下优点：具有较高的飞行高度和较大的覆盖范围。上述比较表明，太阳能飞行器可以完成多样化的任务，在军用领域和民用领域具有广泛的应用前景，如：可以作为中继通信平台 (Relay Communication)，情报/监视/侦察平台 (Intelligence, Surveillance and Reconnaissance, ISR)，森林火灾早期预警 (Wildfire Warning)，现代精密农业辅助 (Precision Agriculture)，油气管道监视 (Pipe Line Monitoring)，陆地和海洋边界巡逻 (Border Patrol)，环境污染和放射性灾害观察等。上述的应用任务中，许多工作环境是昏暗、肮脏、危险 (Dull, Dirty or Dangerous, DDD) [6]，这些工作往往是高风险和高成本的。

　　虽然太阳能飞行器有诱人的应用前景，太阳能飞行器是目前最尖端、最前沿的科学研究，且太阳能飞行器的可行设计域往往比较狭小。研究能在更高高度巡航且飞行时间更长的太阳能飞行器是该研究领域永恒追求的目标。其中最核心的问题和困难是，高高度空大气密度十分低，飞行功率需求高，而可获得的太阳能却并没有显著增加 [7]。如 20 km 高度的大气密度仅为海平面大气密度的十分之一 [7]，因此用于支撑飞行器飞行的动压显著减小；最重要的是太阳能辐照的功率密度，以及储能电池的能量密度都远低于传统的内燃机和化石燃料。上述约束导致了太阳能飞行器只有十分狭小的设计空间。总而言之，太阳能飞行器较传统的航空飞行器是有较大技术难点的，主要集中在较小的翼载荷、较小的功率载荷，以及从始至终都紧缺的能源。因此从总体上看，太阳能飞行器需综合考虑大型轻质结构、太阳电池转换效率、储能电池能量密度，以及推进系统等，使之能实现能量闭环且获得更长时间飞行的能力。除此之外，我们应该考虑多学科因素，如能源、结构、气动系统等。上述这些学科往往是相互耦合的。为得到一个较优的设计，需要分析上述学科的敏感度和耦合关系，并采用多学科集成优化的思路和方法。

1.2　预期应用前景

1.2.1　ISR 和中继通信

　　基于气体动力学的航空飞行器和基于轨道力学的航天飞行器，均会面临永恒的矛盾和权衡：即对地观测分辨率和瞬时覆盖面积的矛盾，一般地，飞行高度越高，对地分辨率越低，然而瞬时覆盖面积越大。临近空间 (通常定义为 20～100 km 高度的空域) 飞行器，根据其范畴一般飞行在高于航空飞行器且低于航天飞行器的空域，因此弥补了航空飞行器飞行高度太低和航天飞行器飞行高度太高的不足，且进一步丰富了信息支援平台的选择范围 [8]。太阳能飞行器是临近空间飞行器中最具发展前景的飞行器。由于采用取之不尽、用之不竭的太阳能,太阳能飞行器的理论续航时间是无限的,因此可以作为大气层内的卫星,在空中服役数年直至最后机械设备故障发生为止。传统航空飞行器中,全球鹰 (Global Hawk) 无人飞行器,能在 18.2 km 的高空连续飞行数天,首次验证了 HALE 飞行和 HALE 飞行器的特点和优点。而太阳能飞行器 Zephyr 7 在 2010 年 14 天的连续飞行,充分展示了太阳能飞行器的优势,并进一步点燃了人类永恒飞行的梦想。美国国防部高级研究计划局 (Defense Advanced Research Projects Agency, DARPA) 的秃鹰 (Vulture) 计划,提出了能在空中实现长达 5 年飞行的太阳能飞行器,此续航时间几乎是大多现役卫星的设计寿命。太阳能飞行器所谓的高空飞行特性,是与传统的航空飞行器相比而言的。传统航空飞行器的典型飞行高度在 10 km 以下,而太阳能飞行器则可以连续飞行在 30km 高度甚至更高。

太阳能飞行器的 HALE 飞行特性,吸引了尤其来自军方的广泛兴趣,它的首要应用需求就是用于情报/监视/侦察上述使用包括将太阳能飞行器嵌入 C4ISR (Command, Control, Communications, Computers, ISR) 系统中作为一个信息支援节点。当前已经有长航时航空飞行器 (如 Global Hawk) 用于 ISR 任务,尽管这些飞行器只能留空数小时或数十小时,并且消耗数以吨计的燃料。某些军用卫星平台,如美国的 KH-11 和 KH-12 [9] 也已经广泛用于 ISR 任务中去。然而这些卫星平台都受限于基本固定的工作轨道,并只能提供断续的信息支援服务。要实现对同一个热点地区的连续观测,需要数颗卫星协同工作。此外,卫星的轨道可以简单的预测,而实现轨道转移尤其是异面轨道的转移将消耗大量的宝贵燃料。上述的这些因素,导致卫星极容易受到非合作势力的攻击。近年来,基于轻于空气理论的浮空飞行器如高空飞艇 (HAA) 等也被寄予希望用于 ISR 任务,如洛克希德马丁 (Lockheed Martin) 公司的 HAA 飞艇等 [10]。然而上述浮空飞行器通常具有十分庞大的体积,以致难以应付平流层的横风。此外浮空飞行器需要面临上升和下降过程中的体积变化等问题 [11]。与之相反的是,太阳能飞行器能自由机动到指定的热点地区,缓慢的盘旋在当地上空,提供连续不间断的 ISR 信息,并且能以一个相对较高的对地分辨率,长时间覆盖一个相对较大的区域。图 1.1 展示了 Heliplat 飞行器飞行在 20 km 的高空,能为直径约为 300 km 的圆形地面区域提供信息支援服务;而为实现相同的效果,需要有 5 架中高空长航时无人飞行器协同工作,并且将要花费约是 Heliplat 飞行器 4 倍的成本。图 1.2 展示了 7~8 架 Heliplat 飞行器就足以覆盖整个南地中海,从西班牙至土耳其的广大区域 [12,13]。

太阳能飞行器同样受到来自民用部门的广泛兴趣,因为此类飞行器可以直接用于空中中继通信平台,如微波通信,高频通信和甚高频通信,此外还可以为蜂窝电话提供空中平台。相比传统的地面中继通信系统,太阳能飞行器可以覆盖更大的

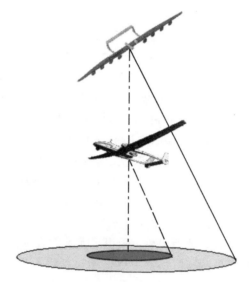

图 1.1 高高度飞行的优势 [12]

图 1.2 Heliplat 为南地中海提供信息支援服务 [13]

区域，而相比传统的卫星中继通信，太阳能飞行器可以更方便地部署展开。在 2002 年夏威夷的考艾岛 (Kauai Island, Hawaii)，美国航空航天局 (NASA) 开展了基于空中平台的无线电中继通信试验。将一套通信设备 International Mobile Telecommunication 2000 安装到太阳能飞行器 Pathfinder Plus 上，Pathfinder Plus 飞行至 20km 的高空，该空中中继通信平台可以为超过 200 km 半径的地面区域提供移动通信服务 [14]。理论上，太阳能飞行器飞行至 20 km 高空时可以为地面水平距离为 500 km 的区域提供信息服务，而飞行至 30 km 高度时，该服务区域可以扩大至 600 km [15]。

1.2.2 灾害预警救援和评估

自然灾害如森林火灾、洪水、地震、火山喷发、海啸、飓风等每年都在发生，并且影响和破坏人类的正常生活。2004 年的印尼海底地震引发的海啸，夺去了来自 14 个国家 230000 人的生命。2008 年的发生在中国四川的汶川大地震，夺去了 69195 人的生命。2013 年 11 月，台风 "海燕" 袭击了菲律宾，根据国际红十字会 (International Federation of Red Cross and Red Crescent Societies) 统计，此次灾害共造成 6183 失去生命，318270 个家庭流离失所。类似的大规模的灾害却年复一年的发生。

尽管我们不能阻止某些自然灾害的发生，但通过有效的提前预测并发出警告，可以大幅度减小上述自然灾害带来的损失。当前对自然灾害建模和仿真 (如天气预报等) 是广泛使用的灾害预测方法。然而上述自然灾害系统是多维非线性等十分复杂的系统，以致准确建模十分困难，甚至某些情况所建立的模型是不可信的。而原始直观的对灾害进行感知 (如深入当地进行图像观测) 仍然是极为重要的，且可信度比建模和仿真更高 [16]。通过抵近观察获得灾害发生的信号，能产生早期预警，并以近乎实时的速度将其传递至地面控制人员。太阳能飞行器具有 HALE 飞行的能力，是用于上述早期预警的理想平台。通过在太阳能飞行器上安装光学/红外/雷达/多光谱等成像传感器，并将其部署在敏感区域。同时太阳能飞行器可以在空中自由机动到其他敏感地区。通过水平扫描获得关键的成像信息，进而获得敏感地区的完整观测报告。通过太阳能飞行器这个平台，当森林火灾发生时可以提供实时警报；当火山喷发或海啸发生时，可以跟踪其发展扩散的轨迹；当洪水发生时可以提供洪水蔓延的实时图像。近年来，科学家和工程师已经尝试使用高空飞行平台用于自然灾害的早期预警。例如在 2007 年，美国的 DFRC 和美国森林服务机构 (US Forest Service) 合作启动了 Ikhana 项目，目的在于使用 MQ-9 高空无人飞行器系统，用于监视西部各州的森林火灾 [17]。图 1.3 展示了在上述任务中一次 Castle Rock 森林火灾的 2D 和 3D 视图。

在自然灾害发生的地区，通常都会伴随电力的中断。此外，当前的通信系统一般都是基于地面基站的蜂窝移动通信系统，上述系统在自然灾害发生时很容易被摧毁。对灾害发生地区的居民，通信和电力的中断往往是噩梦，并会进一步阻碍救援行动的展开。例如，在 2008 年汶川地震中，在 8 名空降兵着陆到重灾区映秀镇之前，人们还不知道那里发生了什么。未来，太阳能飞行器可以作为空中中继通信平台，可以向外界提供受灾地区的关键信息。在灾害救援的过程中，寻找幸存者，建立避难所，分发食物和提供医疗服务等都是首要进行的工作。通过长时间盘旋飞行在灾害地区上空，太阳能飞行器可以作为上述工作的信息中枢，指导救援工作。通过该信息中枢，可以采集受灾地区全局的信息，更有效率地指导救援部队的工作，并可以有效避免二次灾害的发生。在灾害救援工作后，太阳能飞行器可以携带成像载荷，对受灾情况和损失进行合理的评估。除自然灾害外，太阳能飞行器还可以作为人为灾害救援的理想观察平台，如有毒气体排放、核泄漏，以及恐怖袭击等。

图 1.3　美国 Castle Rock 森林火灾的 2D 和 3D 成像 [17]

1.2.3　农业监视和决策支持

随着种植面积的急剧扩大 (种植面积通常以平方公里算，而不是传统的平方公顷)，现代农业迫切需要新的技术。农场主总是希望最大化单位种植面积的收益，为此催生了对精密农业的需求。精密农业需要整体考虑时间和空间上各种可变因素，以及生物和非生物因素，如灌溉系统、病毒侵害、农作物成熟、野草大规模生长、破坏性昆虫、受精畸形等 [18]。为实现对农业评估和决策制定，需要对上述因素的时空分布状况有准确的了解。

首先，精密农业需要高分辨率 (如为了观测种子发芽，需要成像分辨率小于 1m) 的多光谱成像系统。其次，提供信息需要有足够的时间频度 (1 天或 3 天实现再观测)，同时信息传递需要足够的时效 (至少满足 1~24 h 完成信息传递；相反，收集数据后 5 天再发给农场主的信息是无效的) [19]。传统的方式是雇佣劳动力，使用地面车辆或步行的方式搜集作物信息，因此极其费时且成本高。而且通常会随机抽查一些区域采样分析，因此会因抽查时间和空间的分散而不能准确描述整个农场，因而会得到不可信的评估。另一种方法是租赁商用卫星 (如美国快鸟 (Quick Bird))。然而从卫星上获得的信息往往是不连续的，当再覆盖时会出现与前一次观测较大的时间延迟，且由于轨道高度较高导致空间分辨率较低。此外，租赁商业卫星的成本往往较高，且难以按计划部署，不能准确的覆盖指定区域，因此商用卫星的上述缺点对农场主来说是不能接受的。相比卫星，太阳能飞行器可以飞行在较为中等的飞行高度，且比传统航空飞行器飞行高度高，因而不会与传统航空飞行器的日常航线发生干涉。飞行在中等的飞行高度可以在对地成像分辨率和覆盖面积之间折中。通过缓慢飞行在指定区域上空,太阳能飞行器可以持续驻留相当长时间。通过即时的无线通信技术,可以将图像实时下传到地面上[20]。上述太阳能飞行器的特性,可以将高分辨率的图像以较高的再覆盖频率和接近实时的效率传送到农场主中,展示出他们农作物的当前状态。总之,太阳能飞行器可以作为一个高效的空中平台,能广泛用于精密农业领域。

近年来,科学家和工程师们已经着手将太阳能飞行器用于精密农业。在 2002 年 9 月,NASA 的 Pathfinder Plus 被用于一项农业概念验证 (proof-of-concept) 的任务,该任务用于观测夏威夷的 Kauai Coffee 公司 1500 公顷的咖啡农场[20,21]。通过搭载高分辨率的彩色成像载荷和多光谱成像载荷,Pathfinder Plus 提供了大量关于杂草、灌溉和特别是咖啡成熟片区的重要信息。图 1.4 和图 1.5 展示了杂草侵袭该咖啡农场,图中白色圆圈显示了杂草丛生的区域。

图 1.4 Pathfinder Plus 提供的咖啡种植园中杂草的分布图[21]

图 1.5 Pathfinder Plus 提供的咖啡种植园中农作物不连续区域[21]

1.2.4 行星大气探测

科学家近年来开展了一系列行星探测计划，如金星、水星、火星、木星以及一些类行星如月球，土卫六卫星 (Titan) 等。上述大部分行星探测计划都是采用卫星，着陆车以及随风或随重力飘动的气球。而最近科学家正考虑使用航空飞行器用于行星的大气探测。

航空飞行器可以从距离行星表面数十公里的高度进行观测，而不像以往轨道探测器需要从距离行星表面数百公里高度进行观测。前者可以飞行到指定热点区域进行观测，而不是对行星均匀的扫描。相比气球和登陆车，航空飞行器可以自由机动到指定区域，因此可以进行数百甚至数千公里尺度的观测，而这对气球和登陆车是很难实现的。航空飞行器可以有较长的留空时间，使其能滑翔至较低的高度和爬升至较高的高度，使探测器可以深入到不同的云层。考虑到在大多数行星大气层内均不存在氧气，传统以内燃机为动力的航空飞行器显然是不能用于行星大气探测任务的。然而大多情况下，行星上太阳能还是很充裕的，因此可以选择太阳能飞行器，或者选择使用混合太阳能和其他能源作为动力的飞行器。行星大气探测器通常包含一个空间飞行器用于空间飞行，一个进入飞行器用于进入行星大气层以及滑行下降，还包括一个航空飞行器用于执行科学研究任务 [22]。考虑到进入飞行器有一个体积限制 (如 Venus Probe 和 Pioneer Venus 只有一个直径为 1.3 m 空间的减速器 [23])，用作行星大气探测的太阳能飞行器，必须要能够折叠，以便于在发射升空和空间飞行过程中能将机翼、机身和尾翼折叠起来装入进入飞行器中，如图 1.6 所示。此外现在一些充气式的飞行器也已经在研究过程中。

近年来，NASA Glenn 研究中心的 Anthony Colozza 和 Geoffrey Landis 已经着手研究用于金星大气探测的太阳能飞行器 [24]。金星大气层外层辐照强度为 2600 W/m²，而地球大气层外层辐照强度仅为 1370 W/m²。因此相比地球，金星有着丰富的太阳能。金星大气层中从高度 65~75 km 处的气压和温度均与地球气压类似。前期的研究表明，金星上从 50~75 km 高度是比较适合太阳能飞行器飞行的。图 1.7 展示了太阳能飞行器在金星大气层内飞行的构想图。此外由 ESA 资助，且由 EPFL 的自动化实验室 (Autonomous Systems Lab) 研究的 Sky-sailor 太阳能飞行器，也是作为一个火星大气飞行的概念验证飞行器 [25]。然而由于火星大气密度十分低，约为地球大气密度的 0.7%，这就需要火星上的太阳能飞行器具有极轻的结构 (解决低动压问题)、大尺度机翼 (解决低 Re 问题)，以及高飞行速度 (解决低 Re 问题)，这些都是火星大气飞行面临的巨大挑战。需要指出的是，当行星距离太阳距离较近时，太阳辐照较为强烈，大气探测的太阳能飞行器才显得有意义。而在距离太阳较远的行星，只能考虑其他能量来源。如 Jason Barnes 等正在研究一种电驱动的无人飞行器，用于土卫六的大气抵近探测 (Airborne Titan Reconnaissance, AVIATR)，他们考虑使用放射性同位素热电发生器产生能量，用

以驱动飞行器飞行 [22]。

图 1.6 太阳能飞行器折叠后效果 [26]

图 1.7 金星大气探测太阳能飞行器的构想图 [24]

1.3 型号研究进展

1.3.1 型号研究里程碑事件

(1) Sunrise 系列项目

Sunrise 太阳能飞行器是由 Astro Flight 公司设计、制造和组织飞行的,它是世界上首架太阳能飞行器。首架原型机 Sunrise I 于 1974 年 11 月 4 日完成试飞,该原型机验证了航空飞行器可以单独依靠太阳能实现飞行。Sunrise I 的翼展是 9.8 m,全机长度 4.4 m,机翼面积 8.4 m²,整机重量 12.3 kg。在 1975 年的一次试飞中,Sunrise I 被一场风暴摧毁。图 1.8 展示了 Sunrise I 的首航 [27-29]。随后 Astro Flight 公司制造了 Sunrise I 的改进型,即 Sunrise II。该飞行器的构型与 Sunrise I 相同,但重量轻了 13%,也就是 10.3 kg,此外比 Sunrise I 能多产生

33% 的电能。在 1975 年 9 月 27 日的试飞中，Astro Flight 公司希望 Sunrise II 实现 15.2 km 的飞行高度，但事实上由于指挥控制系统的故障，Sunrise II 只达到了 5.2 km 的高度。在随后的一次飞行试验中，Sunrise II 受到严重的损毁，因此该项目被迫中止。5 年后，Sunrise II 的太阳电池板被拆解下来，并安装到一架全新的有人驾驶的太阳能飞行器 Gossamer Penguin 中去 [30,31]。

图 1.8　Sunrise I 的演示验证飞行 (1974) [31]

(2) ERAST 项目

在 20 世纪 70 年代末~80 年代初，美国政府资助并由美国航境公司 (AeroVironment Inc.) 先后实施了全尺寸太阳能飞行器项目：Gossamer Penguin 和 Solar Challenger。随后由该公司实施的 Pathfinder 项目是首个高空长航时太阳能飞行器原型机，该飞行器的翼展达 30 m。在 1993 底，Pathfinder 项目被纳入美国的环境研究飞机和传感器技术 (Environmental Research Aircraft and Sensor Technology，ERAST) 项目中。该项目是由美国 NASA 资助并由 NASA 所属的 DFRC(Dryden Flight Research Center) 研究中心管理。在 1995 年 9 月 11 日 DFRC 的一次飞行试验中，Pathfinder 实现了 15.4 km 的飞行高度。经过后续的若干次修改，Pathfinder 被转移到美国海军夏威夷 Kauai 岛的 PMRF(Pacific Missile Range Facility) 基地。在 1997 年春天的一次飞行试验中，Pathfinder 实现了 21.5 km 的飞行高度，打破了当时太阳能飞行器飞行高度纪录。Pathfinder Plus 是 ERAST 项目中的第二代太阳能飞行器。Pathfinder Plus 使用了 Pathfinder 的其中四段机翼，并将中间的机翼替换为一段更长的机翼，最终达到了总翼展 36.9 m。1998 年在 PMRF 的最后一次飞行中，Pathfinder Plus 创造了一个新的飞行高度纪录——达到 24.4 km。Centurion 是 ERAST 项目的第三代太阳能飞行器。该飞行器的旨在达到 30.5 km 的飞行高度。Centurion 的翼展为 63.1 m，大约为 Pathfinder 的两倍翼展。在 1998 年末的 NASA DFRC 中心，Centurion 进行了数次试验飞行，上述飞行过程只采用储能电池供电，并仅在低空飞行。

Helios 是 ERAST 项目的第四代太阳能飞行器。Helios 是在 Centurion 的基础上改进而来，Helios 使用了 Centurion 的五段机翼，并增加了第六段机翼 (长度为 12.5 m)，且增加了第五组起落架和吊舱系统。上述的修改使 Helios 的总翼展达到了 75.3 m。制造 Helios 主要是为了验证 NASA 的两大飞行目标：即在30.5 km 高度飞行和实现 20 h 的不间断飞行。因此 Helios 也分为高高空机型HP01 和长航时机型 HP03。在 2001 年 8 月 13 日 PMRF，Helios 的高高空原型机 HP01 达到了 29.5 km 的飞行高度，这是有翼航空飞行器水平持续飞行的全新飞行高度纪录。不幸的是，在 2003 年 6 月 26 日 PMRF，Helios 的长航时原型机 HP03 在飞行试验过程中解体，原因是该飞行器遭受了大气湍流和结构失效 [32-34]。图 1.9 展示了 ERAST 项目中各代太阳能飞行器的演变过程。

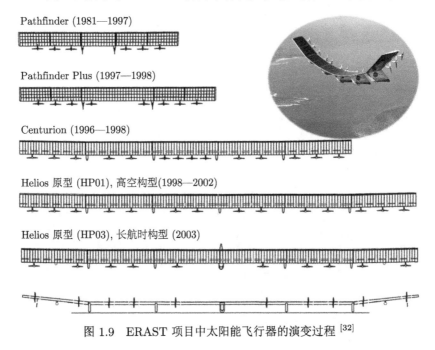

Pathfinder (1981—1997)

Pathfinder Plus (1997—1998)

Centurion (1996—1998)

Helios 原型 (HP01), 高空构型(1998—2002)

Helios 原型 (HP03), 长航时构型 (2003)

图 1.9 ERAST 项目中太阳能飞行器的演变过程 [32]

(3) Zephyr 项目

Zephyr 项目是由英国 Qinetiq 公司开展的。研究 Zephyr 飞行器的初衷是为了拍照热气球的上升过程，并记录下热气球打破飞行高度的过程。在 2001 年Zephyr 原型机命名为 Zephyr 2，目的是验证小于 7 kg 的飞行器可以自由或绳系起飞 (从英国布里斯托的 Clifton 悬索桥上放飞)。在 2002 年，Zephyr 3 被制造出来，该飞行器重 15 kg，全长 12 m。该飞行器可从热气球上绳系放飞，以实现40.2 km 飞行高度纪录。最后由于热气球出现了严重的技术问题，导致热气球以及 Zephyr 3 飞行器均未实现飞行。在 2005 年，Zephyr 4 被制造出来。该飞行器重约 17 kg，翼展 12 m。2005 年 2 月在南澳大利亚的 Woomera，Zephyr 4 进行了飞行试验。经过 1 h, Zephyr 4 由气球携带至 9.1 km 的高空并放飞。后续的研究项目 Zephyr 5 由两个飞行器组成, 即 Zephyr 5-1 和 Zephyr 5-2。该项目的主要目的在于验证从地面控制起飞, 而不是从氢气球上放飞。两个飞行器的主要区别是能源系统, Zephyr 5-1 (重约 31 kg) 携带有蓄电池和太阳电池, 而 Zephyr 5-2 (重约 25 kg) 只携带不可充电的储能电池。在 2005 年 11 月美国新墨西哥州, 两架飞行器都进行了试飞。其中, Zephyr 5-1 飞行了 4 h 而 Zephyr 5-2 飞行了 6 h。在 2006 年 7 月美国, 两架飞行器再一次进行了试验飞行。其中, Zephyr 5-1 飞行了 18 h (其中包括 7 h 在夜间) 且达到了 11 km 的飞行高度。

Zephyr 项目的后续型号 Zephyr 6 是由超轻质碳纤材料制造而成, 整机重约 30 kg, 翼展为 18 m。在 2007 年 7 月的美国新墨西哥州, Zephyr 6 达到了 17.7 km 的最大飞行高度。在 2008 年 8 月美国亚利桑那州的 Yuma 试验场, Zephyr 6 连续飞行了 82 h, 并达到了 18.3 km 的最大飞行高度。该飞行时间几乎是当时无人飞行器飞行时间纪录的三倍, 其中当时飞行时间最长的无人飞行器 Global Hawk 在 2001 年能实现 30 h 的连续飞行。Zephyr 项目中最新的原型机是 Zephyr 7 太阳能飞行器。在 2010 年 7 月美国亚利桑那州 Yuma 试验场, Zephyr 7 实现了 14 天 (336 h) 24 min 的连续飞行, 打破了航空飞行器的飞行时间长度纪录 [35]。图 1.10 所示是 Zephyr 项目中各代飞行器演化过程。

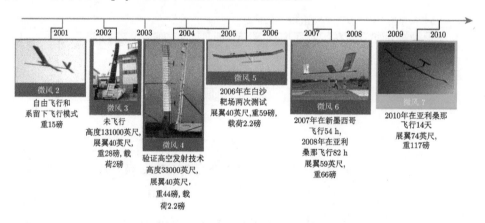

图 1.10   Zephyr 项目中各代飞行器的演化过程 [35,36]

(4) Solar Impulse 项目

Solar Impulse 项目是由瑞士的 Solar Impulse 公司实施的。2004 年瑞士著名的探险家 Bertrand Piccard(驾驶热气球实现环球飞行的第一人) 联合瑞士联邦理工 EPFL(Swiss Ecole Polytechnique Federalede Lausanne) 成立了 Solar Impulse 公司 [37-39]。该公司旨在研究能实现环球飞行的太阳能飞行器。在 2007~2008 年, Solar Impulse 公司制造了第一代太阳能飞行器 HB-SIA。该飞行器翼展 63.4 m

(约为 Boeing 747-400 的展长)，但总重量小于 1,600 kg (甚至要轻于通常的家用汽车)[39-41]。HB-SIA 由 4 个均为 10 马力的电机驱动，能量供应由 11,628 块太阳电池提供。白天剩余的电能被储存到约 400 kg 的锂离子电池中。在 2012 年 6 月，Bertrand Piccard 和 Andre Borschberg 驾驶 HB-SIA 从瑞士 (欧洲) 飞行至摩洛哥 (非洲)，这是太阳能飞行器的首次跨洲飞行。在 2013 年夏天，Bertrand Piccard 和 Andre Borschberg 驾驶 HB-SIA 从美国旧金山飞至纽约，实现了横跨美国的飞行。当前 Solar Impulse 公司正在设计制造第二代太阳能飞行器 HB-SIB[42,43]。HB-SIB 的主要改进是增加了增压的座舱，使飞行员能在 4~6 天时间内可以舒适地斜靠或躺在座舱里面。Bertrand Piccard 和他的 Solar Impulse 公司最终的目标是驾驶太阳能飞行器实现环球飞行，该壮举预计在 2015 年实施。图 1.11 和图 1.12 展示了 HB-SIA 两次著名的破纪录的飞行[43-45]。

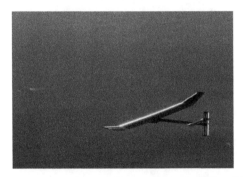

图 1.11　2012 年 HB-SIA 从瑞士飞往摩洛哥 [42]

图 1.12　2013 年 HB-SIA 从旧金山飞往纽约 [42]

(5) SoLong 项目

SoLong 项目是由 AC Propulsion 公司实施的。AC Propulsion 公司是专注于高效电机推进技术的公司。AC Propulsion 公司的创始人/董事长以及首席工程师 Alan Cocconi 以个人名义资助该项目。SoLong 项目的主要目的是验证依靠太

阳能实现若干天长时间飞行的能力。SoLong 飞行器是一个单翼机，翼展为 4.75
m，翼面积 1.5 m²，储能电池 5.6 kg (电池类型为 Sanyo 18650 锂离子电池，能
量密度为 220 W·h/kg)，使用 76 块 SunPower 公司的 A300 太阳电池，该飞行器
总质量为 12.6 kg。为了最大限度减小能量的消耗，SoLong 由六名经验丰富的操
作手遥控飞行，主要目标是寻找和利用上升气流，且避免下降气流。在 2005 年
6 月 3 日的 Desert Center Airport (位于 California 的 Colorado Desert 东面)
的飞行试验中，SoLong 实现了 48 h 的连续飞行。事实上该飞行器还能继续飞
行第三、第四甚至第五天，该飞行试验中止的主要原因是操作手们已经精疲力竭
了 [46,47]。图 1.13 展示了 SoLong 在飞行试验场中，图 1.14 展示了 SoLong 在结
束飞行后采用机腹擦地方式着陆。

图 1.13　Alan Cocconi 和他的 SoLong 原型机 [47]

图 1.14　SoLong 原型机试飞结束后采用机腹擦地着陆 [47]

(6) Helios Platform (Heliplat) 项目

　　Heliplat 是欧洲第一架超长航时同温层无人飞行器项目 (Very-long Enduran-
ce, Stratospheric Unmanned Aerial Vehicle)。该飞行器是双机身飞行器，有 8 个
无刷电机和两组方向舵 [13]。Heliplat 的设计目标是实现在同温层 17∼25 km 的长
时间飞行，以提供地中海地区信息支援服务。Heliplat 项目起源于 HELINET 的
分支项目，HELINET 是为了提供一个同温层平台用以交通状况监测、环境监视，

以及宽带服务。HELINET 项目由 Politecnico di Torino 进行协调。从 2000 年 1 月，Heliplat 项目在欧盟第五框架计划下资助，并由意大利 Turin Polytechnic 大学实施。Heliplat 项目的目的是开发一种由太阳能和可再生燃料电池驱动的，能在同温层实现超长航时 (约为 9 个月时间) 飞行的无人飞行器。事实上，由于缺少资金的资助，Heliplat 只完成了很小一部分工作，只完成了一架缩比验证机的设计和制造 [13,48-52]。图 1.15 展示了 Heliplat 飞行在地中海上空的想象图，图 1.16 所示是 Heliplat 结构件的组装过程。

图 1.15　Heliplat 飞行在地中海上空想象图 [52]

图 1.16　Heliplat 的结构件组装过程 [49]

(7) Sky-sailor 项目

Sky-sailor 项目由欧空局的 Space Technology Advancements by Resourceful, Targeted and Innovative Groups of Experts and Researchers 资助，并在瑞士 EPFL 下的 Autonomous Systems Lab 实验室开展。该项目于 2003 年末开始实施，目的在于设计制造超轻结构的太阳能飞行器，能够不间断飞行数天。该项目同时用于验证火星大气飞行的可行性。Sky-sailor 的布局类似于电动滑翔机，事实上它的几何构型主要来源于一架 Avance 滑翔机，该滑翔机曾打破滑翔距离和滑翔时间的世界纪录。Sky-sailor 的翼展为 3.2 m，锂离子储能电池重约 1.065 kg，飞行器总重 2.444 kg。在 2005 年 Sky-sailor 完成了首航。2008 年 7 月，

Sky-sailor 在瑞士 Niederwil 进行了一次长航时的演示验证飞行，实现了 27 h 的连续飞行 [25,53]。图 1.17 展示了 Sky-sailor 的空中飞行过程。

图 1.17　Sky-sailor 的演示验证飞行 [54]

(8) Vulture 计划

2007 年，美国 DARPA 寻求一种可以替代昂贵卫星的飞行器。这种飞行器用于满足情报/监视/侦察需求，或中继通信平台需求，为此提出了名为 Vulture 的计划。该计划是研究一种太阳能飞行器，能实现在空中长达 5 年时间的不间断飞行。该飞行器可以携带有效载荷 450kg，且能为有效载荷提供 5kW 电力输出。在 2009 年，Vulture 的第二阶段研究计划启动，目的是在于研究一种 HALE 无人飞行器系统，可以实现在空中 3 个月的飞行。共有三个研究机构在竞标该项目，寻求获得资助制造该飞行器。英国的 Qinetiq 公司 (旗下的 Zephyr 7 太阳能飞行器实现了长达半月的飞行) 联合 Boeing 公司提出了 SolarEagle 方案，该方案实际上是 Zephyr 太阳能飞行器的放大版本。Lockheed Martin 提出了一种特别的方案，该飞行器构型采用 10 套推进单元，且有三块巨大的可以倾斜的尾翼。Aurora Flight Sciences 公司提出了 Odysseus 方案，该方案由三块机翼组成 “Z” 字构型。图 1.18 展示了该计划的三个备选方案。最后得益于 Qinetiq 公司 Zephyr 系列的成功飞行，Qinetiq 公司和 Boeing 公司提出的 SolarEagle 方案中标。按计划将于 2014 年完成该飞行器的首航 [55−57]。

(9) 其他有影响力项目

除了上述介绍的太阳能飞行器研究项目和计划外，还有一些太阳能飞行器取得令人瞩目的成绩。1980 年 5 月 18 日，由 Paul MacCready 设计制造的 Gossamer Penguin 完成了首飞，它是人类历史上首架有人驾驶的太阳能飞行器。在 1981 年 7 月 7 日，继 Gossamer Penguin 之后的太阳能飞行器 Solar Challenger，实现从 Puntois-Cormeilles (靠近法国巴黎) 到 Manston Royal Air Force Base (靠近英国伦敦) 的横跨英吉利海峡飞行。此次飞行历时 5 h 23 min，飞行距离 262.3 km。在 1983 年 8 月 21 日，由 Günter Rochelt 制造的 Solair I 实现了 5 h 41 min 的飞行。在 1990 年 8 月，由 Eric Raymond 制造的 Sunseeker 进行了横跨美国飞行，此次飞行共起降 21 次，总历时 121 h。在 1996 年 7 月 7 日，由以色列 Stuttgart 大学的 Rudolf Voit-Nitschmann 设计的 Icare 2 飞行器，获得了年度 Berblinger Aeronautical Competition 航空器竞赛的冠军。由德国航空航天中心 (German Aerospace Center) 的飞行系统研究院 (Institute of Flight Systems) 制造的 Solitair，做为概念演示验证机，用于验证在北欧实现年量级飞行的可行性。由以色列 Haifa 研究中心 (Israel Institute of Technology in Haifa) 的学生研究设计的 Sun Sailor，旨在打破 WASF(World Air Sports Federation) 中太阳能飞行器的飞行距离纪录，然而在 2006 年该飞行器在试飞过程中损毁，因而没能实现破飞行距离纪录的目标 [1,54]。图 1.19 展示了上述有影响力的太阳能飞行器。

图 1.18 Vulture 计划中的三个备选方案

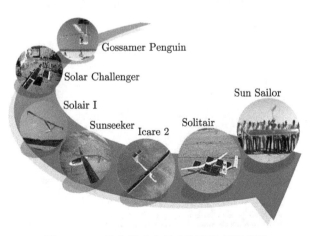

图 1.19 一些有影响力的太阳能飞行器项目

1.3.2　型号研究最新进展

2013 年, Zephyr 项目被欧洲的 Airbus 收购, 且并入该公司于 2008 年启动的高空伪卫星项目 (High Altitude Pseudo-satellite, HAPS)。与此同时, 所有 Zephyr 团队的核心成员都加入到该项目中去。在 2014 年 4 月 23 日, Airbus 公司宣布启动 Zephyr 的最新一代研究即 Zephyr 8 项目。在此之前, 该公司对现有的 Zephyr 7 进行了一系列验证性飞行, 迄今 Zephyr 7 已经在澳大利亚、美国和欧洲等地进行了验证性飞行 [58], 见图 1.20 所示。

图 1.20　Airbus 公司对 Zephyr 7 进行试验性飞行

继 Solar Impulse 的第一代原型机 HB-SIA 取得了巨大的成功, Solar Impulse 开始了研发第二代太阳能飞行器 HB-SIB, 又命名为 Solar Impulse 2, 见图 1.21。该飞行器翼展 72 m, 重量 2300 kg, 铺装 17000 块太阳电池, 同样采用锂离子电池供电, 锂离子电池总重 633 kg。2014 年 Solar Impulse 2 完成了制造过程, 并将进行严苛的测试。由于制造过程中结构测试失败, 原计划 2014 年进行环球飞行只能推迟, 并更改计划安排进行了横跨美国的飞行, Solar Impulse 2 将于 2015 年 3 月~7 月间完成环球飞行的壮举。

图 1.21　Solar Impulse 2 进行试验飞行

2014 年 Google 公司宣布收购了一个美国新墨西哥州的太阳能飞行器制造公司 Titan Aerospace。Titan 公司成立于 2012 年，迄今设计出两款太阳能飞行器 Solara 50 和 Solara 60，这两款太阳能飞行器能持续飞行 5 年，其中 Solara 50 能携带 31.75 kg 的有效载荷，Solara 60 能携带 113.40 kg 有效载荷，见图 1.22。与此同时 2014 年 Google 公司的竞争对手 Facebook 公司收购了另一个太阳能飞行器制造公司 Ascenta，其产品设计构想见图 1.23。这些网络巨头希望将太阳能飞行器部署在难以到达的区域，以此提高网络覆盖率和用户规模[59]。

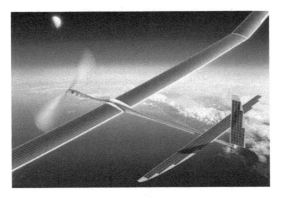

图 1.22　Google 公司的 Solara 构想图

图 1.23　Facebook 公司的太阳能飞行器构想图

1.4　理论研究进展

人类历史上第一架太阳能飞行器起源于 1974 年的 Sunrise 项目。而对太阳能飞行器的理论研究也在 20 世纪 70 年代开始。1977 年美国 NASA 在 Ohio 的 Battelle Columbus 实验室就已经认识到太阳能飞行器在 HALE 飞行领域的应用，并提出了太阳能 HALE 飞行平台 (High-altitude Powered Platform, HAPP)，在该报告中，M. B. Kuhner 等研究人员提出了太阳能飞行器的两大主要应用：遥

感 (Remote Sensing) 和通信 (Communication)，并讨论了太阳能飞行器在上述两个应用领域的优势 [60]。1980 年 NASA Langley Research Center 的 William H. Phillips 从实用角度分析了太阳能飞行器的一些动力学特性，如爬升效率、转弯特性、螺旋桨效率、爬升率、水平飞行功率、爬升和下降时间等 [61]。1981 年美国 Aero Vironment 公司主持 Gossamer Penguin 和 Solar Challenger 太阳能飞行器型号研究的 P. B. MacCready 从工程角度讨论了太阳能飞行器的设计过程，尽管是经验设计，但对后来太阳能飞行器的理论设计提供了实践支持 [62]。1983 年洛克希德公司 (Lockheed Misilles and Space Company, Inc.) 的 David W. Hall 等已经意识到太阳能飞行器的能源链是最核心的部分，并着手研究了能源链路布局，参数和尺寸设计等 [63]。特别指出的是，在此期间 Astro Flight 公司的 Robert J. Boucher 也就是 Sunrise 项目的负责人依托 Sunrise 项目，从工程角度分析了 Sunrise 的设计制造和试飞过程的 [27,28,30,31]，这些资料为太阳能飞行器早期研究提供了重要参考。

1982 年 NASA Langley Research Center 的 J. W. Youngblood 和 T. A. Talay 等研究了太阳能飞行器实现高空长航时飞行的总体设计方法，这是第一次将太阳能飞行器区别于传统飞行器，并针对太阳能飞行器自身特点而进行研究的总体设计方法 [64]，自此太阳能飞行器设计开始走向自成体系的过程。随后 1984 年，J. W. Youngblood 等考虑到在当时条件下，太阳能飞行器实现能量闭环具有现实困难，因此提出了一种较为折中的方案，即白天使用太阳能，晚上使用储能电池的长航时飞行方案，并进行了初步设计研究 [65]。此后 1985 年 Lockheed Misilles and Space 公司的 David W. Hall 等进行太阳能飞行器的任务分析，包括飞行日期需求、操作使用需求、初始状态、任务时间线、任务剖面等 [66]。

进入 20 世纪 90 年代，太阳能飞行器的研究更为深入和专业化，其中最具代表性的研究人员是 NASA Lewis Research Center Group 的 Anthony J. Colozza。在 1990 年 Anthony J. Colozza 根据 J. W. Youngblood 提出的太阳能飞行器学科建模方法，研究了金星太阳能飞行器的可行性和初步设计方法，其经典的设计思路是通过翼载—展弦比—面积的迭代找出合适的设计方案 [67]。随后 Anthony J. Colozza 等研究了飞行日期和试验地点对太阳能飞行器最大飞行高度的影响 [68]。在此期间，NASA George C. Marshall Space Flight Center 的 M. D. Bailey 等着眼为美国农业部 (Department of Agriculture) 提供 HALE 飞行平台 (High Altitude Solar Power Platform, HASPP)，用于大规模的农业观测，该报告系统讨论了 HASPP 的任务设计、太阳辐照、太阳电池、气动系统、储能系统、推进系统、有效载荷系统、航电系统、风场和环境，并讨论了上述系统的设计方法，该报告是高空长航时太阳能飞行器十分完整的设计报告 [19]。此后美国 Air Force Academy 的 Steven A. Brandt 等提出了一套完整的太阳能飞行器总体设计方法，该方法同样需要对翼载荷进行迭代求解，以获得飞行器的总体尺寸参数[69]。期间，NASA 的先进设计计划 (NASA Advanced Design Program) 也将太阳能飞行器设计技术列入该计划，其中整理了太阳能飞行器的气动设计方法[70]和总体设计分析方法[71]。Kirk Flittie 和 Nicholas J. Colella 等根据 ERAST 项目中 Pathfinder 的成功飞行，撰写了 Pathfinder 的设计制造和飞行过程[72,73]。

进入 21 世纪，由于高转换效率太阳电池，高能量密度的储能电池和轻质材料等技术得到了长足的进步，同时政府和机构推出了多个太阳能飞行器验证机计划，代表性的项目如 Helios 和 Zephyr 等，这些项目一次又一次的打破飞行高度和飞行时间纪录，极大鼓舞了太阳能飞行器领域的研究。在此期间，太阳能飞行器的理论研究也得到了深入的发展。NASA George C. Marshall Space Flight Center 的 Anthony J. Colozza 进行了太阳电池和储能电池联合演示验证系统设计和操作研究[74]。英国 Brunel University 的 N. Baldock 提出了一种简单的太阳能飞行器设计方法[75]。NASA Langley Research Center 的 Craig L. Nickol 研究了 HALE 无人飞行平台的类型特点和技术需求，这些无人飞行平台包括重于空气的消耗化石燃料的飞行平台、重于空气的太阳能飞行平台、重于空气的消耗燃料和太阳能的混合飞行平台，以及轻于空气的浮空器飞行平台[76]。2008 年瑞士 ETH Zürich 的 André NOTH 在他博士论文中完整地介绍了一套全新的太阳能飞行器设计方法，该方法无需迭代计算，而通过近似建模将所有的设计参数最终表示为飞行器总质量的函数，最终求解一个多项式方程即可得到飞行器总质量，并进而得到其他一系列设计参数[54]。由于省去了迭代过程，模型之间的关系十分明确，因此该研究开辟了一条太阳能飞行器总体设计的全新道路。André Noth 利用他提出的方法，设计制造了一架太阳能飞行器 Sky-sailor，并成功飞行了 27 h，飞行试验验证了他的设计方法的可行性[25]，André Noth 的 Sky-sailor 可以作为火星大气探测的太阳能飞行器[53]，同时研究利用太阳能飞行器进行火星探测的还有日本 Tohoku University 的 Koji Fujita 等[77-81]。此后美国 San Jose State University 的 Christopher J. Hartney 也用 André Noth 提出的设计方法和程序成功进行了一项小型太阳能飞行器的设计[82,83]；美国 San Jose State University，Department of Mechanical and Aerospace Enginieering 的 Nikos Mourtos 和 Periklis Papadopoulos 领导的团队比较系统地研究太阳能飞行器，并完成了数篇学士和硕士论文[3,4,82-84]，该大学的 Yaser Najafi 也设计了一架太阳能空中通信平台 (Solar Powered Aerial Communicator, SPACOM)[84]；Sean A. Montgomery 等设计制造了一架名为 Photon 的 5 kg 量级的太阳能飞行器[3]。美国 Mississippi State University 的 Mehdi Hajianmaleki 在传统航空器约束分析和任务分析的设计方法的基础上考虑太阳能飞行器的特点提出了一套概念设计方法[85]。2010 年，我国台湾 Tamkang University 的 Jaw-Kuen Shiau 将太阳能飞行器的展弦比和机翼面积作为设计变量，而将飞行器的重量作为设计目标利用遗传算法进行优化设计，最终得到太阳能飞行器的尺寸和巡航速度等参数，并用该方法设计该大学的太阳能飞行器 XIHE [86]，该论文第一次将优化引入太阳能飞行器的总体设计中，为后续研究提供了全新的思路。在 2002 年~2009 年意大利 Turin Polytechnic University 的 Enrico Cestino，Giulio Romeo，Giacomo Frulla，Guido Corsino 等，依托 Heliplat 太阳能飞行器项目和 (Solar HALE Aircraft Multi Payload & Operation, SHAMPO) 太阳能飞行器项目开展了大量的太阳能飞行器结构设计制造、气动计算和试验，飞行试验等研究 [12,13,48-52,87,88]。在 2009 年~2011 年，瑞士 Mälardalen University 的 Ali Sultan，Mikko Laukkanen，Mikis Tsagarakis，Martin Hoffborn 等依托 Solaris 太阳能飞行器项目进行了太阳能飞行器翼型选择、质量和能量估算、总体设计等研究 [1,89-91]。值得提出的是，NASA John Glenn Research Center 的 Geoffrey A. Landis 联合 Anthony Colozza，以及 University of Illinois at Urbana 的 Christopher M. LaMarre 提出了用于金星大气飞行的太阳能飞行器，并进行了大量的数据分析、建模和仿真等工作 [23,26,92-97]，他们的研究开创了行星大气飞行太阳能飞行器的先河，通过在金星大气飞行太阳能飞行器的探索，可以推广至火星和土卫六等行星或类行星的大气探测中去。NASA Langley Research Center 的 Thomas E. Noll 等根据 Helios HP03 飞行试验失败撰写了分析报告，该报告诚恳地分析了 Helios HP03 在当天的飞行过程，动力学、气动弹性问题，结构设计问题等，并总结了 Helios HP03 失败的最终原因。上述 Helios 的失败经验对后续研究超大展弦比太阳能飞行器、超轻质机翼结构、气动结构耦合问题等提供了重要的研究对象 [32,33]。Solar Impulse 团队的 Hannes Ross 依托 Solar Impulse 的第一架原型机 HB-SIA，详细讨论了 HB-SIA 的设计制造全过程 [98]。AC Propulsion 团队依托 SoLong 太阳能飞行器，分享了该飞行器的详细布局和各系统技术参数，并展示了该太阳能飞行器一次 48 h 飞行的全过程 [46,47]。Zephyr 设计团队的 Annabel Rapinett 根据 Zephyr 1~Zephyr 6 的成功飞行，介绍了 Zephyr 的历史、背景和任务的技术细节，这些技术对太阳能飞行器的后续研究都具有重要的参考价值 [35]。Romeli Barbosa 和 S. Jashnani 等研究了太阳能飞行器的尺寸设计和硬件系统测试等 [99,100]。美国 Washington University 的 Gustavo Marques Hobold 根据太阳能飞行器机翼表面的曲面特征，采用分片积分的方式研究了太阳电池的铺装方法和太阳电池功率输出预测方法 [101]。乌克兰 National Aviation University 的 V. M. Sineglazov 等采用 Noth 提出的总体设计方法，进行了太阳能飞行器能源系统的设计 [102,103]。美国 University of Michigan 的 Sara C. Spangelo 等推导了太阳能飞行器的飞行动力学模型，并采用优化方法研究了能量最省的圆轨迹盘旋航迹 [104]。

第 2 章 太阳能飞行器面临的挑战

本章讨论太阳能飞行器面临的挑战，考虑到太阳能飞行器相比传统的航空器和航天器，是全新的飞行器，至今仍没有成熟的应用案例，因此在本章针对该全新的飞行器，讨论在现有技术条件下将会面临的技术挑战。

2.1 各子系统的挑战

2.1.1 气动系统

2.1.1.1 高升力和低阻力气动性能的需求

太阳能飞行器的平飞功率是飞行速度的三次方关系 (即 $P \propto v^3$)，因此太阳能飞行器往往以较低的飞行速度飞行，而高空大气密度十分稀薄，结果导致飞行器的动压 (即 $0.5\rho v^2$) 十分小。为了抵消飞行器的重力，太阳能飞行器需要一个较大的升力系数 C_L。通常飞行器的升力系数都设计的大于 1.0。为实现高升力的目标，往往选择高升力的翼型，如 E387、E214、SD7032、FX-63-137、Selig 1223 等。太阳能飞行器的平飞功率与其阻力系数 C_D 呈正比关系。因此，研究如何降低阻力系数也是太阳能飞行器始终面临的问题。飞行器的阻力系数一般由诱导阻力和型阻构成。诱导阻力是由气动力的三维效应造成的，高升力系数会带来较大的诱导阻力，通过将机翼设计成超大展弦比，并设计机翼平面形状使之获得近乎椭圆的气动力分布，进而实现降低诱导阻力的目的；型阻由摩擦阻力和压差阻力组成。考虑到层流的摩擦阻力比湍流的摩擦阻力小，因此，可以通过扩大飞行器表面的层流区域来实现减小摩擦阻力的目的。然而在高空长航时飞行器领域，层流和湍流通常会同时出现。因此，需要进一步研究流动转捩和如何扩大层流区域。而压差阻力可以通过减小流动分离来实现，为此需要进一步研究边界层转捩和流动分离等。

将升力系数除以阻力系数可以得到升阻比系数 C_L/C_D，这是描述飞行器气动性能的重要参数。一般地升阻比越高，飞行器的气动性能越好。显然太阳能飞行器需要一个高升阻比的气动性能。图 2.1 展示了历史上飞行器的升阻比演变过程，其中，德国的 ETA 滑翔机的升阻比高达 70，是目前世界上升阻比最大的飞行器。然而，飞行器的平飞功率却并不是与升阻比成线形关系。平飞功率与另一个重要的气动力参数名为功率因子 (或续航因子) $C_L^{1.5}/C_D$ 呈反比关系。相比升阻比系数，功率因子对太阳能飞行器是一个更重要的参数。因为对于太阳能飞行器而言，能量是始终短缺的，一个有着高功率因子的飞行器可以减小平飞功率需求，进而在总能量供应不变情况下，能延长续航时间。总之，太阳能飞行器需要一个高升力系数、高升阻比、高功率因子和低阻力系数的气动性能。图 2.2 展示了某太阳能飞行器机翼的压力云图和流线图。

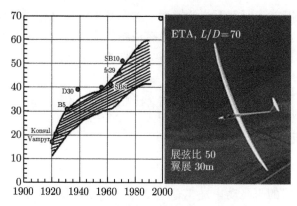

图 2.1　飞行器升阻比的演化过程 [105]

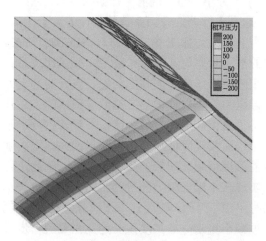

图 2.2　某太阳能飞行器机翼的压力云图和流线图

2.1.1.2　低雷诺数气动性能的需求

雷诺数 ($Re = \rho v L / \mu$) 是一个重要的气动参数，它表示惯性力和黏性力的比值。太阳能飞行器通常以较低的飞行速度 (如 $10 \sim 100$ m/s)，飞行在较高的飞行高度 (如大于 20 km)，而大气密度随飞行高度呈指数下降关系，因此导致太阳能飞行器始终工作在一个较低的 Re 条件下。在航空航天领域，当 Re 小于 1.0×10^6 时，

通常被定义为低 Re。在低 Re 情况下，往往会发生一些特殊的流动现象如流动分离和转捩等[106,107]。

当 Re 小于 $1.0×10^6$ 时，流动会在机翼前沿和/或后沿发生流动转捩，即流动从层流转变成湍流。因此区别于传统的航空飞行器 (如客机机翼表面流动几乎为全湍流)，太阳能飞行器机翼流动同时存在层流和湍流。转捩点的位置受机翼翼型形状、飞行攻角、来流速度等影响。众所周知，湍流会带来较高的摩擦阻力，因此如何准确的预测转捩点，以及准确的计算阻力系数是低 Re 条件下气动系统需要解决的问题。

当 Re 小于 $1.0×10^6$ 时，流动会发生分离，即流动不再附着在机翼表面上。当流动发生分离后，从分离点后流动一直脱离机翼，导致形成一个较厚的等效翼型，因此相应的气动性能将会大大偏离设计的气动性能。有些时候，分离后的流动会在逆压梯度的作用下重新附着在机翼表面上，因此会构成一个分离气泡。这些分离气泡一般出现在机翼的上表面，并会随着 Re 的减小而扩大。分离气泡会产生较大的压差阻力，因此会导致气动性能 (如升阻比 C_L/C_D、功率因子 $C_L^{1.5}/C_D$ 等) 急剧下降。图 2.3 展示了当 Re 为 35000 时，翼型 E387 的上表面出现分离气泡。

总之，低 Re 情况下发生的流动转捩和分离，受 Re、压力梯度和扰动影响，而流动转捩和分离又进一步影响飞行器的气动性能如静力特性、动力特性、气动弹性等[108]。因此，对太阳能飞行器，应对低 Re 问题给予足够的重视，并应设计出一个能适应低 Re 甚至极低 Re 条件的气动布局。图 2.4 展示了由 Xfoil 计算的，E387 在低 Re 条件下的极曲线[109]。从图中可以看出，当 Re 不断降低时，翼型 E387 将逐渐变得不可用。

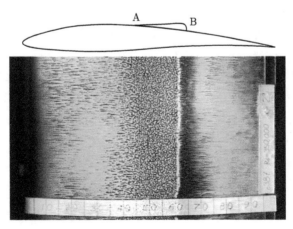

图 2.3　E387 流动分离和分离泡的油流图 (感谢 Bryan McGranahan 和 Michael Selig)[110]

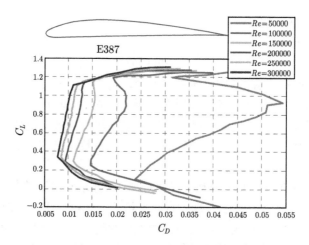

图 2.4　E387 翼型在低 Re 情况下的极曲线

2.1.2　推进系统

2.1.2.1　高效率电机的需求

太阳能飞行器最终通过推进系统将电能转换成飞行器平飞的动能。当前,太阳能飞行器的推进系统一般由电机控制器、电机、减速器和螺旋桨组成。高效率的推进系统能减少电能的消耗,进而增加飞行航时。

在真空或近乎真空环境下 (如太阳能飞行器飞行在 20 km 高空,其大气密度约为海平面的 7%) 活动部件容易受到较大磨损甚至损坏[73]。因此太阳能飞行器的推进系统应尽可能简单可靠。考虑到传统的有刷电机,由于存在电刷等活动部件且存在电弧效应等,因此容易受到严重磨损。太阳能飞行器应考虑使用轻质,高效 (能量转换效率应高于 90%) 的无刷、稀土永磁直流电机[73]。

类似的,由于存在大量活动部件且高空润滑不良,推进系统中的减速器往往会损耗严重。图 2.5 展示了 Zephyr 6 太阳能飞行器的减速器在 2007 年的第三天飞行过程中,突然卡住而失效。通过去除减速器,使用电机同螺旋桨直连的驱动方式,可以减小能量损耗,提高推进系统效率且提高系统的可靠性[35],因此直驱方式是太阳能飞行器的主要发展方向。

2.1.2.2　高效率螺旋桨的需求

为了适应不同的飞行高度和飞行速度,传统航空飞行器的螺旋桨多采用变桨距螺旋桨,至少部分螺旋桨是变桨距螺旋桨[73]。然而,变桨距螺旋桨需要一套复杂的桨距控制机构,这显然对高高空稳定飞行是不利的。并且,太阳能飞行器通常以稳定的飞行速度,飞行在设定的飞行高度,因此经过设计和优化的固定桨距螺旋桨是更优的选择。固定桨距螺旋桨可以重量更轻,强度更高且比变桨距螺旋桨可靠性更高[73]。图 2.6 展示了 Pathfinder 太阳能飞行器的直驱电机和固定桨距螺旋桨的装配结构。与气动系统面临的问题相同，太阳能飞行器的螺旋桨也同样面临低 Re 问题，通常 Re 在 $1.0\times10^5 \sim 5.0\times10^6$。低 Re 条件导致的流动分离，会带来极大的阻力增加，因而进一步降低螺旋桨的效率。在高高空飞行的螺旋桨，为了获得足够的推力，其螺旋桨直径要比低高度飞行的螺旋桨直径大，且旋转速度要比低高度飞行螺旋桨的速度高。如 Helios 低空飞行时平飞速度为 8.4 m/s；而在 30 km 高度飞行时，平飞速度约 76.0 m/s 是低空的 9 倍。对定桨距螺旋桨，要使其工作在相同的前进比 $\lambda = V/(nD)$ 区间，其中，V 是平飞速度，n 是转速，D 是螺旋桨直径，则螺旋桨高空的转速应为低空转速的 9 倍。然而，受大气温度的影响，高空的声速要低于低空，如海平面的声速约为 340 m/s，而在 20 km 高度的声速约为 295 m/s。上述这些因素的组合会导致桨叶叶尖出现超声速情况。超声速条件下往往会出现激波，这会进一步加剧流动的分离。因此，对螺旋桨剖面翼型和几何构型设计和优化，是获得高效螺旋桨必须开展的工作[111]。

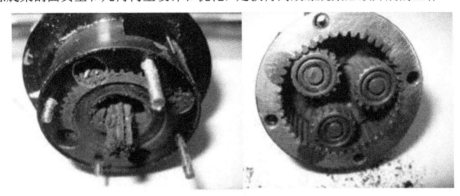

图 2.5　Zephyr 6 的减速器失效[35]

图 2.6　Pathfinder 的直驱电机和固定桨距螺旋桨的装配结构[73]

2.1.3 结构系统

2.1.3.1 轻质高强度结构的需求

太阳能飞行器的功率载荷 (P/S) 和翼载荷 (W/S) 是正相关关系。考虑到太阳能提供太阳能飞行器的全部能量，因此相比传统航空飞行器，太阳能飞行器的功率载荷较小，进而其翼载荷也相对较小。图 2.7 展示了部分航空飞行器的翼载

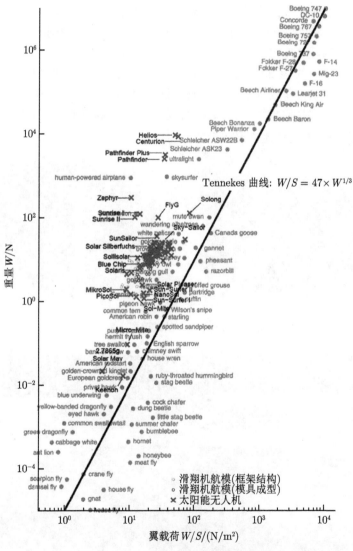

图 2.7 部分飞行器的重量和翼载荷 [5]

荷。从图中可以看出，太阳能飞行器的翼载荷通常只有传统有人驾驶飞行器翼载荷的百分之几。上述结论表明，单位面积的太阳能飞行器翼面积只能携带更小的重量，而结构系统构成了飞行器的大部分质量，因此太阳能飞行器必须具有较小的结构重量。并且，太阳能飞行器上的航电系统，能源系统和有效载荷等应该设计成分布式的形式，以避免应力集中。

太阳能飞行器结构应广泛使用各种轻质高强度的复合材料，以保证较好的机械特性 (如强度特性、抗扭特性、完整特性和抗振特性等)[40]。太阳能飞行器的结构主要有主机翼、升降舵、方向舵、机身等部分组成。这些结构部件往往由网状和夹层材料制造而成。对太阳能飞行器，主机翼占飞行器的大部分质量，因此需要特别的设计。太阳能飞行器的主机翼一般由主梁、翼肋和太阳电池片组成。主梁一般是夹层结构，通常由碳纤维夹层蜂窝结构构成。翼肋一般由碳纤维材料构成，并且翼肋经过了打孔等几何拓扑优化，以确保结构强度的前提下具有最小的结构重量。将剖面为翼型形状的翼肋组装到主梁上，以构成流线型的主机翼。主机翼上下表面通常蒙上一层 Mylar 膜，Mylar 膜是类似胶卷的轻质附着膜[55]。太阳电池覆盖在机翼上表面的 Mylar 膜上。在确保有较高能量转换效率前提下，太阳能飞行器更倾向于使用低质量密度和高柔韧性的太阳电池，以便于更好地铺装，且满足气动面的需要。图 2.8 展示了典型的机翼结构形式。

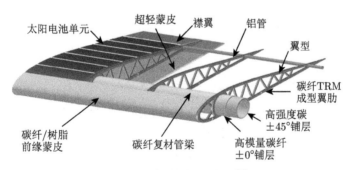

图 2.8 典型的机翼结构[7]

2.1.3.2 非线性气动弹性理论的需求

大尺度、大柔度以及大展弦比细长机翼通常会产生较大的上反，有时甚至会达 25% 半翼展的上反，因而容易导致结构失效，如 Helios HP03 太阳能飞行器在飞行过程中由于遭受湍流和结构失效而解体，如图 2.9 所示。传统的线性理论无法建模和描述大变形条件下的结构和气动特征。因此需要深入研究非线性气动弹性理论和解决途径[112,113]。为解决气动弹性和结构失效问题，一种由聚酯薄膜构成的充气式机翼吸引了研究人员广泛的兴趣，如图 2.10 所示。然而充气式机翼离进一步实用化还有一定的距离[114]。

图 2.9　Helios HP03 试验时解体 [32]

图 2.10　一种充气式机翼

2.1.4　控制策略

2.1.4.1　环境储能策略的需求

考虑到与传统基于内燃机的航空飞行器相比，太阳辐照的功率密度和储能电池的能量密度都相对较低，能量短缺问题贯穿了太阳能飞行器始终。近年来，科学家和工程师们尝试从环境中获取和保存能量。

受限于低能量密度的储能电池，太阳能飞行器往往需要携带较大质量的储能电池以满足夜间飞行。然而储能电池质量的增加会带来平飞功率的大幅增加，这对长航时飞行是不利的。通过考虑将白天的太阳能储存到环境中而不是储能电池，进而可以解决上述问题。自然界中重力是一种保守力，因此重力场可以用于储存能量。在白天太阳辐照充足的时候 (如正午) 可以采用向高空爬升的方式将太阳能转换成重力势能；而在夜间能量不足的情况下 (如午夜) 可以采用向低空滑翔的方式将重力势能转换成动能，以维持飞行器飞行。当到达设计的最低高度时，储能电池提供太阳能飞行器平飞的能量，直到第二天太阳升起。通过利用重力场进行储能，太阳能飞行器可以携带更少的储能电池，或者说对储能电池的能量密度所提的要求降低。现有太阳能飞行器原型机中，Zephyr 太阳能飞行器和 Solar Impulse

太阳能飞行器均利用重力势能储能,以实现长航时的飞行[55,105]。图 2.11 展示了
Solar Impulse 太阳能飞行利用重力势能储能的示意图。

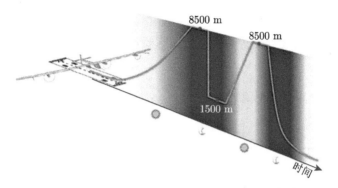

图 2.11　Solar Impulse 利用重力势能储能[115]

2.1.4.2　从环境中汲取能量的需求

通过从环境中汲取能量作为太阳能的补充,有利于太阳能飞行器长航时飞行。
近年来研究人员发现,信天翁可以在海面上只少许扇动翅膀,就可以长时间留在
空中。事实上信天翁是通过在海面上的梯度风场中,逆风爬升、顺风下滑以获得
能量,最终可以在迁徙期间飞行数千公里。信天翁的飞行方式即动态滑翔,在飞
行动力学领域已经对动态滑翔进行深入的研究。考虑到太阳能飞行器的典型飞行
区域为 20 km 附近的平流层,那里存在大范围的水平梯度风,因而可以考虑利用
在梯度风场中动态滑翔以获取能量,实现长时间的飞行[116−120]。图 2.12 展示了
在海平面上的梯度风场中动态滑翔的示意图。

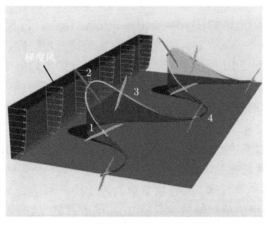

图 2.12　海面上利用梯度风实现动态滑翔[118]

另一种环境能量是上升气流。通过捕捉上升气流，太阳能飞行器可以不费太多能量爬升到较高的高度，因而获得了重力势能。SoLong 太阳能飞行器就是由操作手遥控飞行，随时捕捉上升气流以爬升高度，进而实现长时间的飞行 [46]。通过利用环境中的能量如梯度风和上升气流等，理论上可以实现长航时飞行，但该理论应用到实际太阳能飞行器中还有很长的路要走。

2.1.5　能源系统

2.1.5.1　高转换效率太阳电池的需求

太阳电池提供了太阳能飞行器所需要的全部能量。然而从太阳辐照到螺旋桨输出的整个能量转换链路中，太阳电池损失了绝大多数能量。因此提升太阳电池转换效率是当前一项迫切的需求。迄今为止常用的太阳电池如下所示 [121–123]。

晶体硅太阳电池 (Crystalline Silicon) 包括单晶硅太阳电池 (Monocrystalline 或 Single-crystalline) 和多晶硅太阳电池 (Multicrystalline 或 Polycrystalline)。单晶硅太阳电池的转换效率 (约为 20%) 比多晶硅 (约为 10%) 太阳电池高。然而单晶硅比多晶硅更为昂贵。

薄膜太阳电池 (Thin-film) 包括非晶硅太阳电池 (Noncrystalline 或 Amorphous Crystalline) 和硫族化合物太阳电池 (Chalcogenide)。薄膜太阳电池通常比晶体硅太阳电池重 (约为单晶硅太阳电池的两倍)，且转换效率更低。然而薄膜太阳电池更容易制造，更便宜且柔韧性好，这便于将其铺装在太阳能飞行器带曲面的主机翼和平尾上。

多节太阳电池 (Multijunction)，由多种 P-N 节组成，通过合理调谐可以覆盖一个大范围的光谱区间，因此相比前两种太阳电池具有较高的转换效率 (实验室水平可达 40%)。然而多节太阳电池的制造十分昂贵，因此通常被用于卫星和空间探测飞行器中。

其他的一些太阳电池如 Dye-sensitized Solar Cells, Polymer Solar Cells 和 Quantum-structured Solar Cells 等都已经在实验室开展研究，但迄今没有广泛用于太阳能飞行器。图 2.13 展示了每年全世界最高效的太阳电池研究进展。从图中可以看出，常用于太阳能飞行器的晶体硅太阳电池，其转换效率约为 20% 上下，而转换效率最高的是三节太阳电池 (Three-junction)，其实验室水平最高已经达到了 44%。

从迄今的一些太阳能飞行器原型机看，SoLong 使用了 SunPower 公司 76 块 A300 太阳电池，其转换效率约为 20%[46]。SunPower 公司的太阳电池同样用于之前的 Helios 太阳能飞行器，其转换效率约为 19%[32]。与之相反的是 Zephyr 太阳能飞行器，其使用的是转换效率只有 10% 的非晶硅 (Amorphous Silicon)，因为研究人员考虑到非晶硅太阳电池的柔韧特性，可以很好地进行曲面铺装，且通过合理的设计，他们认为该转换效率已经能够满足飞行器的能量需求了[35]。

需要指出的是，太阳电池的输出特性受环境影响很大，如太阳辐照强度和温度等。一般地，太阳电池的输出随太阳辐照的增强和温度的降低而表现更好，如图 2.14 所示。为了获得最好的输出特性，往往需要在太阳电池的输出端增加一套最大功率点跟踪器 (Maximum Power Point Tracker, MPPT)，使之能适应各种环境的变化，图 2.15 所示为实际太阳能飞机型号的太阳电池阵列。

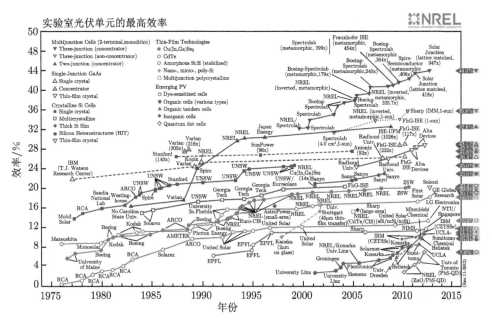

图 2.13　由美国国家再生能源实验室 (National Renewable Energy Lab，NREL) 绘制的太阳电池效率图 [124]

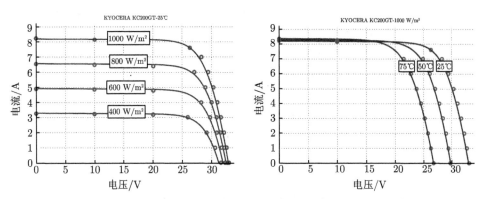

图 2.14　在不同太阳辐照强度和温度条件下太阳电池的 I-V 曲线 [125]

图 2.15　几个型号飞行器的太阳电池铺装过程

2.1.5.2　高能量密度储能电池的需求

当进入夜间，储能电池提供了太阳能飞行器平飞所需的能量。储能电池能量密度 (Energy Density)，用于描述单位质量储能电池所能携带的能量，它是储能电池的一项重要性能指标。当储能电池的能量密度较高时，太阳能飞行器可以携带较小重量的储能电池，相应的平飞功率得到降低，因此最终能提高飞行器夜间飞行的能量裕度。当前，使用最为广泛的储能电池类型如下：

锂离子 (Li-ion) 电池，广泛用于手机、笔记本电脑，甚至电动汽车，如美国的特斯拉 (Tesla) 汽车和雪弗兰沃蓝达 (Chevrolet Volt) 汽车等。同样 Li-ion 电池也被广泛用于太阳能飞行器。Li-ion 电池的优点是具有较高的能量密度，在实际使用情况，可以达到 200 W·h/kg。

锂聚合物 (Lithium Polymer, Li-Poly) 电池，与 Li-ion 电池类似，主要的区别是使用了固体塑性聚合物作为电解质，因此区别于 Li-ion 电池的圆柱形外形，Li-Poly 电池的可以按任意形状封装。

锂硫 (Lithium Sulfur, Li-S) 电池，它由一小部分重量的 Li 和一部分 S 组成，其显著特点是具有很高的能量密度。由于所包含的 S 具有较低的比重，因此相对而言 Li-S 电池质量都比较轻。Li-S 电池的理论能量密度可达到 2500 W·h/kg，但实际使用过程中，350 W·h/kg 的能量密度是比较可靠的。

再生燃料电池 (Regenerative Fuel Cells, RFCs)，一般由燃料电池、电解剂和燃料罐组成。一般体积较为庞大，输出功率也较高。燃料电池通过合成燃料罐的氧化剂和还原剂而产生电能，相反地通过电解过程产生氧化剂和还原剂并压缩至燃料罐中。相比其他的储能电池，RFCs 的能量密度均比较高。根据 RFCs 的放电时间的长短，在当前技术条件下，其能量密度大致 250~700 W·h/kg [126]。

图 2.16 展示了部分储能电池及部分能量存储设备的功率密度和能量密度的关系。从图中可以看出，相比大多数常用的储能电池如 Li-ion 电池，化石燃料具有 10 倍以上的能量密度。要使太阳能飞行器比传统内燃机动力的飞行器更有竞

争力，在储能电池部分还有很多工作要做。从现有的一些太阳能飞行器原型机看，SoLong 太阳能飞行器使用了 120 块 Sanyo 的 18650 Li-ion 电池，该电池的能量密度约为 220W·h/kg [46]。Zephyr 7 太阳能飞行器使用的是 Sion Power 公司的 Li-S 电池，该电池的能量密度达到 350 W·h/kg [35]。此外，Helios 太阳能飞行器使用的是氢氧可再生燃料电池，是迄今第一架使用燃料电池为能源的太阳能飞行器 [33]。图 2.17 展示了一些太阳能飞行器原型机上使用的储能电池。

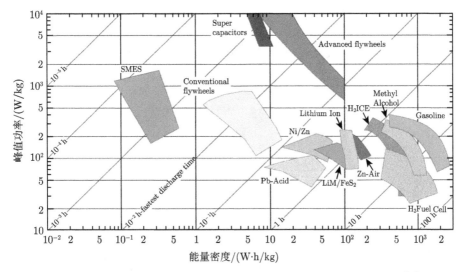

图 2.16 储能电池和一些能量存储设备的功率密度和能量密度的关系 [54]

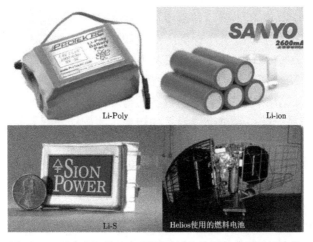

图 2.17 现有太阳能飞行器原型机上使用的典型储能电池

2.1.5.3   高效率能量系统的需求

电能转化链路是太阳能飞行器中最重要的部分，因为其产生、储存、分发、转换/转化能源，使之能满足太阳能飞行器的能量需求[127]。图 2.18 展示了典型太阳能飞行器的能源系统结构布局。沿着电能转化链路的所有设备都会产生能量损失。而电能转化链路的综合利用效率，决定着太阳能飞行器能否获得足够的能量维持夜间飞行，以及实现 HALE 飞行。

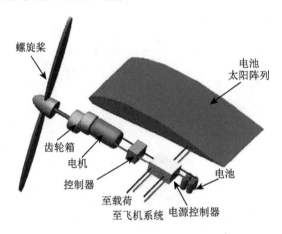

图 2.18   太阳能飞行器能源转换链路的布局[96]

对太阳能飞行器而言，能量的源头是由太阳电池转换太阳辐照所得到的电能。考虑到太阳电池的输出受温度、太阳辐照强度等影响，因而需要一个 MPPT，实时最大化利用太阳辐照。所获得的电能由能源管理器支配，其决定电能是否储存至储能电池中，抑或是否用于驱动太阳能飞行器。当电能用于驱动飞行器时，需要经过电机控制器、电机、减速器最终达到螺旋桨，此时电能转换成相对空气的动能，所获得的推力用以抵消飞行器所受的阻力。如果电能被存储至储能电池中，它需要经过 DC/DC 转换器用于电压变换及充电。在夜间这些 DC/DC 变换器用于将储能电池电压升高以驱动电机。某些情况下，电能还需经过 DC/DC 转换器转变成不同电压的分支，以满足不同设备的需求，如航电系统、有效载荷、自动驾驶系统和通信系统等。经过上述设备的转换，太阳能飞行器的能量利用效率如图 2.20 所示。

大多数上述电能转换设备都会有能量损失，甚至输电线由于其内阻的存在都会产生能量损失。考虑常用的设备，太阳能飞行器的能量利用率只有 11%，也就是说有 89% 的太阳辐照能量没有合理的利用，如图 2.20 所示[105]。而传统内燃机的从化学能到机械能的转换效率也都达到了 25%，如图 2.19[127]，这表明太阳能飞行器能量利用效率还有待提高。还需指出的是，太阳电池的功率密度要远小于内燃机，储能电池的能量质量比也远小于传统的化石燃料，因此相比传统的以内燃机为动力的航空飞行器，太阳能飞行器能量紧缺情况将会贯穿始终。此外，从图 2.20 可以看出，太阳电池和螺旋桨产生最大的能量损失，因此应该受到足够的重视。

基于上述的观点，我们可以得出结论：太阳能飞行器始终能量匮乏，因此获得白天和夜间的能量供需平衡将是至关重要的。

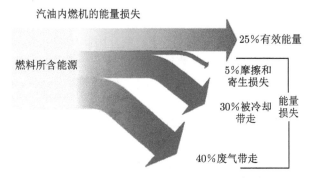

图 2.19 内燃机能量转换链路的效率 [127]

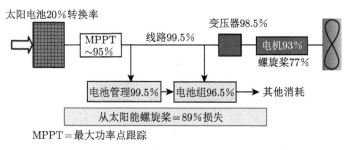

图 2.20 太阳能飞行器的能源转换链路的效率 [105]

2.2 总体设计的挑战

前述对太阳能飞行器所面临的挑战的根本原因是，太阳能飞行器的 HALE 飞行特性。随飞行高度的增加，大气密度呈指数型下降，满足飞行器平飞的功率则按指数形式增加，如图 2.21 所示，太阳能飞行器在 30 km 处平飞的功率需求是海平面的 5 倍以上。然而太阳能飞行器的全部能量来源于太阳辐照，太阳日均辐照强度是较为恒定的常数，不会随飞行高度的增加而变化，显然不能满足随高度增长的能量需求。由于大气密度随飞行高度呈指数形式减小，维持飞行器平飞的动压也显然随高度呈指数形式减小，如图 2.22 所示，同样速度下在 20 km 动压

为 7.5 kg/ms²，然而在 30 km 时动压仅为 1.47 kg/ms²，这意味着在同样升阻特
性条件下，飞行器的翼载也呈指数形式减小，太阳能飞行器所能支撑的结构重量，
有效载荷重量，储能电池重量等都受到严格的限制。此外在当前技术条件下，储
能电池能量密度相对较低，通常为传统化石燃料的数十分之一，甚至数百分之一。
因此要存储白天剩余的太阳能，以及维持夜间飞行，需要较大质量的储能电池，这
与太阳能飞行器小翼载特性相违背。综上所述，能量紧缺贯穿了太阳能飞行器的
整个设计过程，满足能量需求实际才是太阳能飞行器最迫切最核心的因素。相反
由于燃料供应较为充裕，传统航空飞行器总体设计通常将能量约束表征为飞行燃
油经济性，而并非为能否实现飞行的必要约束，因此传统的航空飞行器总体设计
方法不能直接用于太阳能飞行器总体设计领域。本章考虑以能量平衡为核心，为
实现推阻平衡，升重平衡为约束进行太阳能飞行器总体设计。

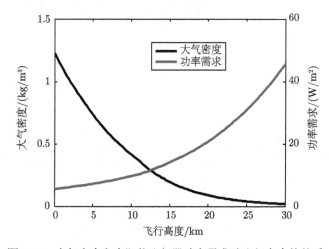

图 2.21　大气密度和太阳能飞行器功率需求随飞行高度的关系

　　考虑到太阳辐照强度较低，储能电池能量密度较小，在太阳能飞行器设计过
程中，通常会考虑从环境中获取能量，或将能量存储至环境，利用手段通常是进行
合理的航迹设计。传统航空飞行器进行爬升和下降的目的通常是起飞和着陆，以
及避开对流层气流等。然而太阳能飞行器进行航迹设计，总是围绕获取能量和利
用能量。近年来研究人员研究利用梯度风和上升气流等实现能量获取，利用重力
滑翔实现将能量存储至重力势场中。因此，在总体设计过程中，围绕能量获取和
利用进行航迹设计，是太阳能飞行器总体设计区别于传统航空飞行器总体设计的
明显区别。上述讨论可以总结为，当前太阳能飞行器总体设计的是以能量为核心
考虑飞行过程的总体设计。

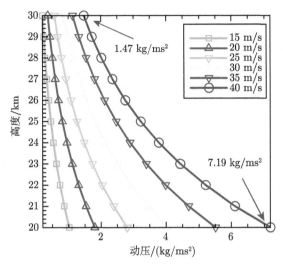

图 2.22 太阳能飞行器动压随飞行高度的关系

2.3 本 章 小 结

本章讨论了太阳能飞行器将会面临的挑战,目的在于为太阳能飞行器领域提供参考,并为后续研究工作提出了需求。

太阳能飞行器实现 HALE 飞行的设计空间和裕度是很小的,比如只有较小的翼载、较小的有效载荷重量、较小的有效载荷可用功率、需要分布式的有效载荷等。因此需要深入研究各子系统如能源、气动、推进和控制系统等。大量先进的理论、先进技术和高性能的材料均可以用于太阳能飞行器,进而提高飞行器的应用范围。此外还应研究这些子系统的耦合关系,以及子系统同整体设计的敏感度关系等。上述简言之就是太阳能飞行器研究需要考虑多学科总体设计优化,这也正是本章研究工作的出发点。

第 3 章　以能量为中心的太阳能飞行器设计域

本章是本书的理论基础,首先介绍太阳能飞行器常用的建模理论,然后推导太阳能飞行器的设计域,并详细分析了设计域中解的物理意义,随后通过解析分析和数值仿真的方法,研究单参数的敏感度和多参数敏感度。本章的研究结论将在后续章节中使用。

3.1　太阳能飞行器基本建模理论

3.1.1　太阳能建模方法

太阳能飞行器的所有能量均来自太阳能,因此对太阳辐照进行建模是必要的。John A. Duffie 在文献 [128] 中给出了太阳辐照的准确建模方法,上述方法形式上较为复杂,通常在太阳能飞行器设计过程中使用另外一套近似建模方法 (详细见文献 [129]) 如下:

单位面积太阳辐照强度为

$$P_{solar} = S_i \tau \sin\theta \tag{3.1}$$

其中, S_i 太阳入射强度,该数值在全年中有稍微不同,具体由日地距离决定。给定一年当中的某一天,该太阳入射强度可表示为

$$r = r_m \left(1 - \varepsilon^2\right) / \left(1 + \varepsilon\cos\alpha\right) \tag{3.2}$$

$$\alpha = 2\pi \left(n - 4\right) / 365 \tag{3.3}$$

$$S_i = S_{ia} r_m^2 / r^2 \tag{3.4}$$

式中, r_m 是日地平均距离,值为 $r_m = 1.496 \times 10^8$ km; ε 是地球公转轨道的扁率,通常可以取值为 $\varepsilon = 0.017$; $S_{ia} = 1352$ W/m²。式 (3.1) 中 τ 是太阳衰减因子,该参数受大气的影响,表达式如下

$$\tau\left(H, \theta\right) = 0.5 \left(\mathrm{e}^{-0.65\mathrm{AM}(H,\theta)} + \mathrm{e}^{-0.095\mathrm{AM}(H,\theta)}\right) \tag{3.5}$$

AM $\left(H, \theta\right)$ 是大气质量系数,如外层大气为 AM0,而在海平面为 AM1.5。一般地太阳衰减因子可以取为常数如 0.85 等。式 (3.1) 中 θ 是太阳高度角,该角度可以表示为

$$\theta = 90 - \arccos\left[\sin\phi\sin\delta + \cos\phi\cos\delta\cos\omega\left(t\right)\right] \tag{3.6}$$

其中，ϕ 是纬度；δ 是地球的倾角；$\omega(t)$ 是时角，该参数表明在一天中的某一个时间点，在正午时刻为 0，之前为负，之后为正，且每小时 15°。该参数的表达式为

$$\omega(t) = -\pi t/12 + \pi \tag{3.7}$$

图 3.1 所示是由上述表达式计算所得，全球一年四季日均太阳辐照强度；图 3.2 所示是全球各纬度一年太阳日均辐照强度分布。

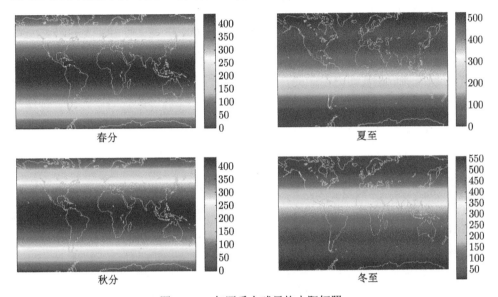

图 3.1 一年四季全球日均太阳辐照

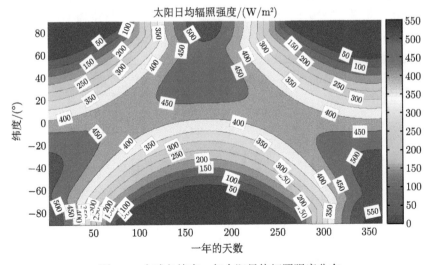

图 3.2 全球各纬度一年太阳日均辐照强度分布

3.1.2　气动建模方法

太阳能飞行器的升力和阻力一般可以由以下表达式给出 [130]

$$L = \frac{1}{2}\rho v^2 C_L S \tag{3.8}$$

$$D = \frac{1}{2}\rho v^2 C_D S \tag{3.9}$$

式中，S 是机翼参考面积，L 是飞行器所受的升力，D 是飞行器所受的阻力，C_L 是升力系数，C_D 是阻力系数，此外定义 $q = \frac{1}{2}\rho v^2$ 为动压。将式 (3.8) 除以式 (3.9) 可以得到表征气动力性能的一个重要参数：升阻比 C_L/C_D，一般地升阻比越高，飞行器的气动性能越好。对大展弦比机翼，飞行器的升力系数可以近似取该机翼对应翼型的升力系数或其细微的修正；阻力系数可以由以下表达式给出

$$C_D = C_{D,\text{profile}} + C_{D,\text{induced}} + C_{D,\text{parasitic}} \tag{3.10}$$

其中，$C_{D,\text{parasitic}}$ 是废阻，由外挂等部件产生；$C_{D,\text{profile}}$ 是型阻，可以取为翼型工作升力系数处所对应的阻力系数，通常该系数可以由 MIT 的 Mark Drela 开发的 Xfoil 软件计算 [109]。图 3.3 是由 Xfoil 软件计算的 E387 翼型气动力系数。式 (3.10) $C_{D,\text{induced}}$ 是诱导阻力系数，表达式如下

$$C_{D,\text{induced}} = \frac{C_L^2}{\pi e AR} \tag{3.11}$$

其中，e 是 Oswald 系数，表明机翼气动力分布情况，当 $e = 1$ 表明机翼气动力沿椭圆分布，是最理想情况。通常在太阳能飞行器设计过程中该系数可以取值为 $0.8 \sim 0.9$。

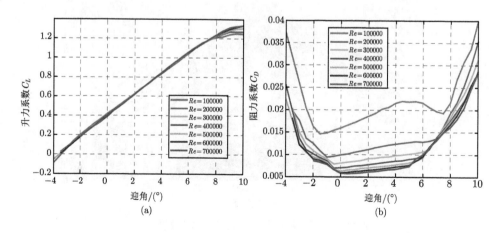

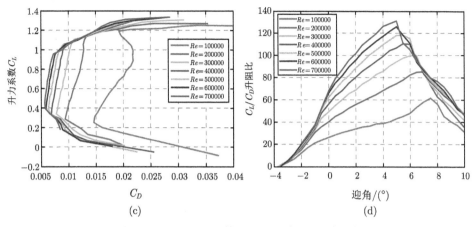

图 3.3　由 Xfoil 计算的 E387 翼型气动力系数

(a) E387 翼型升力系数；(b) E387 翼型阻力系数；(c) E387 翼型极曲线；(d) E387 翼型升阻比

3.1.3　结构建模方法

文献 [131] 给出了太阳能飞行器的机翼、机身、尾翼的质量估算方法。事实上太阳能飞行器通常是大展弦比机翼，且机翼占据飞行器结构质量的主要部分，因此太阳能飞行器结构质量的估算可以一般地近似为机翼结构的质量估算。文献 [54] 给出了太阳能飞行器机翼质量的一般计算表达式如下

$$m_{af} = A\left(nSb^3\right)^B \tag{3.12}$$

其中，b 是翼展；S 是翼面积；n 是尾撑数量；A 和 B 是常数，上述两个常数可以通过对大量的太阳能飞行器的数值回归得到。如文献 [65] 经过回归得到 $A = 0.310$，$B = 0.311$（单位是 lbs/ft）[54]，转换成标准国际单位时表达式 (3.12) 为

$$m_{af} = 8.73n^{0.311}S^{0.778}AR^{0.467} \tag{3.13}$$

图 3.4 是 André Noth 根据现有的有人飞行器和无人飞行器利用式 (3.12) 进行数值回归的结果 [54]。

文献 [86] 给出了一种更为近似的机翼结构建模方法，该方法假定机翼重量由机翼本身和太阳电池两部分组成，且机翼结构重量与机翼面积成正比关系，归纳起来如

$$m_{af} = k_{af}S + k_{sc}\eta_{pave}S \tag{3.14}$$

式中，k_{af} 是机翼结构面密度，即单位面积机翼的质量；类似的 k_{sc} 是太阳电池的面密度；η_{pave} 是太阳电池的铺装率。本章讨论太阳能飞行器一般性的设计，为更好地理解参数之间的相互关系，本章采用式 (3.14) 机翼结构质量建模方法。

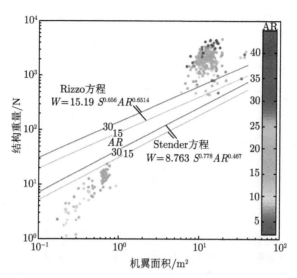

图 3.4　无人飞行器和有人飞行器的结构质量回归 [54]

3.2　以能量为中心的设计域分析

3.2.1　太阳能飞行器的设计约束

传统的飞行器设计过程通常是基于约束和基于任务的设计，其中的约束如转弯半径、爬升率等最终都可以转化为翼载荷 W/S 和推重比 T/W 的设计包线。而任务如续航里程等均可以转化为燃料质量百分比设计包线，飞行器的可行设计域在翼载荷设计包线，推重比设计包线和燃料质量百分比设计包线所围成的设计空间内 [82,85,132]。太阳能飞行器的任务一般为标准的设定任务，如情报监视侦察等，对飞行机动性能没有苛刻的要求；且长时间在空中巡航飞行，通常不用考虑起飞和降落阶段的设计，为此推重比 T/W 设计包线不再作为太阳能飞行器的设计包线。此外，太阳能飞行器采用电推进不存在燃料质量消耗，因而燃料质量百分比设计包线亦不作为太阳能飞行器设计包线。特别地，太阳能飞行器与传统飞行器最大的不同是其能量供应特别紧张，实际上能量才是太阳能飞行器最核心和最本质的约束 [129,133]。

与传统飞行器的多点设计不同，太阳能飞行器任务需求明确，飞行工况单一，是典型的单点设计过程。太阳能飞行器通常不考虑起飞和降落阶段，而只考虑定高度巡航阶段。要实现长时间的巡航飞行，太阳能飞行器必须满足以下三个平衡：即推力和阻力的平衡 (推阻平衡)、升力和重力的平衡 (升重平衡)，以及能量的平衡 (能量平衡)，如式 (3.15)~式 (3.17) 所述。本章将式 (3.15)~式 (3.17) 称为太阳能飞行器的约束方程。

$$W = \frac{\rho}{2}v^2 C_L S, \text{ 升重平衡} \tag{3.15}$$

$$T_{prop} = \frac{\rho}{2}v^2 C_D S, \text{ 推阻平衡} \tag{3.16}$$

$$E_{need} \leqslant E_{prvd}, \text{ 能量平衡} \tag{3.17}$$

式中，W 是飞行器重量，C_L 是升力系数，C_D 是阻力系数，ρ 是大气密度，S 是机翼参考面积，v 是巡航速度，T_{prop} 是推力，E_{need} 是能量需求，E_{prvd} 是能量供应。对太阳能飞行器而言，约束方程组中的推阻平衡和升重平衡具有较强的鲁棒性，所涉及的技术领域如气动系统和推进系统都比较成熟，因此实现过程相对容易。相反由太阳电池和储能电池所组成的能源系统，其能量密度远小于传统的化石能源，因此能量平衡只能维持微弱的平衡。上述能量平衡关系式中 E_{need} 和 E_{prvd} 的差值越大，则能源系统的稳定性越强，保持上述能量平衡也成为太阳能飞行器设计过程中最核心的内容。

3.2.2 太阳能飞行器的能量平衡

太阳辐照是太阳能飞行器的最初能量来源。在白天，太阳电池通过收集太阳辐照并转换成电能，这些电能用于驱动电机螺旋桨。剩余的电能被存储至储能电池中，这些储能电池将提供夜间飞行所需的电能。太阳能飞行器的能量流如图 3.5 所示。为实现长时间的飞行，必须满足能量平衡，上述能量平衡可以分成两个阶段。在白天，太阳电池从太阳辐照转换的电能应至少大于白天飞行的能量消耗和白天对储能电池充电的能量之和，本章将该过程称为全天能量闭环。在夜间，存储在储能电池的能量应至少大于夜间飞行的能量需求，本章将该过程称为夜间能量闭环 [134]。

上述两个能量闭环可以表示为式 (3.18)：

$$\begin{cases} E_{prvd}|_{wholeday} \geqslant P_{need}T_{day} + E_{charge} \geqslant P_{need}T_{day} + E_{prvd}|_{night} \\ \qquad\qquad\quad \geqslant P_{need}(T_{day} + T_{night}) \\ E_{prvd}|_{night} \geqslant P_{need}T_{night} \end{cases} \tag{3.18}$$

其中，$E_{prvd}|_{wholeday}$ 是太阳电池所获得的电能，P_{need} 是飞行器平飞总功率需求，T_{day} 是白天时间长度，E_{charge} 是向储能电池充电总能量，$E_{prvd}|_{night}$ 是储能电池中总的电能，T_{night} 是夜间时间长度。

3.2.2.1 全天能量闭环

式 (3.18) 的第一式描述了全天能量闭环，该表达式可以展开为

$$\int \left(P_{solar} S_{sc} \eta_{sc} \eta_{mppt} \right) \mathrm{d}T_{day}$$

$$\geqslant \left(\frac{P_{lev}}{\eta_{mot}\eta_{prl}} + \frac{P_{av} + P_{pld}}{\eta_{bec}} \right) \cdot (T_{day} + T_{night}) \tag{3.19}$$

其中, η_{sc} 是太阳电池的转换效率, S_{sc} 是太阳电池的面积, P_{solar} 是太阳辐照强度, η_{mppt} 是 MPPT 效率, η_{mot} 是电机的效率, η_{prl} 是螺旋桨的效率, P_{av} 是航电系统的功率需求, P_{pld} 是有效载荷功率需求, η_{bec} 是 DC/DC 降压器的转换效率。定义 $\bar{P}_{solar}$ 为日均太阳辐照, 即将日照总量平均到全天 24 h, 则式 (3.19) 可以写成

$$\eta_{sc}\eta_{mppt}S_{sc}\bar{P}_{solar} \cdot (T_{day} + T_{night})$$
$$\geqslant \left(\frac{P_{lev}}{\eta_{mot}\eta_{prl}} + \frac{P_{av} + P_{pld}}{\eta_{bec}} \right) \cdot (T_{day} + T_{night}) \tag{3.20}$$

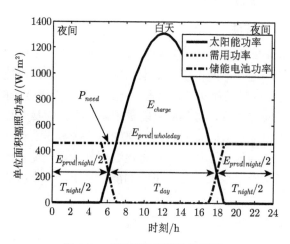

图 3.5　太阳能飞行器的能量流

式 (3.19) 和式 (3.20) 中 P_{lev} 是平飞功率需求, 平飞功率需求可以表述为式 (3.21)[54]。

$$P_{lev} = T_{prop}v = \frac{C_D}{C_L^{3/2}}\sqrt{\frac{W^3}{S}}\sqrt{\frac{2}{\rho}} \tag{3.21}$$

其中, T_{prop} 是螺旋桨拉力, v 是平飞速度, $C_L^{3/2}/C_D$ 是功率因子 (也称为续航因子, 续航因子越大平飞功率越小, 飞行时间越长), W 是飞行器总重量, S 是机翼面积, ρ 是大气密度。

式 (3.19) 所述太阳电池面积 S_{sc} 可以表示为 $\eta_{pave} \cdot S$, 其中 η_{pave} 是太阳电池铺装比率 (太阳电池面积与机翼面积之比)。将上述表达式与式 (3.21) 代入式

(3.19)，可得式 (3.22)

$$
\eta_{sc}\eta_{mppt}\eta_{pave} \cdot \bar{P}_{solar}
$$
$$
\geqslant \frac{1}{\eta_{mot}\eta_{prl}} \cdot \frac{C_D}{C_L^{3/2}}\sqrt{\frac{W^3}{S^3}}\sqrt{\frac{2}{\rho}} + \frac{P_{av}+P_{pld}}{S\eta_{bec}} \tag{3.22}
$$

3.2.2.2 夜间能量闭环

式 (3.18) 的第二式描述了夜间能量闭环，该表达式可以展开为

$$
m_{bat}k_{bat} \geqslant \left(\frac{P_{lel}}{\eta_{mot}\eta_{prl}} + \frac{P_{av}+P_{pld}}{\eta_{bec}} \right) \cdot T_{night} \tag{3.23}
$$

其中，m_{bat} 是储能电池的质量，k_{bat} 是储能电池的能量密度。式 (3.23) 表示了太阳能飞行器实现夜间飞行所需的最少储能电池质量。太阳能飞行器的总质量是各子系统的质量之和。因此给定各子系统的质量 (如有效载荷质量等)，太阳能飞行器存在一个最小的总质量。太阳能飞行器的总质量可以表示为式 (3.24)

$$
m = m_{bat} + m_{af} + m_{sc} + m_{mppt} + m_{prop} + m_{av} + m_{pld} \tag{3.24}
$$

其中，m_{af} 是机翼质量和机身质量之和，m_{sc} 是太阳电池质量，m_{mppt} 是 MPPT 的质量，m_{prop} 是螺旋桨的质量，m_{av} 是航电系统的质量，m_{pld} 是有效载荷的质量。将式 (3.40) 代入式 (3.41) 可得

$$
m \geqslant \left(\frac{1}{\eta_{mot}\eta_{prl}} \cdot P_{lel} + \frac{P_{av}+P_{pld}}{\eta_{bec}} \right) \cdot \frac{T_{night}}{k_{bat}}
$$
$$
+ k_{af}S + k_{sc}\eta_{pave}S + k_{mppt}P_{lev} + k_{prop}P_{lev} + m_{av} + m_{pld} \tag{3.25}
$$

其中，k_{af} 是机翼的面密度 (单位面积机翼的质量)，$k_{af}S$ 是机翼的质量，k_{sc} 是太阳电池的面密度 (单位太阳电池的质量)，$k_{sc}\eta_{pave}S$ 是太阳电池的质量，k_{mppt} 是 MPPT 的质量功率系数，$k_{mppt}P_{lev}$ 是 MPPT 的质量，k_{prop} 是推进系统的质量功率系数，$k_{prop}P_{lev}$ 是推进系统的质量，m_{av} 是航电系统的质量，m_{pld} 是有效载荷的质量。

通常 MPPT、推进系统、航电系统和有效载荷系统的质量，或者是常数或者相比其他子系统 (如储能电池等) 质量较小，因此在本章忽略上述质量。与之相反，能量转换设备的效率如 η_{mppt}、η_{mot} 和 η_{prl} 等，与工艺水平密切相关，因此仍然要考虑。此外太阳电池铺装率 η_{pave} 通常比较高，本书假设铺装率为 1 的常数。因此式 (3.22) 和式 (3.25) 可以写成

$$\begin{cases} \eta_{sc}\eta_{mppt}\eta_{mot}\eta_{prl} \cdot \bar{P}_{solar} \geqslant \dfrac{C_D}{C_L^{3/2}} \sqrt{\dfrac{W^3}{S^3}} \sqrt{\dfrac{2}{\rho}} \\[3mm] \dfrac{W}{S} \geqslant \underbrace{g\left[\dfrac{T_{night}}{\eta_{mot}\eta_{prl}k_{bat}}\right]\dfrac{C_D}{C_L^{3/2}}\sqrt{\dfrac{2}{\rho}}}_{a_1} \cdot \sqrt{\dfrac{W^3}{S^3}} + \underbrace{(k_{af}+k_{sc})\,g}_{a_2} \end{cases} \tag{3.26}$$

其中，g 是重力加速度。对给定飞行高度 (即对应于式中的大气密度) 和其他一些技术参数，式 (3.26) 的第一式是关于翼载荷 W/S 的函数。求解该表达式，可以得到翼载荷的上边界。当太阳能飞行器的翼载荷小于上述翼载荷边界，该太阳能飞行器满足全天能量闭环。类似地，式 (3.26) 的第二式也可以表示为翼载荷 W/S 的函数。做如下替换 $z = (W/S)^{1/2}$，式 (3.26) 的第二式可以表述为

$$a_1 z^3 - z^2 + a_2 \leqslant 0 \tag{3.27}$$

将三次方程 $f(z) = a_1 z^3 - z^2 + a_2$，$a_1, a_2 > 0$ 的函数图像绘制如图 3.6 所示。其中的阴影部分即为不等式 (3.27) 的可行域。显然当且仅当表达式 $a_2 - \dfrac{4}{27a_1^2} \leqslant 0$ 即 $a_1^2 a_2 \leqslant 4/27$ 满足时，上述阴影区域存在，同时可得到一个负根和两个正根。其中的两个正根对应翼载荷的上边界和下边界。当太阳能飞行器的翼载荷位于上述翼载荷下边界和上边界之间时，该太阳能飞行器能满足夜间能量闭环。将上述三个翼载荷边界与飞行高度的关系绘制于同一张图上，如图 3.7 所示。图中曲边三角形是翼载荷的可行域，显然该可行域随飞行高度的增加而减小。图中圆点表示考虑夜间能量闭环所能达到的最大飞行高度，本章记为夜间高度；矩形点表示同时考虑夜间能量闭环和全天能量闭环所能达到的最大飞行高度，本章记为全天高度。

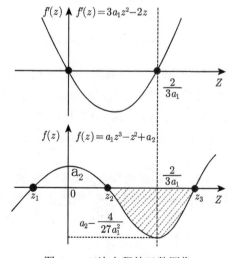

图 3.6　三次方程的函数图像

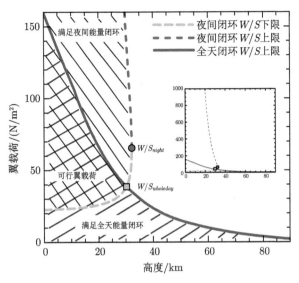

图 3.7　翼载荷随飞行高度的关系

3.2.3　最大飞行高度和对应翼载荷

全天高度表示一个太阳能飞行器所能长时间持续飞行的最大飞行高度。全天高度即图 3.7 所示矩形点。当且仅当式 (3.26) 的所有不等式换成等式时，可以达到全天高度。将式 (3.26) 的第一式的翼载荷 W/S 的表达式代入式 (3.26) 的第二式中得到

$$\left(\eta_{sc}\eta_{mppt}\eta_{mot}\eta_{prl}\bar{P}_{solar}\right)^{2/3} \cdot \left(\frac{C_L^{3/2}}{C_D}\right)^{2/3} \cdot \left(\frac{\rho}{2}\right)^{1/3}$$

$$= g \cdot \left[\frac{T_{night}}{\eta_{mot}\eta_{prl}k_{bat}}\right] \cdot \left(\eta_{sc}\eta_{mppt}\eta_{mot}\eta_{prl}\right)\bar{P}_{solar} + (k_{af}+k_{sc}) \cdot g \tag{3.28}$$

由式 (3.28) 可以推导出全天高度处对应的大气密度 $\rho|_{wholeday}$，将该大气密度代入式 (3.26) 的第一式可以得到全天高度处对应的翼载荷 $\left.\dfrac{W}{S}\right|_{wholeday}$，本章称之为全天翼载荷。全天高度处大气密度和全天翼载荷表达式如下

$$\begin{cases} \rho|_{wholeday} = 2g^3 \cdot \dfrac{\left[\left(\dfrac{T_{night}}{k_{bat}}\right) \cdot \left(\eta_{sc}\eta_{mppt}\bar{P}_{solar}\right) + (k_{af}+k_{sc})\right]^3}{\left(\eta_{sc}\eta_{mppt}\bar{P}_{solar}\right)^2 \cdot \left(\eta_{mot}\eta_{prl}\dfrac{C_L^{3/2}}{C_D}\right)^2} \\[4mm] \left.\dfrac{W}{S}\right|_{wholeday} = g \cdot \left[\left(\dfrac{T_{night}}{k_{bat}}\right) \cdot \left(\eta_{sc}\eta_{mppt}\bar{P}_{solar}\right) + (k_{af}+k_{sc})\right] \end{cases} \tag{3.29}$$

夜间高度表示一个太阳能飞行器在夜间所能持续飞行的最大飞行高度。夜间高度即图 3.7 所示圆点。当且仅当式 (3.27) 的两个正根重合时，可以达到夜间高度。如图 3.6 所示，当两个正根重合时，满足如下表达式 $a_1^2 a_2 = 4/27$，该表达式可以展开为

$$g^2 \left[\frac{T_{night}}{\eta_{mot}\eta_{prl}k_{bat}} \right]^2 \left(\frac{C_D}{C_L^{3/2}} \right)^2 \frac{2}{\rho} \left(k_{af} + k_{sc} \right) g = \frac{4}{27} \tag{3.30}$$

求解上述表达式可以得出夜间高度处对应的大气密度 $\rho|_{night}$，并将该大气密度表达式代入式 (3.26) 的第二式可得对应的翼载荷 $\left. \frac{W}{S} \right|_{night}$，本章称之为夜间翼载荷。夜间高度处大气密度和夜间翼载荷表达式如下

$$\begin{cases} \rho|_{night} = \dfrac{27g^3}{2} \cdot \dfrac{\left(\dfrac{T_{night}}{k_{bat}} \right)^2 \left(k_{af} + k_{sc} \right)}{\left(\eta_{mot}\eta_{prl} \dfrac{C_L^{3/2}}{C_D} \right)^2} \\[6mm] \left. \dfrac{W}{S} \right|_{night} = 3g \left(k_{af} + k_{sc} \right) \end{cases} \tag{3.31}$$

式 (3.29) 和式 (3.31) 推导出全天高度和夜间高度处大气密度的表达式，由于大气密度与飞行高度是一一对应关系，因此可以得出相应的全天高度和夜间高度。然而由于式 (3.29) 和式 (3.31) 的表述有些复杂，不便于太阳能飞行器的参数灵敏度分析。因此，引入一系列组合参数用以简化上述表达式。这些组合参数的选择原则是使组合参数的总数量最少。

根据上述原则得出的组合参数如下：

➤ 记 $\psi_{ef} = \eta_{mot}\eta_{prl} \cdot C_L^{3/2}/C_D$ 为广义气动参数；

➤ 记 $\psi_{strct} = k_{af} + k_{sc}$ 为广义结构参数；

➤ 记 $\psi_{pv} = \eta_{sc}\eta_{mppt}\bar{P}_{solar}$ 为广义光伏参数；

➤ 记 $\psi_{bat} = T_{night}/k_{bat}$ 为广义储能参数。

上述四个广义参数是能使式 (3.29) 和式 (3.31) 简化的最小参数组合。广义参数表示组成该广义参数的各技术参数之间的关系。如考虑广义储能参数 ψ_{bat}，组成该参数的夜间时长 T_{night} 和储能电池的能量密度 k_{bat} 对该广义参数有着同样但是相反的效果。显然，选择一个夜间时长更短的飞行条件，比增加储能电池的能量密度更为容易，且能对太阳能飞行器有相同的效果。类似的还可以得到其他一些原则。

将上述四个广义参数代入式 (3.29) 以及式 (3.31) 的第一式，可以得出全天高度处大气密度和相应的翼载荷表达式，如下

$$\begin{cases} \rho|_{wholeday} = 2g^3 \cdot \dfrac{(\psi_{bat}\psi_{pv} + \psi_{strct})^3}{\psi_{pv}^2 \psi_{ef}^2} \geqslant \rho_0 \\ \left.\dfrac{W}{S}\right|_{wholeday} = g \cdot (\psi_{bat}\psi_{pv} + \psi_{strct}) \end{cases} \tag{3.32}$$

其中，ρ_0 是海平面上的大气密度，根据参考大气，其数值为 $1.225\ \mathrm{kg/m^3}$。

将上述四个广义参数代入式 (3.31) 可以得出夜间高度处的大气密度和相应夜间翼载荷，如下

$$\begin{cases} \rho|_{night} = \dfrac{27g^3 \psi_{bat}^2 \psi_{strct}}{2\psi_{ef}^2} \geqslant \rho_0 \\ \left.\dfrac{W}{S}\right|_{night} = 3g\psi_{strct} \end{cases} \tag{3.33}$$

前述研究将全天高度、全天翼载荷、夜间高度和夜间翼载荷都解析的表示出来如式 (3.32) 和式 (3.33) 所示。我们希望找出全天高度和夜间高度的关系。首先将全天高度和夜间高度对应的大气密度相减如下所示

$$\rho|_{wholeday} - \rho|_{night} = \frac{g^3 \left(4\psi_{bat}\psi_{pv} + \psi_{strct}\right)\left(\psi_{bat}\psi_{pv} - 2\psi_{strct}\right)^2}{2\psi_{pv}^2 \psi_{ef}^2} \geqslant 0 \tag{3.34}$$

从式 (3.34) 可以看出，其结果显然是非负的数，这表明全天高度处的大气密度要比夜间高度的大气密度要高，也即全天高度必然的要低于夜间高度。综合式 (3.34) 和图 3.7 可以看出，当全天高度和夜间高度的区别较大时，夜间能量闭环比全天能量闭环的鲁棒性高，也即与夜间能量闭环相关的各子系统 (如储能电池能量密度等) 具有技术剩余。当且仅当式 (3.34) 达到零，即全天高度和夜间高度相同，这时全天能量闭环和夜间能量闭环有相同的鲁棒性。因此可以得出如下表达式 $\psi_{bat}\psi_{pv} - 2\psi_{strct} = 0$。当某太阳能飞行器满足上述表达式时，我们称之为达到平衡状态。此外，全天翼载荷和夜间翼载荷的关系如下

$$\left.\frac{W}{S}\right|_{wholeday} - \left.\frac{W}{S}\right|_{night} = g \cdot (\psi_{bat}\psi_{pv} - 2\psi_{strct}) \tag{3.35}$$

式 (3.35) 描述了图 3.7 所述的三条翼载荷曲线的交点。例如，当 $\psi_{bat}\psi_{pv} - 2\psi_{strct} < 0$ 时，全天翼载荷小于夜间翼载荷，此时全天能量闭环翼载荷上边界与夜间能量闭环翼载荷下边界相交；相反，当 $\psi_{bat}\psi_{pv} - 2\psi_{strct} > 0$ 时，全天翼载荷大于夜间翼载荷，此时全天能量闭环翼载荷上边界与夜间能量闭环翼载荷上边界相交。

3.2.4　实际最大飞行高度和对应翼载荷

当全天能量闭环翼载荷曲线与夜间能量闭环翼载荷下边界相交时，实际最大飞行高度应取为全天最大飞行高度；而当全天能量闭环翼载荷曲线与夜间能量闭环翼载荷上边界相交时，实际最大飞行高度应为夜间最大飞行高度。因此实际最大飞行高度和翼载荷表述为

$$\rho|_{\max H} = \begin{cases} 2g^3 \dfrac{(\psi_{bat}\psi_{pv} + \psi_{strct})^3}{\psi_{pv}^2 \psi_{ef}^2}, & \psi_{bat}\psi_{pv} < 2\psi_{strct} \\[3mm] \dfrac{27g^3 \psi_{bat}^2 \psi_{strct}}{2\psi_{ef}^2}, & \psi_{bat}\psi_{pv} \geqslant 2\psi_{strct} \end{cases} \tag{3.36}$$

$$\frac{W}{S}\bigg|_{\max H} = \begin{cases} g\,(\psi_{bat}\psi_{pv} + \psi_{strct}), & \psi_{bat}\psi_{pv} < 2\psi_{strct} \\[2mm] 3g\psi_{strct}, & \psi_{bat}\psi_{pv} \geqslant 2\psi_{strct} \end{cases} \tag{3.37}$$

分析式 (3.36) 和式 (3.37) 可以看出

$$\begin{cases} \rho|_{\max H} \geqslant \dfrac{27g^3 \psi_{bat}^2 \psi_{strct}}{2\psi_{ef}^2} \\[3mm] \dfrac{W}{S}\bigg|_{\max H} \leqslant 3g\psi_{strct} \end{cases} \tag{3.38}$$

由于式 (3.36) 和式 (3.37) 是间断函数，不利于参数灵敏度分析。假设调整某一广义参数，且使其他参数固定，使满足 $\psi_{bat}\psi_{pv} = 2\psi_{strct}$ 时，看该广义参数的极限情况，此时全天最大飞行高度和夜间最大飞行高度重合。下面以某太阳能飞行器参数为例，该太阳能飞行器的一些基本参数如表 3.1 所示。

表 3.1　某太阳能飞行器一些基本参数

参数	数值	单位	参数	数值	单位
$\bar{P}_{solar}$	320	W/m^2	C_D	0.03	—
η_{sc}	20%	—	k_{af}	1.5	kg/m^2
η_{mppt}	0.9	—	k_{sc}	0.8	kg/m^2
η_{mot}	0.9	—	k_{bat}	350	W·h/kg
η_{prl}	0.8	—	T_{night}	10	h
C_L	1.0	—	g	9.8	m/s^2

从表 3.2 中可以看出，使 $\psi_{bat}\psi_{pv} = 2\psi_{strct}$ 满足的广义参数或者不存在；或者条件极其苛刻，这表明：全天能量闭环翼载荷上边界一般与夜间能量闭环翼载荷下边界相交，此时最大飞行高度和对应翼载荷可以用式 (3.32) 表示。本章在无特别说明情况下均用式 (3.32) 表示实际最大飞行高度。

表 3.2 满足全天最大飞行高度和夜间最大飞行高度相等时的广义参数值

广义参数	数值	备注
ψ_{strct}	0.36 kg	$k_{af} + k_{sc} = 0.36$ kg/m^2 结构苛刻
ψ_{pv}	462 W/m^2	$\bar{P}_{solar} = 2566$ W/m^2 不存在如此条件
ψ_{bat}	0.178 kg/W	$k_{bat} = 2 \times 10^5$ W·h/kg 不存在如此条件

3.3 夜间翼载荷边界的物理意义分析

本节我们重点关注夜间翼载荷的计算过程，以确保计算结果具有物理意义。负根或复数根对数值计算过程是可以接受的，但对一些物理参数如总质量，翼展和展弦比等则是不可以接受的。甚至在某些情况下，正根也是不可以接受的。在本节，我们将研究确保获得具有物理意义的根的原则或方法。

3.3.1 翼载荷的物理约束

从前述分析可知，夜间能量闭环方程 (3.27) 是一个三次不等式方程，其对应的等式方程如式 (3.39) 所示。该三次方程有三个数值解，然而上述三个解并不能保证有确切的物理意义。考虑类似的三次方程时，文献 [54] 选择了一个最小的非负的实数解，但并没有给出具体的原因，特别是为什么其他正数解被舍弃。

$$f(z) = a_1 z^3 - z^2 + a_2 \tag{3.39}$$

式 (3.27) 中的根代表太阳能飞行器的翼载荷，应要确保某些物理意义。我们将用解析办法的表述上述三次方程，并从中鉴别物理意义的根。式 (3.39) 中夜间能量闭环方程是一个标准的三次方程，可以重写成 $Az^3 + Bz^2 + Cz + D = 0$，其中 $A = a_1$，$B = -1$，$C = 0$，$D = a_2$。因此该表达式可以重写成

$$Az^3 - z^2 + D = 0 \tag{3.40}$$

参数 A 和 D 由以下确定

$$\begin{cases} A = g \left[\dfrac{T_{night}}{\eta_{mot} \eta_{prl} k_{bat}} \right] \dfrac{C_D}{C_L^{3/2}} \sqrt{\dfrac{2}{\rho}} \\ D = (k_{af} + k_{sc}) g \end{cases} \tag{3.41}$$

对给定技术参数时可知 $A > 0$，$D > 0$。从中可以知道翼载荷和 A，D 正相关。例如，D 的增加表明结构重量的增加，显然对应的翼载荷增加；类似地，A 的增加表明储能电池能量密度 k_{bat} 下降，为满足夜间能量闭环应携带更多储能电池，因此对应翼载荷也增加。因此太阳能飞行器翼载荷 $z = (W/S)^{1/2}$ 和参数 A, D 正

相关。此外，参数代换表达式 $m^{3/2}=z^3, z>0$ 也应该满足。当且仅当式 (3.42) 全部成立时，上述三次方程的解具有物理意义。

$$\begin{cases} z>0 & \text{(a)} \\[2mm] \dfrac{\partial z}{\partial A}>0 & \text{(b)} \\[2mm] \dfrac{\partial z}{\partial D}>0 & \text{(c)} \end{cases} \tag{3.42}$$

3.3.2　翼载荷的解析描述

本节将分析式 (3.27) 的解析表达式，以确定式 (3.42) 中参数的相互关系是否满足。设 $z=y+\dfrac{1}{3A}$，式 (3.27) 可以重写成

$$y^3-\frac{1}{3A^2}y-\frac{2}{27A^3}+\frac{D}{A}=0 \tag{3.43}$$

做如下替换

$$\begin{cases} p=-\dfrac{1}{3A^2} \\[2mm] q=-\dfrac{2}{27A^3}+\dfrac{D}{A} \end{cases} \tag{3.44}$$

则式 (3.43) 可以重写成

$$y^3+py+q=0 \tag{3.45}$$

其中，$\Delta=\left(\dfrac{q}{2}\right)^2+\left(\dfrac{p}{3}\right)^3=\dfrac{D^2}{4A^2}-\dfrac{D}{27A^4}$ 是三次方程的判别式。根据卡尔丹公式 (Cardano's Formula) [135]，有如下结论：

- 当 $\Delta>0$，上述三次方程有一个实根和两个虚根；
- 当 $\Delta=0$，上述三次方程有三个实根，特别地当 $p=q=0$，三个实根均为零，当 $\left(\dfrac{q}{2}\right)^2=-\left(\dfrac{p}{3}\right)^3\neq0$，在三个实根中有两个根相同；
- 当 $\Delta<0$，上述三次方程有三个不等的实根。

式 (3.45) 的三个根可以解析表示为

$$\begin{cases} y_1=\sqrt[3]{-\dfrac{q}{2}+\sqrt{\left(\dfrac{q}{2}\right)^2+\left(\dfrac{p}{3}\right)^3}}+\sqrt[3]{-\dfrac{q}{2}-\sqrt{\left(\dfrac{q}{2}\right)^2+\left(\dfrac{p}{3}\right)^3}} \\[4mm] y_2=\omega\cdot\sqrt[3]{-\dfrac{q}{2}+\sqrt{\left(\dfrac{q}{2}\right)^2+\left(\dfrac{p}{3}\right)^3}}+\omega^2\cdot\sqrt[3]{-\dfrac{q}{2}-\sqrt{\left(\dfrac{q}{2}\right)^2+\left(\dfrac{p}{3}\right)^3}} \\[4mm] y_3=\omega^2\cdot\sqrt[3]{-\dfrac{q}{2}+\sqrt{\left(\dfrac{q}{2}\right)^2+\left(\dfrac{p}{3}\right)^3}}+\omega\cdot\sqrt[3]{-\dfrac{q}{2}-\sqrt{\left(\dfrac{q}{2}\right)^2+\left(\dfrac{p}{3}\right)^3}} \end{cases} \tag{3.46}$$

其中，$\omega = \dfrac{-1 + \mathrm{i}\sqrt{3}}{2}, \omega^2 = \dfrac{-1 - \mathrm{i}\sqrt{3}}{2}$。

3.3.3 具有物理意义翼载荷的存在性分析

3.3.3.1 考虑判别式进行存在性分析

- 当判别式 $\Delta = \dfrac{D^2}{4A^2} - \dfrac{D}{27A^4} = 0$，则 $D = \dfrac{4}{27A^2}$，$q = -\dfrac{2}{27A^3} + \dfrac{4}{27A^3} = \dfrac{2}{27A^3}$ 且 $p = -\dfrac{1}{3A^2}$。将上述表达式代入式 (3.46) 可以得到

$$\begin{cases} y_1 = -\dfrac{2}{3A} \\ y_2 = y_3 = \dfrac{1}{3A} \end{cases} \tag{3.47}$$

考虑 $y = y_1$ 则 $z = -\dfrac{1}{3A}$，这与式 (3.42) 的第一式相违背。此外，考虑 $y = y_2 = y_3$，则 $z = \dfrac{2}{3A}$，$z \propto \dfrac{1}{A}$ 该表达式与式 (3.42) 的第二式相违背。因此，当判别式 $\Delta = 0$ 时，不存在具有物理意义的根。

- 当 $\Delta = \dfrac{D^2}{4A^2} - \dfrac{D}{27A^4} \neq 0$，设 $A^2 D = k, k > 0$。当 $k > \dfrac{4}{27}$，$\Delta > 0$。此外，当 $0 < k < \dfrac{4}{27}$，$\Delta < 0$。考虑上述表达式 $D = \dfrac{k}{A^2}$，$q = -\dfrac{2}{27A^3} + \dfrac{k}{A^3}$ 和 $p = -\dfrac{1}{3A^2}$，并将它们代入式 (3.46) 的第一式可得

$$y_1 = \frac{1}{A}\left[\sqrt[3]{\sqrt{k\left(\frac{k}{4} - \frac{1}{27}\right)} - \left(\frac{k}{2} - \frac{1}{27}\right)} + \sqrt[3]{-\sqrt{k\left(\frac{k}{4} - \frac{1}{27}\right)} - \left(\frac{k}{2} - \frac{1}{27}\right)} \right] \tag{3.48}$$

若 $k \in (4/27, +\infty)$，$\Delta > 0$。根据卡尔丹公式有 $y_1 \in R$，$y_2, y_3 \notin R$。因此可能的物理根只有 y_1，设 $z = y + \dfrac{1}{3A}$ 则

$$z_1 = \frac{1}{A}\left[\sqrt[3]{\sqrt{k\left(\frac{k}{4} - \frac{1}{27}\right)} - \left(\frac{k}{2} - \frac{1}{27}\right)} + \sqrt[3]{-\sqrt{k\left(\frac{k}{4} - \frac{1}{27}\right)} - \left(\frac{k}{2} - \frac{1}{27}\right)} + \frac{1}{3} \right] \tag{3.49}$$

我们可以证明上述表达式的导数 $z_1'(k) < 0$ 且 $z_1\left(\dfrac{4}{27}\right) = -\dfrac{1}{3A} < 0$。因此 $z_1 < 0$，这与式 (3.42) 的第一式相违背。上述分析可以总结为，当判别式 $\Delta \geqslant 0$ 时，不存在物理根。

3.3.3.2 考虑约束方程进行存在性分析

根据前述分析,当判别式 $\Delta \geqslant 0$ 时不存在物理根。因此判别式 $\Delta < 0$ 是唯一可能存在物理根的情况。本小节主要分析当判别式 $\Delta < 0$ 时,物理意义根的存在性。考虑到卡尔丹公式,当判别式 $\Delta < 0$ 时,存在三个不等的实根。

设 $A^2 D = k$。将表达式 $q = -\dfrac{2}{27A^3} + \dfrac{k}{A^3}$ 和 $p = -\dfrac{1}{3A^2}$ 代入式 (3.46) 可以得到

$$
\begin{cases}
y_1 = \dfrac{1}{A}\left[\sqrt[3]{\sqrt{k\left(\dfrac{k}{4} - \dfrac{1}{27}\right)} - \left(\dfrac{k}{2} - \dfrac{1}{27}\right)} + \sqrt[3]{-\sqrt{k\left(\dfrac{k}{4} - \dfrac{1}{27}\right)} - \left(\dfrac{k}{2} - \dfrac{1}{27}\right)}\right] \\[4mm]
y_2 = \dfrac{1}{A}\left[\omega \cdot \sqrt[3]{\sqrt{k\left(\dfrac{k}{4} - \dfrac{1}{27}\right)} - \left(\dfrac{k}{2} - \dfrac{1}{27}\right)} + \omega^2 \cdot \sqrt[3]{-\sqrt{k\left(\dfrac{k}{4} - \dfrac{1}{27}\right)} - \left(\dfrac{k}{2} - \dfrac{1}{27}\right)}\right] \\[4mm]
y_3 = \dfrac{1}{A}\left[\omega^2 \cdot \sqrt[3]{\sqrt{k\left(\dfrac{k}{4} - \dfrac{1}{27}\right)} - \left(\dfrac{k}{2} - \dfrac{1}{27}\right)} + \omega \cdot \sqrt[3]{-\sqrt{k\left(\dfrac{k}{4} - \dfrac{1}{27}\right)} - \left(\dfrac{k}{2} - \dfrac{1}{27}\right)}\right]
\end{cases}
\tag{3.50}
$$

将表达式 $z = y + \dfrac{1}{3A}$ 代入式 (3.50) 可得

$$
\begin{cases}
z_1 = \dfrac{1}{A}\left[\sqrt[3]{\sqrt{k\left(\dfrac{k}{4} - \dfrac{1}{27}\right)} - \left(\dfrac{k}{2} - \dfrac{1}{27}\right)} + \sqrt[3]{-\sqrt{k\left(\dfrac{k}{4} - \dfrac{1}{27}\right)} - \left(\dfrac{k}{2} - \dfrac{1}{27}\right)} + \dfrac{1}{3}\right] \\[4mm]
z_2 = \dfrac{1}{A}\left[\omega \cdot \sqrt[3]{\sqrt{k\left(\dfrac{k}{4} - \dfrac{1}{27}\right)} - \left(\dfrac{k}{2} - \dfrac{1}{27}\right)} + \omega^2 \cdot \sqrt[3]{-\sqrt{k\left(\dfrac{k}{4} - \dfrac{1}{27}\right)} - \left(\dfrac{k}{2} - \dfrac{1}{27}\right)} + \dfrac{1}{3}\right] \\[4mm]
z_3 = \dfrac{1}{A}\left[\omega^2 \cdot \sqrt[3]{\sqrt{k\left(\dfrac{k}{4} - \dfrac{1}{27}\right)} - \left(\dfrac{k}{2} - \dfrac{1}{27}\right)} + \omega \cdot \sqrt[3]{-\sqrt{k\left(\dfrac{k}{4} - \dfrac{1}{27}\right)} - \left(\dfrac{k}{2} - \dfrac{1}{27}\right)} + \dfrac{1}{3}\right]
\end{cases}
\tag{3.51}
$$

当 $\Delta < 0$, $k \in (0, 4/27)$,式 (3.51) 中的表达式 $k\left(\dfrac{k}{4} - \dfrac{1}{27}\right)$ 是负实数,且表达式 $\sqrt{k\left(\dfrac{k}{4} - \dfrac{1}{27}\right)}$ 是一个纯虚数,为便于分析,本章将其表示为 $\varphi \mathrm{i}$,$\varphi = \pm\sqrt{-k\left(\dfrac{k}{4} - \dfrac{1}{27}\right)}$。此外,表达式 $\sqrt[3]{\sqrt{k\left(\dfrac{k}{4} - \dfrac{1}{27}\right)} - \left(\dfrac{k}{2} - \dfrac{1}{27}\right)}$ 和

$\sqrt[3]{-\sqrt{k\left(\dfrac{k}{4}-\dfrac{1}{27}\right)}-\left(\dfrac{k}{2}-\dfrac{1}{27}\right)}$ 为共轭复数，由此一个正的 φ 或负的 φ 都会

得到相同的结果，因此假设 $\varphi=\sqrt{-k\left(\dfrac{k}{4}-\dfrac{1}{27}\right)}$，$\varphi>0$。

考虑到 $k\in(0,4/27)$ 和 $-\dfrac{1}{27}<\left(\dfrac{k}{2}-\dfrac{1}{27}\right)<\dfrac{1}{27}$，我们记 $\psi=-\left(\dfrac{k}{2}-\dfrac{1}{27}\right)$

并将 φ 和 ψ 代入式 (3.51)，至此 z_1、z_2、z_3 可以重写成

$$\begin{cases} z_1=\dfrac{1}{A}\left(\sqrt[3]{\varphi\mathrm{i}+\psi}+\sqrt[3]{-\varphi\mathrm{i}+\psi}+\dfrac{1}{3}\right) \\[2mm] z_2=\dfrac{1}{A}\left(\omega\cdot\sqrt[3]{\varphi\mathrm{i}+\psi}+\omega^2\cdot\sqrt[3]{-\varphi\mathrm{i}+\psi}+\dfrac{1}{3}\right) \\[2mm] z_3=\dfrac{1}{A}\left(\omega^2\cdot\sqrt[3]{\varphi\mathrm{i}+\psi}+\omega\cdot\sqrt[3]{-\varphi\mathrm{i}+\psi}+\dfrac{1}{3}\right) \end{cases} \tag{3.52}$$

记 $\xi=\varphi\mathrm{i}+\psi$ 和 $\zeta=-\varphi\mathrm{i}+\psi$，将式 (3.52) 中的表达式 $\sqrt[3]{\xi}$ 和 $\sqrt[3]{\zeta}$ 在复数域中展开。根据复变函数理论可以得到

$$\begin{cases} \sqrt[3]{\xi}=\sqrt[3]{\varphi\mathrm{i}+\psi}=|\varphi\mathrm{i}+\psi|^{\frac{1}{3}}\left(\cos\dfrac{\arg\xi+2n_\xi\pi}{3}+\mathrm{i}\sin\dfrac{\arg\xi+2n_\xi\pi}{3}\right) \\[3mm] \sqrt[3]{\zeta}=\sqrt[3]{-\varphi\mathrm{i}+\psi}=|-\varphi\mathrm{i}+\psi|^{\frac{1}{3}}\left(\cos\dfrac{\arg\zeta+2n_\zeta\pi}{3}+\mathrm{i}\sin\dfrac{\arg\zeta+2n_\zeta\pi}{3}\right) \end{cases} \tag{3.53}$$

其中，$n_\xi,n_\zeta\in(0,1,2)$ 和 $\tan(\arg\xi)=\varphi/\psi$，$\tan(\arg\zeta)=-\varphi/\psi$。复数 (ψ,φ) 的辐角为 $0<\arg\xi<\pi$，其中函数 $\arctan$ 的值域为 $(-\pi/2,\pi/2)$，因此 $\arg\xi$ 可以由式 (3.54) 计算得出。

$$\begin{cases} \arg\xi=\arctan(\varphi/\psi), & 0<k<\dfrac{2}{27} \\[2mm] \arg\xi=\arctan(\varphi/\psi)+\pi, & \dfrac{2}{27}<k<\dfrac{4}{27} \end{cases} \tag{3.54}$$

式 (3.54) 中的 $|\varphi\mathrm{i}+\psi|^{1/3}$ 和 $|-\varphi\mathrm{i}+\psi|^{1/3}$ 可以表示为

$$|\varphi\mathrm{i}+\psi|^{1/3}=|-\varphi\mathrm{i}+\psi|^{1/3}=\left(\sqrt{\varphi^2+\psi^2}\right)^{1/3}$$

$$=\left[\sqrt{-k\left(\dfrac{k}{4}-\dfrac{1}{27}\right)+\left(\dfrac{k}{2}-\dfrac{1}{27}\right)^2}\right]^{1/3}=\dfrac{1}{3} \tag{3.55}$$

设 $\arg \xi = -\arg \zeta = \alpha, \alpha \in (0, \pi)$,将其和表达式 $|\varphi i + \psi|^{1/3} = |-\varphi i + \psi|^{1/3} = \frac{1}{3}$ 代入式 (3.53)，则式 (3.53) 可以重写为

$$
\begin{cases}
\sqrt[3]{\xi} = \sqrt[3]{\varphi i + \psi} = \dfrac{1}{3} \left(\cos \dfrac{\alpha + 2n_\xi \pi}{3} + i \sin \dfrac{\alpha + 2n_\xi \pi}{3} \right) \\[3mm]
\sqrt[3]{\zeta} = \sqrt[3]{-\varphi i + \psi} = \dfrac{1}{3} \left(\cos \dfrac{-\alpha + 2n_\zeta \pi}{3} + i \sin \dfrac{-\alpha + 2n_\zeta \pi}{3} \right)
\end{cases} \tag{3.56}
$$

设 $n_\xi = n_\zeta = 0$，则表达式 $\sqrt[3]{\xi}$ 和 $\sqrt[3]{\zeta}$ 满足共轭要求，式 (3.52) 可以表示为式 (3.57)。显然当 $n_\xi = 1$、$n_\zeta = 2$ 和 $n_\xi = 2$、$n_\zeta = 1$ 时，表达式 $\sqrt[3]{\xi}$ 和 $\sqrt[3]{\zeta}$ 同样共轭，式 (3.52) 的表达式同样为式 (3.57)，在本章中不再重复讨论上述情况

$$
\begin{cases}
z_1 = \dfrac{1}{3A} \left(2 \cos \dfrac{\alpha}{3} + 1 \right) \\[3mm]
z_2 = -\dfrac{1}{3A} \left(2 \cos \dfrac{\alpha - \pi}{3} - 1 \right) \\[3mm]
z_3 = -\dfrac{1}{3A} \left(2 \cos \dfrac{\alpha + \pi}{3} - 1 \right)
\end{cases} \tag{3.57}
$$

当 $\alpha \in (0, \pi)$，$z_1 > 0$，$z_3 > 0$ 和 $z_2 < 0$，其中 z_2 不满足式 (3.42) 的第一个约束，因此被舍弃。剩下的 z_1 和 z_3 是可能的两个物理根，在本章中将进一步分析。

在后续分析中，我们将研究 z_1, z_3 是否满足式 (3.42) 的第二个和第三个约束。α 对 k 的导数为

$$
\frac{\partial \alpha}{\partial k} = \frac{1}{1 + (\varphi/\psi)^2} \cdot \frac{\partial(\varphi/\psi)}{\partial k} = \frac{1}{2\varphi} \tag{3.58}
$$

考虑式 (3.57) 和式 (3.58)，z_1 对 A 的导数可以表示为

$$
\frac{\partial z_1}{\partial A} = -\frac{1}{3A^2} \left(\frac{k}{3\varphi} \sin \frac{\alpha}{3} + 2 \cos \frac{\alpha}{3} + 1 \right) \tag{3.59}
$$

当 $k \in (0, 4/27)$，$\alpha \in (0, \pi)$，式 (3.59) 为恒小于零。因此 z_1 并不满足式 (3.42) 的第二个约束因此也被舍弃。

z_3 对 A 的导数为

$$
\frac{\partial z_3}{\partial A} = -\frac{1}{3A^2} \left(-\frac{2k}{3\varphi} \sin \frac{\alpha + \pi}{3} + 2 \cos \frac{\alpha + \pi}{3} - 1 \right) \tag{3.60}
$$

当 $k \in (0, 4/27)$，$\alpha \in (0, \pi)$，式 (3.60) 为恒大于零，因此 z_3 满足式 (3.42) 的第二个约束。

z_3 对 D 的导数可以表示为

$$\frac{\partial z_3}{\partial D} = \frac{1}{3A^2}\left(\frac{2k}{3\varphi}\sin\frac{\alpha+\pi}{3}\right) \tag{3.61}$$

当 $k \in (0, 4/27)$，$\alpha \in (0, \pi)$，式 (3.61) 也恒大于零，因此 z_3 满足式 (3.42) 的第三个约束，这表明 z_3 满足式 (3.42) 的所有约束，因而是唯一的物理根。

上述分析表明，当 $0 < k < 4/27$ 也就是 $0 < a_1^2 a_2 < 4/27$ 时，夜间能量闭环只有唯一的物理解。可以证明 $z_3 < z_2$ 即 z_3 是夜间能量闭环的下边界，这表明夜间能量闭环翼载荷的上下边界中只有下边界是具有物理意义的，而上边界不具有物理意义，只能无限接近。这与 3.2.4 节结论：实际最大飞行高度一般是，全天能量闭环翼载荷边界与夜间能量闭环翼载荷下边界的交点的表述相符合。该结论能进一步丰富我们对太阳能飞行器设计域的认识。

3.4 太阳能飞行器参数灵敏度分析

本节结合前述太阳能飞行器的最大飞行高度和所对应的翼载荷分析，以及由翼载荷边界所围成的设计域。以最大飞行高度为设计目标，讨论设计参数对最大飞行高度的参数敏感度，并分别从单参数灵敏度和多参数耦合灵敏度的角度进行分析。

3.4.1 单参数灵敏度分析

3.4.1.1 单参数敏感度推导

由图 3.7 可以看出，曲边三角形区域是太阳能飞行器的可行设计域。从该可行设计域中选择合适的翼载荷可以得到太阳能飞行器的初步设计模型。然而，可行设计域中只有一个最大飞行高度，在此高度上能实现长时间的飞行，该高度即全天高度。因此，一个现实可行的评判太阳能飞行器的技术水平的方法，就是比较全天高度。本书尝试研究一些技术参数对太阳能飞行器全天高度的参数敏感度。同样以表 3.1 所述太阳能飞行器为例，下面的数值测试算例都是以该表中所述技术参数为基础的。

(1) 广义气动参数的参数灵敏度分析

由广义气动参数的表达式 $\psi_{ef} = \eta_{mot}\eta_{prl} \cdot C_L^{3/2}/C_D$ 可以看出，电机效率、螺旋桨效率和功率因子对太阳能飞行器有相同效果。将全天高度对应的大气密度对广义气动参数求导，并将全天翼载荷对广义气动参数求导可得式 (3.62)

$$\begin{cases} \dfrac{\partial\,\rho|_{wholeday}}{\partial\psi_{ef}} = -4g^3 \cdot \dfrac{(\psi_{bat}\psi_{pv}+\psi_{strct})^3}{\psi_{pv}^2\psi_{ef}^3} < 0 \\[4mm] \dfrac{\partial\,\dfrac{W}{S}\bigg|_{wholeday}}{\partial\psi_{ef}} = 0 \end{cases} \tag{3.62}$$

　　式 (3.62) 表明全天高度处的大气密度与广义气动参数负相关，这表明当广义
气动参数越高时，全天高度处的大气密度越小，相应的全天高度越高。此外全
天翼载荷与广义气动参数无关，这表明当广义气动参数在发生改变时，全天翼载荷
保持不变。图 3.8 展示了当广义气动参数发生改变时，太阳能飞行器可行设计的
变化过程。图 3.9 展示了全天高度、全天翼载荷、夜间高度和夜间翼载荷随广义
气动参数的关系。

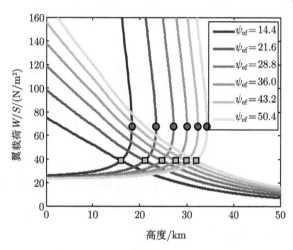

图 3.8　当功率因子从 20 增加到 70 时的可行设计域变化情况

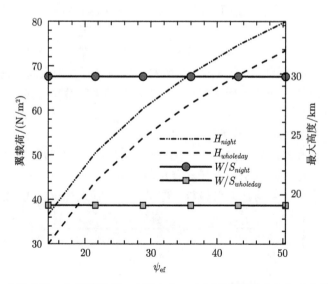

图 3.9　全天高度、全天翼载荷、夜间高度、夜间翼载荷随广义气动参数的关系

(2) 广义结构参数的参数敏感度分析

从广义结构参数的表达式 $\psi_{strct} = k_{af} + k_{sc}$ 可知，太阳能飞行器的机翼质量面密度和太阳电池的面密度对太阳能飞行器具有等效的影响。将全天高度对应的大气密度和全天翼载荷对广义结构参数求导，可得

$$
\begin{cases}
\dfrac{\partial\, \rho|_{wholeday}}{\partial \psi_{strct}} = 6g^3 \cdot \dfrac{(\psi_{bat}\psi_{pv} + \psi_{strct})^2}{\psi_{pv}^2 \psi_{ef}^2} > 0 \\[4mm]
\dfrac{\partial\, \dfrac{W}{S}\bigg|_{wholeday}}{\partial \psi_{strct}} = g
\end{cases}
\tag{3.63}
$$

式 (3.63) 表明，全天高度处的大气密度与广义结构参数是正相关关系，即当广义结构参数较大时，全天高度对应的大气密度就越大，全天高度越低。全天翼载荷与广义结构参数的导数是重力加速度，这表明全天翼载荷随广义结构参数增加呈线形增加关系。图 3.10 展示了当广义结构参数发生变化时的可行设计域的变化情况。图 3.11 展示了全天高度、全天翼载荷、夜间高度、夜间翼载荷随广义结构参数的变化关系。

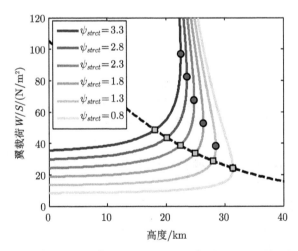

图 3.10 当机翼面密度从 2.5 kg/m² 减小到 0.5 kg/m² 时，飞行器的可行设计域变化情况

(3) 广义光伏参数的参数敏感度分析

从广义光伏参数的表达式 $\psi_{pv} = \eta_{sc}\eta_{mppt}\bar{P}_{solar}$ 可知，太阳电池的转换效率、MPPT 效率、日均太阳辐照强度对太阳能飞行器具有等效的影响。将全天高度处的大气密度和全天翼载荷对广义光伏参数求导可得如下

$$\begin{cases} \dfrac{\partial\,\rho|_{wholeday}}{\partial\psi_{pv}} = 2g^3 \cdot \dfrac{(\psi_{bat}\psi_{pv} + \psi_{strct})^2\,(\psi_{bat}\psi_{pv} - 2\psi_{strct})}{\psi_{pv}^3\psi_{ef}^2} \\[3mm] \dfrac{\partial\,\dfrac{W}{S}\bigg|_{wholeday}}{\partial\psi_{pv}} = g\psi_{bat} \end{cases} \tag{3.64}$$

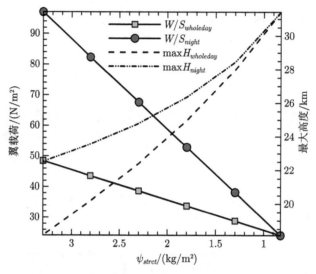

图 3.11　全天高度、全天翼载荷、夜间高度和夜间翼载荷随广义结构参数的关系

式 (3.64) 表明，当满足表达式 $\psi_{bat}\psi_{pv} - 2\psi_{strct} > 0$ 时，全天高度对应的翼载荷与广义光伏参数是正相关关系；反之，当 $\psi_{bat}\psi_{pv} - 2\psi_{strct} < 0$ 时，为负相关关系。全天翼载荷与广义光伏参数也是线形关系，其比例因子为广义储能参数和重力加速度的乘积。图 3.12 展示了随广义光伏参数变化时，太阳能飞行器的可行设计域变化情况。图 3.13 展示了全天高度、全天翼载荷、夜间高度和夜间翼载荷随广义光伏参数变化情况。

(4) 广义储能参数的参数敏感度分析

从广义储能参数的表达式 $\psi_{bat} = T_{night}/k_{bat}$ 可知，夜间时长和储能电池的能量密度对太阳能飞行器具有相反的影响。将全天高度处的大气密度和全天翼载荷对广义储能参数求导可得

$$\begin{cases} \dfrac{\partial\,\rho|_{wholeday}}{\partial\psi_{bat}} = 6g^3 \cdot \dfrac{(\psi_{bat}\psi_{pv} + \psi_{strct})^2}{\psi_{pv}\psi_{ef}^2} > 0 \\[3mm] \dfrac{\partial\,\dfrac{W}{S}\bigg|_{wholeday}}{\partial\psi_{bat}} = g\psi_{pv} \end{cases} \tag{3.65}$$

由式 (3.65) 看出，全天高度对应的大气密度与广义储能参数是正相关关系，这表明随广义储能参数的增加，全天高度对应的大气密度增加，全天高度降低。全天翼载荷和广义储能参数是线性关系，其比例因子是广义光伏参数和重力加速度的乘积。图 3.14 展示了随广义储能参数变化时，太阳能飞行器的可行设计域变化情况。图 3.15 展示了全天高度、全天翼载荷、夜间高度、夜间翼载荷随广义储能参数的变化情况。

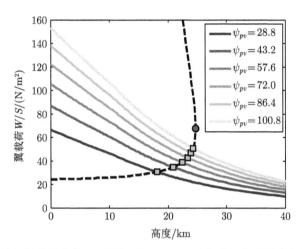

图 3.12　当太阳电池转换效率从 0.1 增加到 0.35 时，太阳能飞行器的可行设计域变化情况

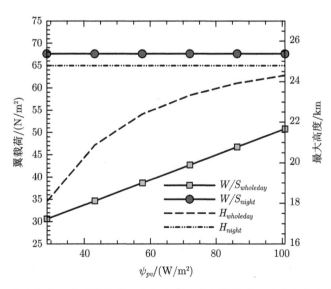

图 3.13　全天高度、全天翼载荷、夜间高度和夜间翼载荷随广义光伏参数的变化

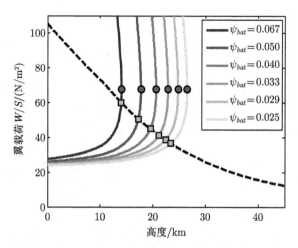

图 3.14　当储能电池能量密度从 150 W·h/kg 增加到 400 W·h/kg 时太阳能飞行器
的可行设计域情况

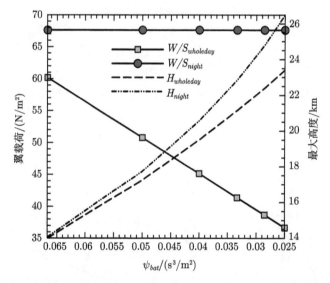

图 3.15　全天高度、全天翼载荷、夜间高度、夜间翼载荷随广义储能参数的变化

3.4.1.2　参数敏感度案例分析

本算例根据某低空太阳能飞行器进行参数敏感度分析。该太阳能飞行器是上单翼单机身飞行器，采用 "T" 型尾翼和一个前置螺旋桨推进系统，太阳电池铺装在主机翼的上表面，其布局图 3.16 所示[136]。图 3.17 展示了该太阳能飞行器的首次试飞过程中的起飞场景。经过数小时的飞行试验，验证了太阳能飞行器的

整个设计制造和试飞流程，但也进一步表明，在该原型即当前的技术状态下，是难以实现长时间的飞行。该结论可以由式 (3.29) 得出。将表格中的技术参数代入式 (3.29)，可以得出该原型机可以实现能量闭环即实现长航时飞行对应的大气密度是 4.6 kg/m³，这显然是一个非物理解。因为地球上并不存在如此高密度的大气。因此应该考虑对该太阳能飞行器的子系统进行改进。然而，需要确定上述子系统中哪一子系统对长航时飞行影响最大，而哪一子系统对最长航时飞行影响最小。为解决这个问题，将该原型机的技术参数代入式 (3.62)~式 (3.65)，从而得出该太阳能飞行器对上述四个广义参数的参数敏感度，结果如表 3.3 所示。从表 3.3 可以看出，广义储能参数对该太阳能飞行器的敏感度远高于广义气动参数、广义结构参数和广义光伏参数。因此，摆在研究团队面前的首要任务是想办法提高广义储能参数的技术水平。在后期研究中一方面要选择较大白昼时间的飞行条件，同时还要想办法增加储能电池的能量密度或选择更优性能的储能电池。

图 3.16 太阳能飞行器原型机布局图

图 3.17 太阳能飞行器原型机的飞行试验

表 3.3 太阳能飞行器原型机的参数敏感度

参数	数值	参数	数值
$\partial \rho\|_{wholeday}/\partial\psi_{ef}$	-1.272	$\partial \rho\|_{wholeday}/\partial\psi_{pv}$	-0.091
$\partial \rho\|_{wholeday}/\partial\psi_{strct}$	2.225	$\partial \rho\|_{wholeday}/\partial\psi_{bat}$	96.141

3.4.2 多参数灵敏度分析

3.4.2.1 系统的等价性和广义能量

考虑式 (3.32)，式中的第一式和第二式均含有相同的部分即 $\psi_{bat}\psi_{pv} + \psi_{strct}$，其中参数 ψ_{bat} 和 ψ_{strct} 是独立参数，这表明每一次对广义储能参数 ψ_{bat} 的改变，都可以通过对广义结构参数 ψ_{strct} 的改变来实现完全相同的效果 (获得相同的全天高度和全天翼载荷)，使得表达式 $\psi_{bat}\psi_{pv} + \psi_{strct}$ 取得相同的数值。上述讨论可以总结为：

结论 1：结构系统 ψ_{strct} 和储能系统 ψ_{bat} 具有完全等价性，等价关系为 $\psi_{bat}\psi_{pv} \Leftrightarrow \psi_{strct}$。

为验证结论 1，同样引入 3.4.1.2 节所述数值算例。该原型机的布局如图 3.16 所示。技术参数如表 3.1 所示。根据前述的分析和式 (3.29)，当广义结构系数降低时 (代表着结构技术水平的提高)，太阳能飞行器能达到更高的飞行高度。根据结论 1，这同样可以通过降低广义储能参数 (代表着电池技术的进步) 来实现相同的效果。图 3.18 展示了广义结构参数和广义储能参数的关系。从图中可以看出，广义结构参数的每一次改进，均有一个一一对应的广义储能参数，使其能够实现相同的全天高度和全天翼载荷。

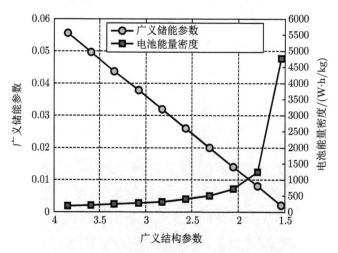

图 3.18　广义结构参数同广义储能参数的关系

结论 1 的意义在于揭示为提高全天高度，对结构系统的改进和对储能系统的改进均是可行的。结论 1 为太阳能飞行器设计人员提供了多种选择，以满足当前工艺水平和制造的需要。例如，对前述太阳能飞行器原型机，1.9 kg/m² 的广义结构参数与储能电池为 900 W·h/kg 所对应的广义储能参数会产生相同的全天高度，如图 3.18 所示。显然，在当前技术水平下，降低广义结构系数的技术难度比提高储能电池的能量密度技术难度更低。

考虑式 (3.32) 中的第一式，其中的广义储能参数 ψ_{bat} 是一个能量参数，其与储能电池的能量密度密切相关，而式中的其他三个广义参数 ψ_{strct}、ψ_{pv} 和 ψ_{ef}，代表了结构、光伏和气动等学科，都是非能量参数。然而每一次对广义储能参数 ψ_{bat} 的改变以实现指定的飞行高度，均可以通过其他三个参数的改变来实现相同的效果，因此使得上述三个学科具有了能量的效果。

结论 2：储能系统 ψ_{bat} 和结构系统 ψ_{strct}、光伏系统 ψ_{pv}、气动系统 ψ_{ef} 等在实现相同飞行高度上具有等价性，即上述四个子系统均可以统一到能量上来，本文称之为广义能量。

同样为验证结论 2，引入 3.4.1.2 节所述数值算例。图 3.19 所示是对应任意广义储能参数的改变，均有一一对应的广义结构参数、广义气动参数和广义光伏参数，使之能达到相同的飞行高度。

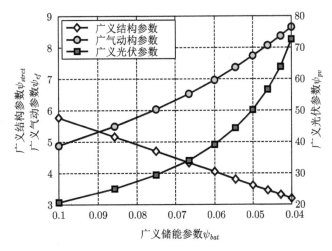

图 3.19 广义储能参数与其他参数的等价性

3.4.2.2 多参数耦合分析

本节立足提高太阳能飞行器的最大飞行高度，分析各参数的耦合关系。根据全天高度的表达式 (3.32)，进行一系列数值仿真。将前述的太阳能飞行器原型作为本节参数耦合分析的基准模型。将仿真结果绘制在同一张图上，可以得到太阳能飞行器的设计包线。分析设计包线的趋势，我们可以得出一些结论。

(1) 着眼光伏参数进行参数耦合分析

本小节将计算在不同广义光伏参数下，由广义结构参数和广义储能参数所围成的设计包线，并将仿真结果绘制在同一张图上。通过分析设计包线图的趋势，得到广义光伏参数、广义储能参数和广义结构参数的耦合关系。其中三个广义参数的假设如下：

➤ 假设太阳电池转换效率 (广义光伏参数组成部分) 为一系列离散值：10%、15%、20%和 25%；

➤ 假设储能电池的能量密度 (广义储能参数的组成部分) 为 180 W·h/kg (代表常用的锂离子储能电池)~600 W·h/kg (代表可再生燃料电池)；

➤ 假设广义结构参数为 0.5~3.85 kg/m²。

在不同太阳电池转换效率的情况下，太阳能飞行器的设计空间如图 3.20 所示。等高线表示太阳能飞行器能长时间驻留的全天高度。等高线上的标识表示该等高线的高度，单位是 km。

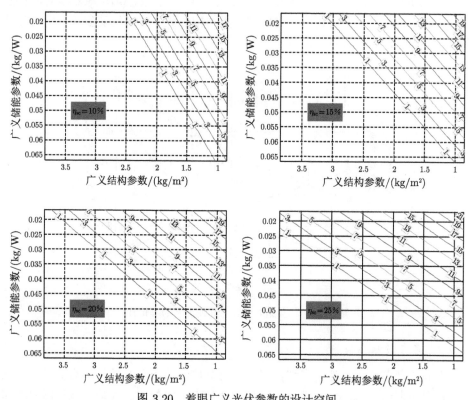

图 3.20 着眼广义光伏参数的设计空间

结构和能源系统对最大飞行高度的影响

分析图 3.20，我们可以得出三条结论如下：

➤ 当光伏系统技术水平提高时，由广义结构参数和广义储能参数围成的全天高度等高线沿逆时针旋转；

➤ 当光伏系统技术水平提高时，广义储能参数对飞行高度的敏感度增加，广义结构参数对飞行高度的敏感度减小；

➤ 现有技术条件下，当光伏系统技术水平提高时，全天高度并没有显著增加。

根据上述第三条结论，在现有技术条件下，太阳电池转换效率对全天高度并没有显著影响。因而，在后续分析过程中，我们假设太阳电池转换效率为 20% 的常值 (代表广泛使用的晶体硅太阳电池) [122]。至此，太阳能飞行器的性能主要由三个广义参数决定：广义结构参数、广义储能参数和广义气动参数。在后续分析中，我们只需分析上述三个广义参数之间的耦合关系。

(2) 着眼气动参数进行参数耦合分析

本小节将计算在不同广义气动参数下，由广义结构参数和广义储能参数所围成的设计包线，并将仿真结果绘制在同一张图上。通过分析设计包线图的趋势，得到广义气动参数、广义储能参数和广义结构参数的耦合关系。其中三个广义参数的假设如下：

➤ 假设功率因子 $C_L^{3/2}/C_D$(广义气动参数的组成部分) 为一系列离散值：18，25，30，35；

➤ 储能电池能量密度 (广义储能参数的组成部分) 为 180~600 W·h/kg；

➤ 广义结构参数为 0.5~3.85 kg/m²。

根据不同的功率因子，太阳能飞行器的设计包线如图 3.21 所示。根据图 3.21，我们可以得出如下三个结论：

➤ 当气动系统技术水平提高时，由广义结构参数和广义储能参数围成的全天高度等高线平行移动；

➤ 当气动系统技术水平提高时，广义结构系数对全天高度的敏感度和广义储能参数对全天高度的敏感度不发生变化；

➤ 当气动系统技术水平提高时，能显著提高太阳能飞行器的全天高度。

(3) 着眼储能参数进行参数耦合分析

本小节将计算在不同广义储能参数下，由广义结构参数和广义气动参数所围成的设计包线，并将仿真结果绘制在同一张图上。通过分析设计包线图的趋势，得到广义气动参数、广义储能参数和广义结构参数的耦合关系。其中三个广义参数的假设如下：

➤ 假设功率因子 (广义气动参数的组成部分) 为 15~35；

➤ 假设储能电池能量密度 (广义储能参数的组成部分) 为一系列离散值：180 W·h/kg，260 W·h/kg，350 W·h/kg 和 600 W·h/kg。

➤ 假设广义结构参数为 0.5~3.85 kg/m²。

根据不同储能电池能量密度，太阳能飞行器的设计包线如图 3.22 所示。根据图 3.22，我们可以得出如下三个结论：

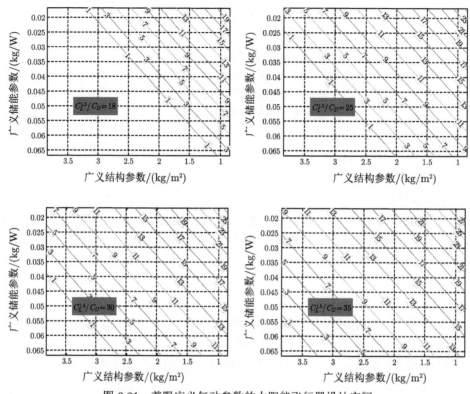

图 3.21 着眼广义气动参数的太阳能飞行器设计空间

结构和能源系统对最大飞行高度的影响

➢ 当储能系统的技术水平提高时，由广义结构参数和广义气动参数围成的全天高度等高线沿顺时针旋转；

➢ 当储能系统的技术水平提高时，广义结构参数对全天高度的敏感度增加，广义气动参数对全天高度的敏感度减小；

➢ 当储能系统的技术水平提高时，能显著提高太阳能飞行器的全天高度。

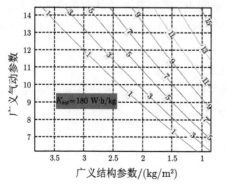

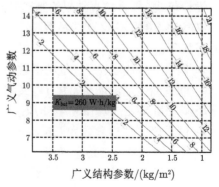

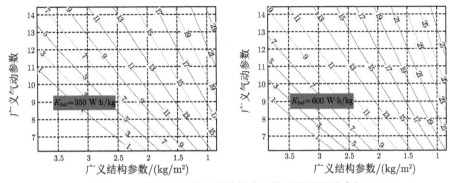

图 3.22 着眼广义储能参数的太阳能飞行器设计空间
结构和气动系统对最大飞行高度的影响

(4) 着眼结构参数进行参数耦合分析

本小节将计算在不同广义结构参数下，由广义气动参数和广义储能参数所围成的设计包线，并将仿真结果绘制在同一张图上。通过分析设计包线图的趋势，得到广义气动参数、广义储能参数和广义结构参数的耦合关系。其中三个广义参数的假设如下：

➤ 假设功率因子 (广义气动参数的组成部分) 为 15~35；

➤ 假设储能电池能量密度 (广义储能参数的组成部分) 为 180~600 W·h/kg；

➤ 假设广义结构参数为一系列离散值：0.85 kg/m²，1.85 kg/m²，2.85 kg/m² 和 3.85 kg/m²。

根据不同广义结构参数，太阳能飞行器的设计包线如图 3.23 所示。根据图 3.23，我们可以得出如下三个结论：

➤ 当结构系统技术水平提高时，由广义气动参数和广义储能参数围成的全天高度等高线沿逆时针旋转；

➤ 当结构系统技术水平提高时，广义储能参数对全天高度的敏感度增加，广义气动参数对全天高度的敏感度减小；

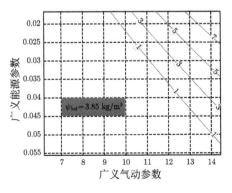

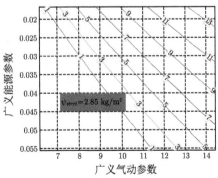

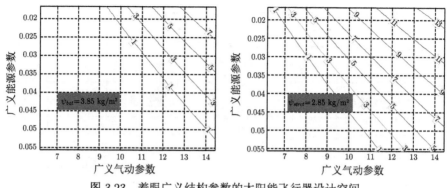

图 3.23　着眼广义结构参数的太阳能飞行器设计空间

气动和能源系统对最大飞行高度的影响

➤ 当结构系统技术水平提高时，能显著提高太阳能飞行器的全天高度。

3.5　本章小结

　　本章考虑太阳能飞行器的总体设计模型。首先综述了当前太阳能飞行器的基本建模理论。根据能源转换链路的特点，将太阳能飞行器的能量平衡分成了全天能量闭环和夜间能量闭环。分析和推导了考虑全天能量闭环所能达到的最大飞行高度和相应翼载荷即全天高度和全天翼载荷；同时分析和推导了同时考虑夜间能量闭环和夜间能量闭环对应的最大飞行高度和相应翼载荷，即夜间高度和夜间翼载荷。通过组合四个广义参数，重新简化描述上述解析表达式。这些广义参数描述了太阳能飞行器各子系统之间的关系。将全天高度作为评价太阳能飞行器的技术水平的指标，以四个广义参数为设计变量进行参数敏感度分析，推导了全天高度对四个广义参数的敏感度表达式，并采用一系列数值算例进行验证。算例表明，当前技术条件下储能系统对提高飞行高度具有较高的敏感度，结构系统和气动系统的敏感度次之，而光伏系统的敏感度最小。上述结论在指导当前太阳能飞行器总体设计具有一定的指导意义。

　　此外本章着眼提高最大飞行高度，分析各耦合参数之间的关系。分析表明，结构系统和储能系统在提高飞行高度和翼载荷上是完全等价的；此外在实现指定飞行高度上，储能系统和结构系统、气动系统、光伏系统等具有等价性，使得上述四个子系统都具有了与储能系统类似的能量特性，本章称之为广义能量。各子系统技术水平的提高，最终都可以等价为储能电池技术水平的提高。考虑在当前的技术水平下，光伏系统对太阳能飞行器的最大飞行高度的敏感度要远低于其他系统，因而可以假设光伏系统参数为常数，这导致太阳能飞行器的性能将由结构系统、储能系统和气动系统主导。

第 4 章　太阳能飞行器的总体设计方法

本章以第 3 章太阳能飞行器的设计域分析和参数敏感度分析的结论为基础，进行太阳能飞行器总体设计。根据需求不同将总体设计方法分为基于最优化的总体设计方法，基于保守设计的总体设计方法和基于动态过程的总体设计方法。

4.1　基于最优化的总体设计方法

4.1.1　设计方法描述

根据第 3 章的分析结论，给定一组设计参数，必然可以绘制出该太阳能飞行器总体方案的可行设计域即如图 3.7 所示，且该设计方案存在一个最大的飞行高度，即 3.2.4 节所述实际最大飞行高度。显然为达到某一设计飞行高度，有无数组设计参数可以实现，所得设计方案可能落在设计参数构成可行域内，也可能落在边界上或者可行域的最大飞行高度处。为使设计方法具有可比性，本章假定每组设计参数所构成设计域的最大高度均为设计飞行高度。而每一组设计参数为达到设计飞行高度所付出的设计代价是不同的。

由于太阳能飞行器是前沿科学工程，通常对每一个相关学科都提出了极限的需求，从而导致工程实现难度极大。显然对学科技术需求越高，所付出的代价越大，相反付出的代价越小。在前述设计参数组合中，若存在某组设计参数，使其对各学科所提出的技术需求最小，那么该组参数即为最优的总体设计参数。

4.1.2　优化问题定义

前述分析表明，一个太阳能飞行器总体设计方案包含四个广义参数，这些广义参数代表着四个子系统分别是：气动子系统、结构子系统、光伏子系统和能量子系统。图 4.1 展示了典型太阳能飞行器的四个子系统。

太阳能飞行器的设计制造是尖端科学技术，通常只有一个非常狭小的设计空间。一个可行的设计方案对上述四个子学科通常提出了极高的要求，这会带来巨大的技术挑战和高额的投入。因此本文提出一个优化和评价的指标：当所有四个子学科的技术要求最小时，该可行设计方案 (前提是满足设计目标) 是最优的选择。每个子学科的技术要求的描述为如下

➤ 广义气动参数 ψ_{ef} 越小，气动学科的技术代价越小。例如，当广义气动参数很小时，我们可以设计一个具有较小功率因子 $C_L^{3/2}/C_D$ 的机翼，这在工程实现

上更为容易。因此一个总体设计方案具有较小的广义气动参数 ψ_{ef} 是一个更优的方案。

➤ 广义结构参数 ψ_{strct} 越大，结构学科的技术代价越小。例如，当广义结构参数较大时，我们可以设计一个机翼具有较大的结构系数 k_{af}，这在工程实现上更为容易。因此一个总体设计方案具有较大的广义结构参数 ψ_{strct} 是一个更优的方案。

➤ 广义光伏参数 ψ_{pv} 越小，光伏学科的技术代价越小。例如，当广义光伏参数较小时，我们可以设计一个太阳能飞行器使其具有较小的太阳电池转换效率 η_{sc}，这在工程实现上也更为容易。因此，一个总体设计方案具有较小的广义光伏参数 ψ_{pv} 是一个更优的设计方案。

➤ 广义储能参数越大 ψ_{bat}，储能学科的技术代价越小。例如，当广义储能参数较大时，我们可以设计一个太阳能飞行器使其具有较小的储能电池能量密度 k_{bat}，这是有利于工程实现和成本控制的。因此，一个总体设计方案具有较大的广义储能参数 ψ_{bat} 是一个更优的设计方案。

图 4.1 太阳能飞行器的四个子系统

通过归一化描述，上述对四个子学科的技术要求可以表示为如下

$$
\begin{cases}
\left(\dfrac{\psi_{ef}-\psi_{ef}^{-}}{\psi_{ef}^{+}-\psi_{ef}^{-}}\right)^2, & \text{气动子系统技术需求} \\[2mm]
\left(\dfrac{\psi_{strct}-\psi_{strct}^{+}}{\psi_{strct}^{+}-\psi_{strct}^{-}}\right)^2, & \text{结构子系统技术需求} \\[2mm]
\left(\dfrac{\psi_{pv}-\psi_{pv}^{-}}{\psi_{pv}^{+}-\psi_{pv}^{-}}\right)^2, & \text{光伏子系统技术需求} \\[2mm]
\left(\dfrac{\psi_{bat}-\psi_{bat}^{+}}{\psi_{bat}^{+}-\psi_{bat}^{-}}\right)^2, & \text{储能子系统技术需求}
\end{cases}
\tag{4.1}
$$

其中，ψ_{ef}^-、ψ_{strct}^-、ψ_{pv}^-、ψ_{bat}^- 是四个广义参数的下限，而 ψ_{ef}^+、ψ_{strct}^+、ψ_{pv}^+、ψ_{bat}^+ 是上述四个广义参数的上限。

最终，获得一个有利的总体设计方案可以总结为：寻找一组广义参数 ψ_{ef}、ψ_{strct}、ψ_{pv}、ψ_{bat}，使其能最小化技术需求，并且能满足设计飞行高度需求，以及满足广义参数的边界。该优化问题可以表示成式 (4.2)：

$$\text{find} \quad \psi_{ef}, \psi_{strct}, \psi_{pv}, \psi_{bat}$$

$$\min \quad f = \omega_{aero}\left(\frac{\psi_{ef}-\psi_{ef}^-}{\psi_{ef}^+-\psi_{ef}^-}\right)^2 + \omega_{strct}\left(\frac{\psi_{strct}-\psi_{strct}^+}{\psi_{strct}^+-\psi_{strct}^-}\right)^2$$

$$+ \omega_{pv}\left(\frac{\psi_{pv}-\psi_{pv}^-}{\psi_{pv}^+-\psi_{pv}^-}\right)^2 + \omega_{engy}\left(\frac{\psi_{bat}-\psi_{bat}^+}{\psi_{bat}^+-\psi_{bat}^-}\right)^2$$

$$\text{s.t.} \quad \begin{cases} \rho|_{wholeday} = 2g^3\frac{(\psi_{bat}\psi_{pv}+\psi_{strct})^3}{\psi_{pv}^2\psi_{ef}^2} = \rho|_{DST} \\ \psi_{ef}^- \leqslant \psi_{ef} \leqslant \psi_{ef}^+ \\ \psi_{strct}^- \leqslant \psi_{strct} \leqslant \psi_{strct}^+ \\ \psi_{pv}^- \leqslant \psi_{pv} \leqslant \psi_{pv}^+ \\ \psi_{bat}^- \leqslant \psi_{bat} \leqslant \psi_{bat}^+ \end{cases} \quad (4.2)$$

其中，ω_{ef}、ω_{strct}、ω_{pv} 和 ω_{bat} 是四个子系统的优化权系数，代表这四个子系统的重要程度。例如当 ω_{ef} 设计得比其他权系数较大时，表明设计人员希望更关注气动系统，并且希望寻找一组优化的总体设计方案，使得气动系统的技术代价越小越好。参数 $\rho|_{DST}$ 是设计飞行高度处的大气密度。式 (4.2) 是一个约束非线性规划问题。有许多优化算法可以求解上述问题，如 SUMT、SQP、GA 和 PSO 等。本章采用 MATLAB 自带的优化工具箱 "fmincon" 求解上述问题。

4.1.3 优化算例

在本算例，我们希望设计一 HALE 太阳能飞行器，该太阳能飞行器能持续飞行在 20 km 高度 (对应的大气密度 $\rho|_{DST}$ 为 0.0889 kg/m^3)。四个广义参数分别由一系列技术参数构成，对每一个广义参数，我们假设其中一个技术参数为设计变量，其他参数为常数。如假设广义气动参数中的功率因子 $C_L^{1.5}/C_D$ 为设计变量，而电机效率 η_{mot} 和螺旋桨效率 η_{prl} 设为常数。广义参数的下边界和上边界可以通过上述变量和常量的组合而得。表 4.1 所述是四个广义参数的定义。对本算例，上述四个权系数 ω_{ef}、ω_{strct}、ω_{pv}、ω_{bat} 均假设为相同的常数 1，也就是假定四个子系统具有相同的重要性。

表 4.1　　设计参数的定义

索引	参数	区间	说明
x_1	$\psi_{ef} = \eta_{mot}\eta_{prl}\cdot C_L^{3/2}/C_D$	$\psi_{ef} \in [12.96, 25.2]$	$C_L^{1.5}/C_D \in [18, 35]$, $\eta_{mot} = 0.9$, $\eta_{prl} = 0.8$
x_2	$\psi_{strct} = k_{af} + k_{sc}$	$\psi_{strct} \in [0.5, 3.85]$	$(k_{af} + k_{sc}) \in [0.5, 3.85]$
x_3	$\psi_{pv} = \eta_{sc}\eta_{mppt}\bar{P}_{solar}$	$\psi_{pv} \in [28.8, 72.0]$	$\eta_{sc} \in [10\%, 25\%]$, $\bar{P}_{solar} = 320$, $\eta_{mppt} = 0.9$
x_4	$\psi_{bat} = T_{night}/k_{bat}$	$\psi_{bat} \in [0.0286, 0.0556]$	$k_{bat} \in [180, 350]$, $T_{night} = 10$

　　将表 4.1 所示设计参数和假设代入式 (4.2)，并求解该非线性规划问题，可得到一组优化后的广义参数如表 4.2 所示。优化过程中，目标函数的数值如图 4.2 所示。图中可以看出该优化算法搜索到了一组收敛的解。

表 4.2　　优化结果

索引	设计参数	数值	备注	Zephyr 7 参数
x_1	ψ_{ef}	$\psi_{ef} = 16.2043$	$C_L^{1.5}/C_D = 22.5273$	$C_L^{1.5}/C_D \approx 24.94$
x_2	ψ_{strct}	$\psi_{strct} = 1.3533$	$k_{af} + k_{sc} = 1.4944$	$k_{af} + k_{sc} \approx 1.33$
x_3	ψ_{pv}	$\psi_{pv} = 35.4195$	$\eta_{sc} = 12.47\%$	$\eta_{sc} \approx 13\%$
x_4	ψ_{bat}	$\psi_{bat} = 0.0286$	$k_{bat} = 349.65$	$k_{bat} \approx 350$

注：表 4.2 中的 Zephyr 7 的参数由 Qinetiq 公司官网公布的文档推导而得

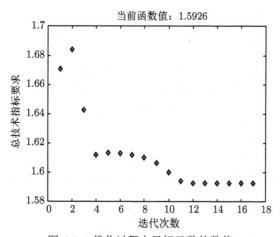

图 4.2　　优化过程中目标函数的数值

　　表 4.2 表明存在一组广义参数，使对应的太阳能飞行器能飞行至 20 km 高度。将所得的广义参数代入式 (3.32) 可得出该太阳能飞行器的翼载荷为 25 N/m²。该结果满足上述优化问题的需求。将广义参数代入式 (4.1) 可得到四个子系统的技术指标需求，并将其绘制在图 4.3 中。从图 4.3 可以看出该总体设计方案中，气动系统、结构系统和光伏系统的技术指标需求还是合理的，然而对储能系统的技术要求非常高。为实现该总体设计方案，我们需要得到能量密度非常高的储能电

池 (或选择一个相当长白昼时间的飞行条件)。因此储能系统 (尤其是储能电池的能量密度) 是实现长航时飞行的瓶颈。表 4.2 同样表明, 尽管太阳电池转换效率的上边界设置得较高, 优化后的总体设计方案对应的太阳电池转换效率需求则相对较低, 这表明太阳电池转换效率对 HALE 飞行并不十分敏感。该优化结果同样解释了为什么 Zephyr 7 选择一款转换效率较低, 而柔韧性相对较好的薄膜太阳电池。

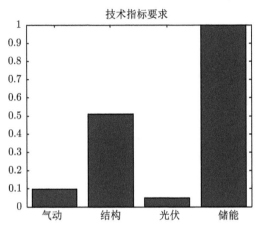

图 4.3   类 Zephyr 太阳能飞行器的技术指标要求

将上述优化结果与 Zephyr 7 的总体参数相比较, 如表 4.2 所示。由于 Zephyr 7 的准确参数并未对外公开, 表格中所示 Zephyr 7 的参数是由 Qinetiq 公司对外公布文档分析而得, 这些参数并不一定完全精确, 但在一定程度上是可靠的。对比可以看出, 上述优化所得的总体设计方案与 Zephyr 7 的总体参数非常接近, 这也验证了上述优化过程是可信的。

将优化后的广义参数代入式 (3.26)、式 (3.32) 和式 (3.33), 可以得到翼载荷边界随飞行高度变化的关系, 以及全天飞行高度、全天飞行高度对应翼载荷、夜间飞行高度和夜间飞行高度对应翼载荷如图 4.4 所示。图 4.4 验证了当该太阳能飞行器飞行在低于 20 km 的高度就可以实现长时间的飞行。最大飞行高度是 20 km, 最大飞行高度对应的翼载荷是 25 N/m^2。图中左侧由翼载荷边界包所围成的曲边三角形区域即为该太阳能飞行器的可行飞行域。

上述分析是建立在相同的权系数基础上, 这导致了对储能系统提出极高的需求。为降低对储能系统的需求, 我们可以在优化过程中将储能系统的权重 ω_{bat} 设置为一个较大的值。以下分析中, 假设储能系统的权系数为 1.0~10.0。计算过程表明, 当权系数小于 4.0 时或大于 5.0 时, 优化结果的变化不大。图 4.5 展示了当储能系统权系数 ω_{bat} 从 4.0~5.0 时 (步长为 0.2), 优化后广义参数的变化情况。

将广义参数代入式 (4.1)，可以得到四个子系统的技术指标要求。图 4.6 所示是上述四个子系统的技术要求随储能系统权系数的变化情况。图 4.6 表明，当储能系统权系数增加时，对储能系统的技术指标要求逐渐降低，然而对结构系统的技术指标要求逐渐提高，而对气动系统和光伏系统的技术要求改变较小。上述分析可以总结为：储能系统和结构系统是两个相互耦合的系统，该结论为太阳能飞行器设计人员提供了多样化的总体设计方案。例如，当设计人员无法获得高能量密度的储能电池，他们可以转向寻求将结构制造得更轻，这样可以实现相同的设计目标。

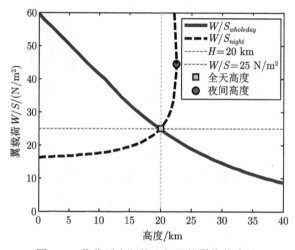

图 4.4　优化后太阳能飞行器的翼载荷边界

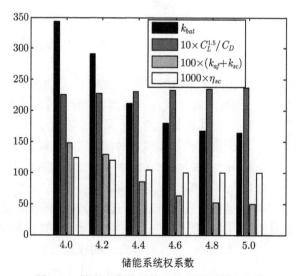

图 4.5　技术参数随储能系统的权系数的变化

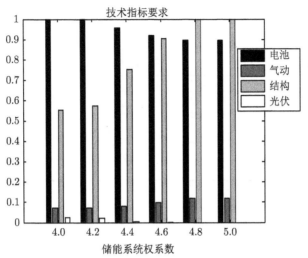

图 4.6　子系统的技术需求随储能系统的权系数的变化

4.2　基于保守设计的总体设计方法

4.2.1　设计方法描述

由第 3 章分析表明，若当前技术水平已知，则太阳能飞行器的设计可行域即可以绘制出来，如图 3.7 所示。对给定设计飞行高度，太阳能飞行器总体设计所需的翼载荷必须在可行域中选择。太阳能飞行器的总体设计方案可以从设计域分析的反向过程得出。现将步骤简述如下：

步骤 1：根据式 (3.26) 设定初始设计参数，包括全天能量闭环以及夜间能量闭环所涉及的参数，计算翼载荷可行域如图 3.7 所示。

步骤 2：给定巡航飞行高度，从图 3.7 所示对应设计高度，选择可行的翼载荷 W/S，计算得到飞行器总质量 m。

步骤 3：由质量分解关系式 (3.24) 得所有分系统质量。

步骤 4：由动力学关系式 (3.21) 得平飞速度和平飞功率。

4.2.2　设计算例

按上述步骤，设某太阳能飞行器的初始参数如表 4.3 所示。由该组初始参数可以得到该太阳能飞行器的设计可行域如图 4.7 所示。从图中看出该飞行器的极限飞行高度约为 20 km。在实际设计过程中将飞行器参数选择在该设计点显然是具有较大风险的。若设计过程中的任何参数偏移，或实际使用过程中有任何突发情况都会导致该太阳能飞行器无法在最大飞行高度飞行。因此采用较为保守设计方法。本算例将太阳能飞行器设计高度定为 15 km。如图 4.7 所示，满足该飞行高度的太阳能飞行器的翼载荷有一定取值区间，根据步骤 2，本节选定一个较为保守的翼载荷 40 N/m²。

表 4.3　当前技术参数

参数	数值	单位	参数	数值	单位
$\bar{P}_{solar}$	320	W/m²	C_D	0.03	—
η_{sc}	20%	—	k_{af}	1.5	kg/m²
η_{mppt}	0.9	—	k_{sc}	0.8	kg/m²
η_{mot}	0.9	—	k_{bat}	300	W·h/kg
η_{prl}	0.8	—	T_{night}	10	h
C_L	1.0	—			

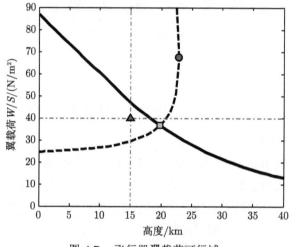

图 4.7　飞行器翼载荷可行域

根据步骤 3，选定机翼面积为 10 m²，则飞行器总质量为 40 kg。由式 (4.3) 可以计算处平飞的功率输入为 327 W。

$$P_{lev} = \frac{1}{\eta_{mot}\eta_{prl}}T_{prop}v = \frac{C_D}{C_L^{3/2}}\sqrt{\frac{W^3}{S}}\sqrt{\frac{2}{\rho}} \tag{4.3}$$

假设航电系统和有效载荷功率为 10 W，由式 (4.4) 可以计算出飞行器平飞总功率为 337 W。

$$P_{lev\_tot} = P_{lev} + P_{pld} + P_{av} \tag{4.4}$$

由式 (4.5) 可以校核出太阳能可以提供的平均功率为 350 W。该功率大于太阳能飞行器的平飞总功率 337 W，因此满足全天能量闭环要求。

$$P_{prvd} = \bar{P}_{solar}S\eta_{sc}\eta_{mppt} \tag{4.5}$$

由步骤 3，并根据式 (4.6) 可以计算出机翼结构和太阳电池的总质量为 23 kg。

$$m_{strct} = (k_{af} + k_{sc}) S \tag{4.6}$$

假设航电系统和有效载荷等的质量总和为 2 kg，则由式 (4.7) 可计算出该太阳能飞行器可安装的储能电池质量 15 kg。

$$m_{bat} = m - m_{strct} - m_{av} - m_{pld} \tag{4.7}$$

由式 (4.8) 可以校核出该太阳能飞行器能越夜飞行最少需携带的储能电池质量为 11.5 kg，因此飞行器上携带的储能电池能满足夜间能量闭环的需求。

$$m_{bat\_min} = \frac{P_{lev\_tot} T_{night}}{k_{bat}} \tag{4.8}$$

由式 (4.9) 可以计算出太阳能飞行器的平飞速度为 20 m/s。

$$v = \sqrt{\frac{2mg}{\rho S C_L}} \tag{4.9}$$

至此可以得出该太阳能飞行器的质量分配和功率分配的总体设计参数，如表 4.4 所示。

表 4.4　太阳能飞行器总体设计参数

参数	数值	单位	参数	数值	单位
m	40	kg	$m_{pld} + m_{av}$	2	kg
m_{af}	15	kg	$P_{pld} + P_{av}$	10	W
m_{sc}	8	kg	P_{lev_tot}	337	W
m_{bat}	15	kg	v	20	m/s

采用保守设计所得的太阳能飞行器总体设计参数，能确保在全天能量闭环和夜间能量闭环都有一定的功率余量或能量余量，这是比较贴切工程实践的总体设计思路。

4.3　基于动态过程的总体设计方法

4.3.1　设计方法描述

前述分析可知，在现有技术条件下，储能电池的能量密度较低，是制约太阳能飞行器实现长航时飞行的主要瓶颈。近年来，研究人员在探寻能否将太阳能存储到环境中去，或者从环境中获取能量，以减少储能电池的携带总量。考虑到重力储能和梯度风等一些动态过程，因此不能将太阳能飞行器的飞行过程简单分成全天能量闭环和夜间能量闭环，而需要兼顾每一个动态过程。太阳能飞行器能实现长时间驻空，其核心是经过若干昼夜周期后，太阳能飞行器上所携带的储能电池能量没有减少即

$$\Delta E_{bat} = \int_{24h} P_{bat} \mathrm{d}t \geqslant 0 \qquad (4.10)$$

P_{bat} 是储能电池的充放电功率，定义放电为负，充电为正。重力滑翔和梯度风等动态过程对太阳能飞行器的影响，主要表现为对储能电池充放电能量的影响。如利用重力滑翔实现对太阳能的存储和释放，可以减小储能电池纯放电时间，再如利用梯度风滑翔可以获得更高的充电功率，以及减小储能电池纯放电时间。

4.3.2　设计方法建模

重力势场是一种保守势场，将太阳能存储在重力势场中是一种理想的选择。本节将以基于重力滑翔的太阳能飞行器总体设计为例，探讨在动态过程中的太阳能飞行器总体设计方法，其基本思路是：

在白天太阳辐照充足时，太阳电池转换而来的电能用于支持太阳能飞行器巡航飞行；当太阳辐照增强时，剩余的电能用于对储能电池的充电；当太阳辐照足够强以至于满足平飞和最大充电功率时仍有盈余，则剩余的电能用于爬升高度；当白天太阳辐照不足时，通过滑翔降低高度实现巡航；而当滑翔至设计最低高度时，储能电池放电，用以支撑太阳能飞行器度过夜晚。当经过若干昼夜循环时，储能电池的最小电量大于零，且保持恒定时，则该太阳能飞行器可以利用重力滑翔实现长航时飞行。

储能电池充放电功率可以表示为

$$P_{bat} = \begin{cases} P_{mppt} - P_{mot}, & \text{巡航} \\ P_{bat}, & \text{重力滑翔} \end{cases} \qquad (4.11)$$

其中，定义 $P_{mppt} = P_{solar} S_{sc} \eta_{wthr} \eta_{sc} \eta_{mppt}$ 为 MPPT 输出的太阳电池功率，同时定义 $P_{mot} = \dfrac{P_{lev}}{\eta_{mot} \eta_{prl}}$ 为电机输入功率，这里 $P_{lev} = \dfrac{C_D}{C_L^{3/2}} \sqrt{\dfrac{W^3}{S}} \sqrt{\dfrac{2}{\rho}}$ 为平飞功率。

设储能电池的最大充电功率为 P_{chrg}，则在重力滑翔过程中，储能电池的充放电功率定义如下

(1) 爬升段时储能电池充电或不工作，P_{bat} 为非负值

$$
\begin{cases}
P_{bat} = P_{mppt} - P_{mot}, & (0 < P_{mppt} - P_{mot} < P_{chrg}, \quad E_{bat} < E_{bat,\max}) \\
P_{bat} = P_{chrg}, & (P_{mppt} - P_{mot} > P_{chrg}, \quad E_{bat} < E_{bat,\max}) \\
P_{bat} = 0, & (0 < P_{mppt} - P_{mot}, \quad E_{bat} \geqslant E_{bat,\max})
\end{cases}
\tag{4.12}
$$

其中，$E_{bat,\max}$ 是储能电池的最大容量，H_{DST} 是设计巡航飞行高度。

(2) 下滑段时储能电池不工作

$$
P_{bat} = 0, \quad (P_{mppt} < P_{mot}, \quad H > H_{DST})
\tag{4.13}
$$

(3) 到达设计最低飞行高度时，储能电池放电

$$
P_{bat} = P_{mppt} - P_{mot}, \quad (P_{mppt} < P_{mot}, \quad H = H_{DST})
\tag{4.14}
$$

基于重力滑翔的太阳能飞行器，其飞行航迹往往可以简化为在二维平面内航迹，因此太阳能飞行器的运动应满足二维平面内的动力学方程如式 (4.15) 所示。

$$
\begin{cases}
\dfrac{W}{g} \dfrac{\mathrm{d}v}{\mathrm{d}t} = T_{prop} - D - W \sin\gamma \\[2mm]
\dfrac{W}{g} v \dfrac{\mathrm{d}\gamma}{\mathrm{d}t} = Y - W \cos\gamma \\[2mm]
\dfrac{\mathrm{d}L}{\mathrm{d}t} = \dfrac{\mathrm{d}x}{\mathrm{d}t} = v \cos\gamma \\[2mm]
\dfrac{\mathrm{d}H}{\mathrm{d}t} = \dfrac{\mathrm{d}y}{\mathrm{d}t} = v \sin\gamma \\[2mm]
\dfrac{\mathrm{d}E_{bat}}{\mathrm{d}t} = P_{bat}
\end{cases}
\tag{4.15}
$$

式中，最后一项微分方程表示储能电池的所存储的能量变化情况。

太阳能飞行器所受力的表达式为

$$
\begin{cases}
T_{prop} = \dfrac{(P_{mppt} - P_{bat})\,\eta_{mot}\eta_{prl}}{v} \\[3mm]
D = \dfrac{1}{2}\rho v^2 S C_D \\[3mm]
Y = \dfrac{1}{2}\rho v^2 S C_L
\end{cases}
\tag{4.16}
$$

4.3.3 设计算例

本算例以 Zephyr 7 为研究对象，基本技术参数见 4.4.1 节。若假设储能电池的最大充电功率为分别为 0.1C、0.15C、0.20C 和 0.25C。设计飞行高度为 17 km。按 4.3.2 节所述方法，验证 Zephyr 7 采用重力滑翔实现时飞行的可行性。仿真结果如图 4.8 所示。

$$
\begin{aligned}
&\text{find} \quad m_{bat} \\
&\text{min} \quad m_{bat} \\
&\text{s.t.} \quad \Delta E_{bat} = \int_{24h} P_{bat} \mathrm{d}t \geqslant 0
\end{aligned}
\tag{4.17}
$$

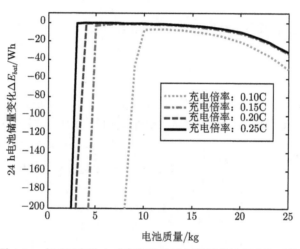

图 4.8   在不同充放电功率下满足平衡所需的储能电池质量

从图中可以看出，根据不同的最大充电功率大小，当储能电池质量在 5~10 kg 时，均能确保在 24 h 周期内能量闭环。根据英国 Qinetiq 公司公布的文档可知 Zephyr 7 所携带的储能电池质量约为 19 kg，而采用重力滑翔的方式实现长航时飞行可以大大减小储能电池的携带质量。

4.4   太阳能飞行器型号项目技术特征和可行性分析

4.4.1   Zephyr 7 的技术特征

由 Qinetiq 公司开发的 Zephyr 7 在 2010 年实现了 14 天 21 分钟的不间断飞行。该飞行结果表明 Zephyr 7 是已经实现能量闭环的。本节从 Qinetiq 公司公布的一些 Zephyr 7 的文档中 [35,36,55,137,138]，提取有用的技术参数，并推导出该飞行器的设计参数。官方公布的参数有飞行器总质量 m 为 53 kg，展长 b 为 22.5 m。由公布的试飞过程图片如图 4.9，可以推测出该飞行器的几何外形图如图 4.10 所示。

图 4.9 Zephyr 7 的总体构型

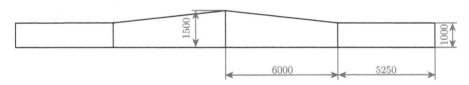

图 4.10 Zephyr 7 机翼外形推测图

由几何图可以计算出该飞行器的机翼面积为 25.5 m²，展弦比 AR 为 19.85，机翼面积为 25.5 m²。考虑到 Zephyr 7 飞行在 21 km，对应的大气密度为 $\rho = 0.0757$ kg/m³。亚利桑那地区太阳能辐照强度峰值按 1180 W/m² 计算，24 h 平均功率密度 $\bar{P}_{solar}$ 为 375.6 W/m²。

估计平飞升力系数 0.9，则平飞速度为 24.45 m/s，飞行 Re 约 130000。诱导阻力为

$$C_{D,\text{induced}} = \frac{C_L^2}{\pi e AR} \tag{4.18}$$

假设 Osward 系数 e 取值为 0.8，则 $C_{D,\text{induced}}$ 计算为 0.016。如图 4.11 所示，设飞行器的翼型为 FX63-100，$C_{D,\text{profile}}$ 取为翼型的阻力系数设为 0.014，并取寄

生阻力系数 $C_{D,\text{parastie}}$ 为 0.004，因而总的阻力系数由式 (4.19) 计算为 0.0342。飞行器的升阻比 C_L/C_D 为 26.29，功率因子 $C_L^{1.5}/C_D$ 为 24.94。

$$C_D = C_{D,\text{induced}} + C_{D,\text{profile}} + C_{D,\text{parastie}} \qquad (4.19)$$

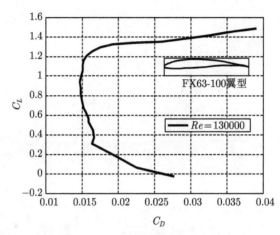

图 4.11　FX 63-100 的极曲线

飞行器的平飞功率由式 (4.20) 计算为 483.09 W。

$$P_{lev} = T_{prop}v = \frac{C_D}{C_L^{3/2}}\sqrt{\frac{W^3}{S}}\sqrt{\frac{2}{\rho}} \qquad (4.20)$$

考虑电机效率 η_{mot} 为 0.9，螺旋桨效率 η_{prl} 为 0.8，则电机输入功率为 670.96 W。若按夜间 10 h 飞行计算，且根据官方公布的 Li-S 电池能量密度 350 W·h/kg，则需要携带的储能电池由式 (4.21) 计算为 19.17 kg。

$$m_{bat} = \frac{P_{mot}T_{night}}{k_{bat}} \qquad (4.21)$$

假设结构重量 m_{strct} 为整机除电池外的重量，其数值为 33.83 kg；结构系数 k_{strct} 为 1.3267 kg/m^2。根据官方公布的文档显示，Zephyr 7 采用的是 Union Solar 公司的非晶硅薄膜太阳电池，假设太阳电池转换效率为 13%，且 MPPT 效率为 0.9。

将上述 Zephyr 7 的官方公布文档和由文档所推测出的技术参数，代入式 (3.26) 可以绘制出 Zephyr 7 的可行设计域。图 4.12 是计算所得 Zephyr 7 的设计域。图中可看出 Zephyr 7 的最大飞行高度约为 23 km，而实际飞行点在 21 km，

翼载荷为 $20.78\ \mathrm{N/m^2}$，显然是满足设计域要求的，且该飞行试验点已经非常靠近它的设计极限。

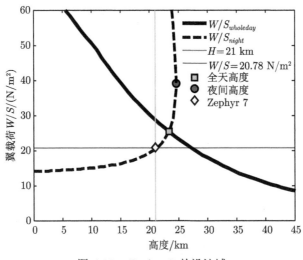

图 4.12　Zephyr 7 的设计域

4.4.2　Vulture 的可行性分析

Vulture 计划是由美国 DARPA 提出，旨在为军方提供 ISR 和中继通信，作为现有卫星的替代或补充。该计划所述太阳能飞行器，设计飞行高度 18~25 km，携带有效载荷约 450 kg，为有效载荷提供 5 kW 功率，留空时间 5 年 [56,57]。美国 Boeing 公司联合 Qinetiq 公司提出了太阳鹰 (SolarEagle) 方案，并赢得了 Vulture 计划的第二期。SolarEagle 事实上是 Qinetiq 公司 Zephyr 7 的放大版本。该方案预期在 2014 年实现演示验证飞行，飞行时间约 30~90 天，飞行高度 20 km，该飞行器翼展 132.6 m，起飞重量约 2721.6 kg。图 4.13 展示了 SolarEagle 的概念图。

前述分析太阳能飞行器，为探讨其一般性的规律，将人为的和随意性较大的有效载荷部分忽略。由于 Vulture 计划目的将太阳能飞行器从概念推向实际应用，其核心是能提供可观的有效载荷重量的功率，因此本分析过程不能忽略有效载荷。不考虑降压器转换效率，全天能量闭环表达式 (3.22) 可重写成

$$\eta_{sc}\eta_{mppt}\eta_{pave}\cdot\bar{P}_{solar}\geqslant \frac{1}{\eta_{mot}\eta_{prl}}\cdot\frac{C_D}{C_L^{3/2}}\sqrt{\frac{W^3}{S^3}}\sqrt{\frac{2}{\rho}}+\frac{P_{pld}}{S}=\frac{P_{mot}}{S}+\frac{P_{pld}}{S}\quad (4.22)$$

式中，P_{mot}/S 是电机输入功率载荷，P_{pld}/S 是有效载荷功率载荷。为便于分析，

引入有效载荷功率系数 $\eta_{pld} = P_{pld}/P_{mot}$，表示有效载荷功率和电机功率之比。为此式 (4.22) 可重写成

$$\eta_{sc}\eta_{mppt}\eta_{pave} \cdot \bar{P}_{solar} \geqslant \frac{1 + \eta_{pld}}{\eta_{mot}\eta_{prl}} \cdot \frac{C_D}{C_L^{3/2}} \sqrt{\frac{W^3}{S^3}} \sqrt{\frac{2}{\rho}} \tag{4.23}$$

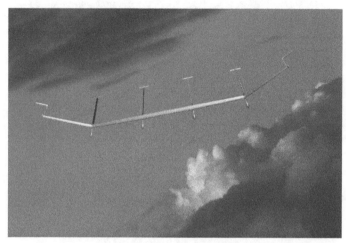

图 4.13　SolarEagle 方案

类似的引入有效载荷质量系数 $k_{pld} = m_{pld}/m_{strct}$，表示有效载荷质量和结构质量之比，则式 (3.25) 可重写成

$$m \geqslant \left(\frac{1 + \eta_{pld}}{\eta_{mot}\eta_{prl}} \cdot \frac{C_D}{C_L^{3/2}} \sqrt{\frac{W^3}{S^3}} \sqrt{\frac{2}{\rho}} \right) \cdot \frac{T_{night}}{k_{bat}} + k_{af}S + k_{sc}\eta_{pave}S + m_{pld}$$

$$= \left(\frac{1 + \eta_{pld}}{\eta_{mot}\eta_{prl}} \cdot \frac{C_D}{C_L^{3/2}} \sqrt{\frac{W^3}{S^3}} \sqrt{\frac{2}{\rho}} \right) \cdot \frac{T_{night}}{k_{bat}} + k_{strct}(1 + k_{pld})S \tag{4.24}$$

同样的，联合式 (4.23) 和式 (4.24) 可以得出太阳能飞行器的可行设计域。由于 SolarEagle 是 Zephyr 7 的放大版本，若采用 Zephyr 7 的技术参数，同时假设有效载荷功率系数 η_{pld} 为 0.1，有效载荷质量系数 k_{pld} 为 0.1，则 Vulture 的可行设计域为如图 4.14 所示，从图中可以看出 SolarEagle 是可以实现在 20 km 高度巡航的。

为携带更多的有效载荷质量和提供更大的有效载荷功率，显然机翼应设计得较大。若假设 SolarEagle 的展弦比为 20，SolarEagle 的机翼面积约为 880 m²，则最大飞行高度随有效载荷功率系数和有效载荷质量系数的变化如图 4.15 所示，有

效载荷质量随有效载荷功率系数和有效载荷质量系数的变化如图 4.16 所示，有效载荷功率随有效载荷功率系数和有效载荷质量系数的变化如图 4.17 所示。比较图 4.15~ 图 4.17 可以看出，要同时实现在 20 km 以上高度巡航飞行，携带 450 kg 有效载荷并提供 5 kW 功率，在 SolarEagle 所公布的尺寸条件下是具有一定难度的。比较可行的方案是在 20 km 高空，提供 250 kg 有效载荷并提供 4kW 功率，此时有效载荷功率系数取值为 0.116，有效载荷质量系数取值为 0.215；或者在 20 km 高空，提供 200 kg 有效载荷并提供 5 kW 功率，此时有效载荷功率系数取值为 0.15，有效载荷质量系数取值为 0.18。

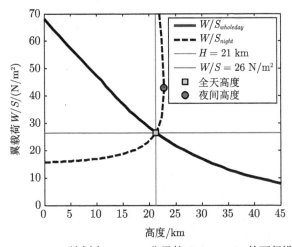

图 4.14　Vulture 计划中 Boeing 公司的 SolarEagle 的可行设计域

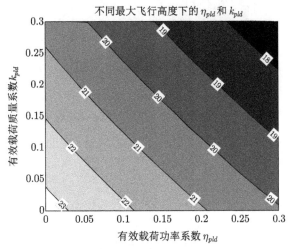

图 4.15　最大飞行高度随有效载荷功率系数和质量系数的变化

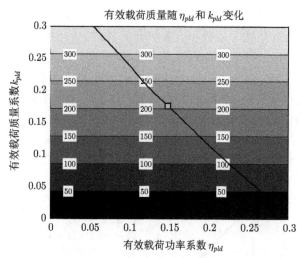

图 4.16　有效载荷质量随有效载荷功率系数和有效载荷质量系数的变化

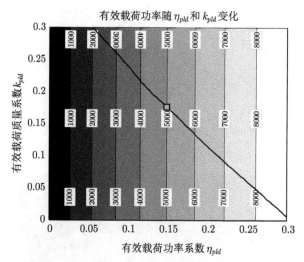

图 4.17　有效载荷功率随有效载荷功率系数和有效载荷质量系数的变化

4.5　本 章 小 结

　　本章在第 3 章设计域和参数灵敏度分析的基础上，进行太阳能飞行器总体设计。本章介绍了三种太阳能飞行器总体设计方法，一是基于最优化的总体设计方法，二是基于保守设计的总体设计方法，三是基于动态过程的总体设计方法。

　　第一种方法基于最优化思路，探索为实现指定飞行高度的技术实现代价最小的总体设计方案,并得到相应的总体设计参数。该总体设计方法具有较严格的理论依据,能对未来技术攻关提供一定的指导。通过类 Zephyr 飞行器设计算例表明,该总体设计方法所得的设计方案能实现 20 km 的飞行高度,且对应的总体设计参数与 Zephyr 7 十分接近。

第二种方法基于保守设计的思路,从工程冗余的角度出发,在给定技术指标时,计算可行设计域,并从中选择较为保守的设计点,依据该设计点结合合理的假设,计算功率分解和质量分解,并最后校核全天能量闭环和夜间能量闭环。该方法具有较大的主观性和经验性,但符合工程设计思路,能确保所设计出方案能经受环境等不可预知的干扰,实现在指定高度长时间飞行的目标。算例采用该设计方法,实现了在 15 km 高度飞行,且具有 40 N/m^2 的翼载荷。

第三种方法是考虑到太阳能飞行储能电池能量密度和太阳辐照功率密度相对较低,需要从环境中获取能量或向环境存储能量,典型的应用是重力势能储能和风梯度滑翔,此时需考虑动态过程进行总体设计。该总体设计方法与太阳能飞行器的当前需求联系紧密,能一定程度上缓解太阳能飞行器能量紧缺的问题。本文以重力势能储能为例进行分析。设计算例表明,采用重力势能储能,Zephyr 7 只需携带 5~10 kg 储能电池即可实现长航时飞行。

本章最后探讨了 Zephyr 7 和 Vulture 的技术特征和技术可行性,分析表明 Zephyr 7 的最大飞行高度约为 23 km,而实际飞行在 21 km,这表明 Zephyr 7 在实现设计目标情况下还有一定的冗余。而 Boeing 公司的 SolarEagle 在实现 Vulture 设定的目标还有一定困难。较为可行的目标是携带 250 kg 载荷并提供 4 kW 功率,或者携带 200 kg 载荷提供 5 kW 功率。

第 5 章　能量不闭环条件下的长航时飞行

前述研究是基于能量闭环条件下，进行太阳能飞行器设计域和总体设计方法研究。本章考虑能量不闭环条件下的长航时飞行，并以某低空太阳能飞行器为对象，在前期工作的基础上，研究该太阳能飞行器实现长航时的参数设定，并通过飞行试验测试飞行器平飞功率，为后续长航时飞行试验奠定理论基础。

5.1　飞行航时计算

太阳能飞行器若不满足能量闭环，则通常无需考虑充电过程。太阳能飞行器的飞行时间由两部分组成，第一部分时间是太阳能独立供电的飞行时间，第二部分时间是储能电池辅助供电的飞行时间。考虑到对任意飞行日期而言，最大太阳辐照均出现在正午 12 点，为最大化利用太阳能，延长太阳能独立供电时间，本文假定太阳能飞行器的飞行时间沿正午 12 点向早晚两端对称延伸。图 5.1 展示了能量不闭环条件下的飞行过程。

由式 (3.21) 可知，太阳能飞行器维持水平飞行，推进系统的输入功率为

$$P_{mot} = \frac{1}{\eta_{mot}\eta_{prl}} T_{prop} v = \frac{1}{\eta_{mot}\eta_{prl}} \cdot \frac{C_D}{C_L^{3/2}} \sqrt{\frac{W^3}{S}} \sqrt{\frac{2}{\rho}} \tag{5.1}$$

太阳辐射经过太阳电池转换成电能的功率为

$$P_{prvd} = P_{solar} S \eta_{pave} \eta_{sc} \eta_{mppt} \eta_{wthr} \tag{5.2}$$

式中，P_{solar} 是太阳辐照强度，随时间成正弦变化关系。当 $P_{prvd} > P_{mot}$ 时，太阳能独立供电，求解式 (5.3) 可以得到两个时间点 T_1 和 T_2，$|T_2 - T_1|$ 即为太阳能独立供电的时间。

$$P_{prvd}(T) = P_{mot} \tag{5.3}$$

当太阳电池不足时，储能电池提供辅助供电，直到储能电池能量全部消耗，通过求解式 (5.4) 可以得出储能电池的供电时间为 $2|T_3 - T_2|$。

$$E_{bat} = 2 \int_{T_2}^{T_3} (P_{mot} - P_{prvd}) \, dT \tag{5.4}$$

因此能量不闭环条件下的总飞行航时为

$$T_{total} = |T_2 - T_1| + 2\,|T_3 - T_2| \tag{5.5}$$

上述三个时间 T_1、T_2 和 T_3 如图 5.1 所示。由于式 (5.3) 和式 (5.4) 均不能解析求解，计算能量不闭环条件下的飞行航时，一般采用数值计算方法。

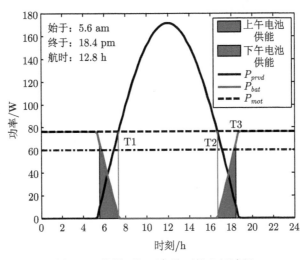

图 5.1 能量不闭环条件下的飞行过程

5.2 某飞行器总体参数

本节根据某低空太阳能飞行器为研究对象[136]。根据设计要求，该太阳能飞行器为小型飞行器，重量小于 7 kg。该飞行器为上单翼单机身布局，并具有一个 T 型尾翼，一套前置电机螺旋桨推进系统，如图 5.2 所示。

图 5.2 某低空太阳能飞行器构型

主机翼翼展 4.72 m，展弦比 16.27，机翼翼型采用 SD7032，工作 Re 约为 226000，翼根上反角为 2°，翼尖上反角为 10°；机翼采用前 D 型盒 + 主梁 + 翼肋结构，并全部由复合材料制造。T 型尾翼选择 NACA0008 翼型，尾翼由轻木材料制造。

机翼上表面铺装刚性太阳电池,太阳电池的理论转换效率为 19%,实测转换效率约为 15%,在 800 W/m² 时输出电压约为 14.5 V,并采用了自研能源管理器。储能电池采用 Li-Poly 电池,电池总重量 0.5 kg、容量 6000 mAh、能量密度约为 180 W·h/kg。电机为 Hacker A40-14S 无刷外转子电机,螺旋桨为 AeroNaut CAM 18×9 可折叠螺旋桨。

经过第一阶段的试制和飞行试验,获得该太阳能飞行器的总体构型参数如表 5.1 所示,预期的飞行条件如表 5.2 所示,对该太阳能飞行器的实测参数和估值参数如表 5.3 所示。

表 5.1 太阳能飞行器的构型参数

参数	符号	参数值	单位
起飞重量	m	6.8	kg
翼展	b	4.72	m
平均弦长	c	0.3305	m
机翼面积	S	1.559	m²
太阳电池面积	S_{sc}	1.2168	m²
翼载荷	m/S	4.36	kg/m²
展弦比	AR	14.27	——
太阳电池转化效率	η_{sc}	0.15	——
储能电池能量密度	k_{bat}	180	W·h/kg

表 5.2 太阳能飞行器的飞行条件

参数	符号	参数值	单位
巡航高度	H	500	m
大气密度	ρ	1.1673	kg/m³
7 月 30 日最大太阳辐照	I_{max}	1307	W/m²
7 月 30 日白昼时间	T_{day}	15	h
太阳光照衰减因子	η_{wthr}	0.8	——

表 5.3 太阳能飞行器实测或估值参数

参数	符号	参数值	单位
电机效率	η_{mot}	0.75	——
螺旋桨效率	η_{plr}	0.55	——
MPPT 效率	η_{mppt}	0.85	——
储能电池放电效率	η_{bat}	0.90	——
储能电池放电深度	δ_{bat}	0.8	——
升力系数	C_L	0.78	——
阻力系数	C_D	0.039	——
航电系统功率	P_{av}	10	W
巡航飞行速度	v	9.5	m/s

考虑第 3 章所述全天能量闭环,太阳能飞行器要想实现全天能量平衡,它的电机输入必须小于 $\bar{P}_{solar}S\eta_{pave}\eta_{sc}\eta_{mppt}\eta_{wthr} = 60$ W,考虑到电机效率和螺旋桨效率,则该太阳能飞行器的平飞功率至少应小于 $60\eta_{mot}\eta_{prl} = 24.7$ W,而事实上根据前述估算参数,该太阳能飞行器的平飞功率为 $\dfrac{C_D}{C_L^{3/2}}\sqrt{\dfrac{W^3}{S}}\sqrt{\dfrac{2}{\rho}} = 31.9$ W,电机的理论输入功率为 77.3 W,该平飞功率大于太阳电池能提供的平飞功率,因此该太阳能飞行器至少是不满足全天能量闭环的,即不能实现长时间的巡航飞行,这与第 3 章分析的结论是相同的。

5.3 长航时飞行参数设计

前述分析表明,该太阳能飞行器不能实现昼夜能量闭环,本节考虑基于现有验证机,进行长航时飞行试验设计。通过选择合适飞行条件,携带合适的电池,重新铺装太阳电池,以实现较长的飞行航时。本节做以下假设:太阳能飞行器的升力系数,阻力系数等不发生变化;当选择不同方案导致重量发生变化时,通过平飞速度的改变来平衡重量,此外假设电机和螺旋桨的效率也不发生改变。以下将针对不同的方案设计探讨飞行时间的变化。

5.3.1 储能电池质量对飞行时间的影响

考虑太阳能飞行器上携带不同重量的储能电池,分析储能电池增加对飞行航时的影响。做如下假设:

➢ 储能电池重量分别为:1 kg、1.5 kg、2 kg、2.5 kg、3 kg、4 kg。

➢ 储能电池能量密度为:190 W·h/kg。

➢ 飞行高度:500 m,对应大气密度为 1.1673 kg/m³。

➢ 储能电池放电深度:80%,即储能电池能提供的能量为 $0.8m_{bat}k_{bat}$。

➢ 安全余量:实际飞行过程中可能会遇到突风等异常情况,不可能将储能电池耗尽,为此将储能电池可用能量的 30% 作为安全备份,因此储能电池实际可用能量为 $0.8 \times 0.7m_{bat}k_{bat}$。

➢ 起飞段:考虑起飞和爬升段能量也由储能电池提供。

当太阳电池提供的能量充裕时,将由太阳电池为太阳能飞行器独立供电;当太阳电池提供的能量不足时,由储能电池和太阳电池联合供电;当太阳电池输出为零即进入夜晚时,用储能电池单独供电。考虑到为最大化利用太阳辐照,假设将储能电池用于对称的补充早晨和傍晚太阳辐照不足的情况,即计算航时时从正午 12 点向早晚两端对称扩展,直至储能电池耗尽,所持续的时间即为该太阳能飞行器的最大飞行航时。

　　图 5.3 所示是不同储能电池质量下，太阳电池和储能电池供电曲线，图中红色部分是储能电池放电的时间段，红色面积即为储能电池提供的总能量；虚线是电机的输入功率需求，点划线是太阳电池输入到电机的平均功率。图 5.4 是飞行航时和电机输入功率需求随储能电池质量的变化，图中可以看出电机输入功率需求随储能电池质量增加是线性增大的，然而飞行航时则随储能电池的增大而呈现先增大后减小的特点，这也说明储能电池的增加并不一定能延长飞行时间；此外从图中也可以看出，随储能电池重量变化，飞行器的飞行航时并没有十分显著的变化，这表明对该太阳能飞行器，储能电池并不是影响飞行航时的最敏感参数。图 5.5 是飞行速度和平飞功率随储能电池质量的变化，图中可以看出，平飞速度和平飞功率都随储能电池的增加而线性增大。

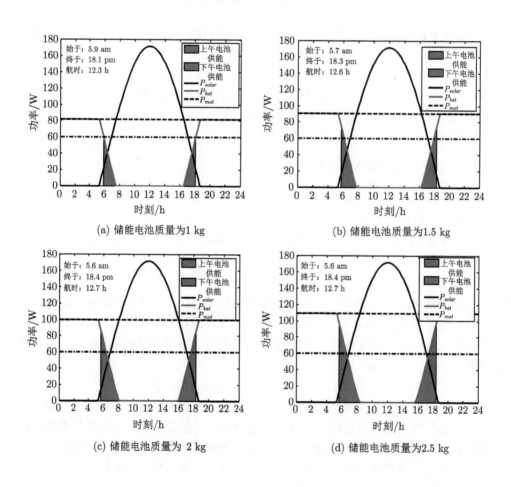

(a) 储能电池质量为 1 kg

(b) 储能电池质量为 1.5 kg

(c) 储能电池质量为 2 kg

(d) 储能电池质量为 2.5 kg

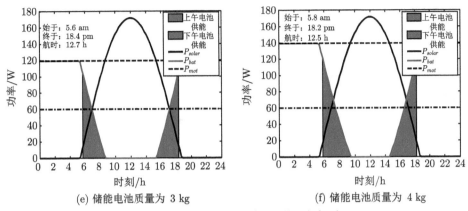

(e) 储能电池质量为 3 kg   (f) 储能电池质量为 4 kg

图 5.3 不同储能电池质量下的飞行航时

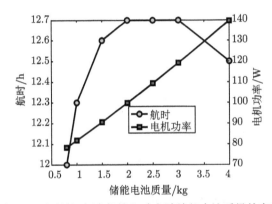

图 5.4 飞行航时/电机输入功率随储能电池质量的变化

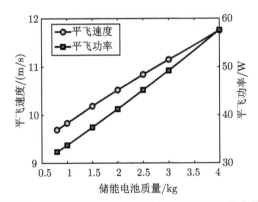

图 5.5 平飞速度/平飞功率随储能电池质量的变化

5.3.2 储能电池能量密度对飞行时间的影响

在现有验证机的技术状态下，考虑太阳能飞行器携带的储能电池能量密度不同，分析太阳能飞行器的飞行时间。飞行时间的计算与 5.3.1 节相同。分别计算储能电池能量密度为 150 W·h/kg、160 W·h/kg、170 W·h/kg、190 W·h/kg 的情况。图 5.6 所示是不同储能电池能量密度情况下的飞行航时，从图中可以看出飞行时间随储能电池能量密度的增加呈线性增长趋势，显然在成本允许，工艺成熟等条件下，该太阳能飞行器所携带的储能电池应具有尽可能高的能量密度。

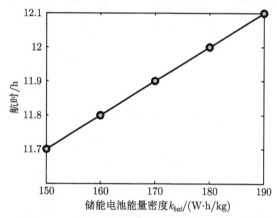

图 5.6   飞行航时与储能电池能量密度的关系

5.3.3   太阳电池转换效率对飞行时间的影响

在现有验证机的技术状态下，考虑重新铺装太阳电池，分析在不同太阳电池转换效率下，太阳能飞行器的飞行时间。飞行时间的计算过程与 5.3.1 节所用方法相同。假设太阳电池转换效率分别为 10%、12%、14%、15%、16%。图 5.7 所示是不同太阳电池转换效率下的飞行航时，从图中可以看出随太阳电池转换效

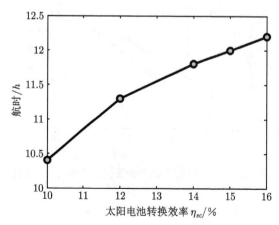

图 5.7   不同太阳电池转换效率下飞行航时的变化

率的增加，该太阳能飞行器的飞行航时的趋势是增长的；然而增长的速度逐渐放缓。因此在重新铺装太阳电池过程中，可以综合权衡太阳电池的成本，铺装工艺复杂度以及飞行航时需求等，从中选择一种较为合适的太阳电池。

5.3.4 太阳电池转换效率/储能电池质量对飞行航时的影响

在现有验证机的技术状态下，考虑同时重新铺装太阳电池和安装储能电池，分析不同太阳电池转换效率和储能电池质量时，太阳能飞行器的飞行时间。飞行时间的计算过程与 5.3.1 节所用方法相同。假设太阳电池的转换效率为 7%、8%、9%、10%、13.5%、15% 和 18%，储能电池质量为 0.8 kg、1.0 kg、1.5 kg、2.0 kg、2.5 kg、3.0 kg、3.5 kg 和 4.0 kg。表 5.4 和图 5.8 表示了不同太阳电池转换效率和储能电池质量情况下的飞行时间。从图 5.8 可以看出，随储能电池质量增加，飞行时间总的趋势是先增加然后减小；然而随着太阳电池转换效率的增加，上述转

表 5.4 飞行时间与太阳电池转换效率和储能电池质量的关系

电池重量转换效率/%	0.8 kg	1.0 kg	1.5 kg	2.0 kg	2.5 kg	3.0 kg	3.5 kg	4.0 kg
18	12.31	12.49	12.78	12.95	13.02	13.02	12.97	12.86
15	11.82	11.99	12.27	12.39	12.41	12.35	12.20	11.99
13.5	11.47	11.64	11.90	11.99	11.96	11.83	11.62	11.29
10	10.12	10.29	10.39	10.27	9.86	9.26	8.74	8.28
9	9.46	9.58	9.59	9.18	8.61	8.13	7.72	7.38
8	8.51	8.56	8.19	7.72	7.34	7.03	6.77	6.55
7	6.75	6.66	6.47	6.31	6.17	6.04	5.92	5.82

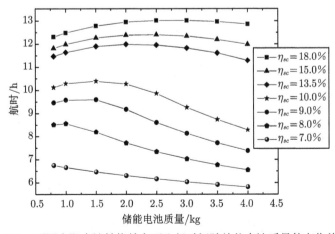

图 5.8 不同太阳电池转换效率下飞行时间随储能电池质量的变化关系

折点向后推迟。这表明当太阳电池转换效率较高时，可以承载更多质量的储能电池。上述耦合关系分析可以为太阳电池和储能电池的选择提供依据。

5.3.5　功率因子对飞行时间的影响

在现有验证机的技术状态下，考虑在不同功率因子 $C_L^{1.5}/C_D$ 情况下，该太阳能飞行器的飞行时间。飞行时间的计算过程与 5.3.1 节所用方法相同。在当前技术状态下该太阳能飞行器的功率因子为 17.6。本章分别分析功率因子为 13、15、17.6、19 和 21 情况下的飞行航时。图 5.9 所示是不同功率因子情况下，该太阳能飞行器的飞行时间。从图中可以看出随功率因子增加，太阳能飞行器的飞行时间总的趋势是增长的，但是增长的趋势放缓。此外，功率因子对飞行时间的影响较为显著。

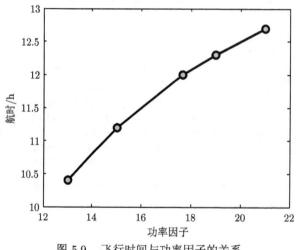

图 5.9　飞行时间与功率因子的关系

5.3.6　试验日期对飞行时间的影响

以现有验证机技术状态，通过选择不同的飞行日期，分析该太阳能飞行器的飞行航时的变化。与 5.3.1 节计算飞行时间相似，将储能电池用于补偿早晨和傍晚太阳辐照不足情况。假设飞行时间为 3 月 21 日、4 月 20 日、5 月 20 日、6 月 22 日、7 月 15 日、7 月 30 日和 8 月 15 日。图 5.10 所示是不同飞行日期情况下的飞行航时，从图中可以看出，从夏至日向全年两端，飞行时间逐渐减小，且飞行时间的差别较大。由此可以得出结论，飞行日期对飞行航时具有较大敏感度，对现有太阳能飞行器原型机而言，选择一个较为合适的飞行日期，对提高飞行时间具有重要的意义。

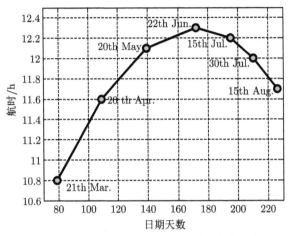

图 5.10 不同飞行日期情况下的飞行航时

5.3.7 试验纬度对飞行时间的影响

在现有验证机的技术状态下，选择不同纬度的飞行地点，分析该太阳能飞行器的飞行航时变化。计算过程与 5.3.1 节所用方法类似。分别考虑 7 月 15 日、7 月 30 日和 8 月 15 日，在长沙和 40 N° 的靶场的飞行地点，并计算各自的飞行时间。图 5.11 所示是飞行纬度情况下的飞行航时，从图中可以看出，无论是选择哪一飞行日期，高纬度地区 40 N° 的靶场相比低纬度地区的长沙，该飞行器飞行航时更长。其原因是，在夏季高纬度地区的白昼时间比低纬度地区白昼时间长。因此对现有太阳能飞行器验证机，因选择一个较高的纬度进行飞行试验。

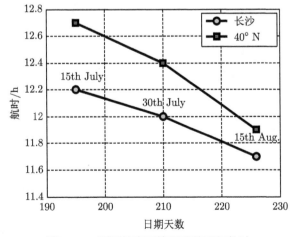

图 5.11 不同纬度下情况下的飞行航时

5.3.8　飞行半径对飞行圈数的影响

在现有验证机的技术状态下，考虑长航时飞行航迹。一般地，太阳能飞行器会在某一高度按圆轨迹、椭圆轨迹或矩形轨迹进行巡航飞行。本验证机采用商用自驾仪进行自驾飞行，根据自驾仪航迹控制算法，选择对控制最为简洁的圆轨迹航迹。太阳能飞行器通过滚转角控制实现圆轨迹飞行。本章考虑不同圆轨迹半径下飞行圈数的变化，以及滚转角的变化。图 5.12 是飞行圈数随圆轨迹半径的变化，从图中可以看出，当圆轨迹半径从 1 km 增加到 5 km 时，飞行圈数从 66 圈降为13 圈。图 5.13 是滚转角随圆轨迹半径的变化，从图中可以看出，当圆轨迹半径从 1 km 增加到 5 km 时，滚转角从 0.55° 降为 0.11°。因此可以从自驾仪控制难易角度权衡选择一个较为合适的圆轨迹半径。

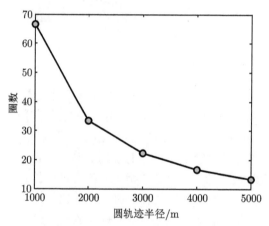

图 5.12　飞行圈数随圆轨迹半径的变化

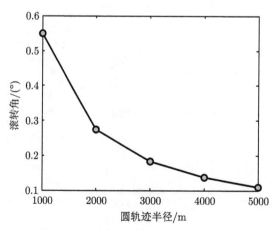

图 5.13　滚转角随圆轨迹半径的变换

5.3.9 飞行半径造成的功率增加

在现有验证机的技术状态下，与 5.3.8 节类似，假设太阳能飞行器按圆轨迹飞行。飞行器通过滚转实现转弯和圆轨迹盘旋，必然较水平直线飞行会产生功率增加。定性的分析，圆轨迹半径越大，滚转角越小，功率增加越小。圆轨迹飞行情况下飞行器升力用于抵偿重力和向心力如下式所示

$$
\begin{cases}
L^2 = W^2 + F^2 \\
L = \dfrac{1}{2}\rho v^2 C_L S \\
W = mg \\
F = \dfrac{mv^2}{R} \\
P_{lev} = \dfrac{1}{2}\rho v^3 C_D S
\end{cases}
\tag{5.6}
$$

其中，L 是升力，W 是重力，F 是向心力，ρ 是大气密度，v 是飞行速度，C_L 是升力系数，S 是翼面积，m 是飞行器质量，g 是重力加速度，R 是圆轨迹半径，P_{lev} 是轴功率，C_D 是阻力系数。上述关系式可以计算出在不同圆轨迹半径下的飞行轴功率，将该轴功率与水平飞行轴功率相比较，可以得出功率增加百分比。图 5.14 和图 5.15 分别表示圆轨迹半径从 100~500 m，以及从 1~5 km 情况下，太阳能飞行器的功率增加百分比。从图中可以看出，从整体上随圆轨迹半径增加，功率增加百分比在逐渐下降，而当圆轨迹半径在 km 量级时，功率增加百分比可以忽略不计。

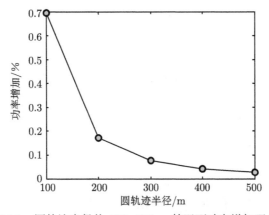

图 5.14 圆轨迹半径从 100~500 m 情况下功率增加百分比

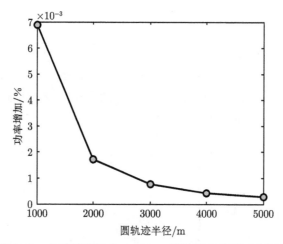

图 5.15　圆轨迹半径从 1~5 km 情况下功率增加百分比

5.3.10　航迹倾角对爬升功耗和飞行时间的影响

在现有验证机的技术状态下，考虑如何以最小能量消耗爬升到 500 m 高度。假设太阳能飞行器以定航迹倾角爬升至 500 m 高度，分析在不同航迹倾角情况下，总能量消耗。分别考虑航迹倾角为 1°、5°、10°、15°、20° 和 25° 的情况。爬升情况下，螺旋桨拉力用于抵偿气动阻力和重力沿航迹的分力，如下式所示

$$\begin{cases} T_{prop} = mg\sin\theta + \dfrac{1}{2}\rho v^2 C_D S \\[2mm] L = \dfrac{1}{2}\rho v^2 C_L S = mg\cos\theta \\[2mm] P_{lev} = T_{prop}v \\[2mm] t = \dfrac{H}{v\sin\theta} \end{cases} \tag{5.7}$$

式中，T_{prop} 是螺旋桨拉力，θ 是航迹倾角，t 是爬升时间，H 是高度。上述关系式可以计算出爬升功率、爬升时间、飞行速度、螺旋桨拉力和能量消耗等参数。图 5.16 所示是爬升功率/能量消耗随航迹倾角的变化；图 5.17 所示是爬升时间随航迹倾角的变化情况；图 5.18 所示是螺旋桨拉力/飞行速度随航迹倾角的变化。从图中可以看出随航迹倾角的增加，飞行功率增加，总能量消耗减小，爬升时间缩短，螺旋桨拉力增加，飞行速度下降。但从图 5.16 和图 5.17 可以看出，当航迹倾角大于 5° 时，爬升总能量消耗下降减缓，因此可以考虑选择 5° 航迹倾角爬升至 500 m 高度。

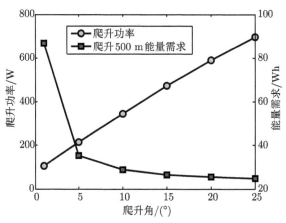

图 5.16 爬升功率/能量消耗随航迹倾角的变化

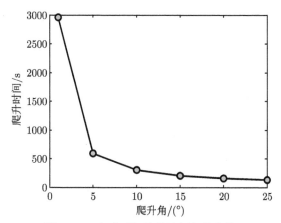

图 5.17 爬升时间随航迹倾角的变化

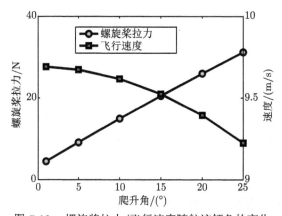

图 5.18 螺旋桨拉力/飞行速度随航迹倾角的变化

5.3.11　利用重力势能储能延长飞行时间

由于现有的验证机不能实现对储能电池的充电，因此前述分析都基于如下原则：当太阳辐照充足时，只取太阳电池输出电能的一部分用以维持水平飞行，而只有当太阳辐照不足或没有时，才通过储能电池放电维持水平飞行，因此储能电池不存在充电过程，太阳电池所转换的电能也没有充分的利用。若考虑将白天太阳电池富余的电能用以爬升高度，将电能储存至重力势能中，当夜间没有太阳能时，再从高空滑翔至低空，实现较长时间飞行。本节不考虑储能电池放电，完全依靠太阳能和重力势能储能，分析该太阳能飞行器的飞行时间。动力学方程如下：

$$
\begin{cases}
\dfrac{W}{g}\dfrac{\mathrm{d}v}{\mathrm{d}t} = T_{prop} - D - W\sin\theta \\[2mm]
\dfrac{W}{g}v\dfrac{\mathrm{d}\theta}{\mathrm{d}t} = Y - W\cos\theta \\[2mm]
\dfrac{\mathrm{d}L}{\mathrm{d}t} = \dfrac{\mathrm{d}x}{\mathrm{d}t} = v\cos\theta \\[2mm]
\dfrac{\mathrm{d}H}{\mathrm{d}t} = \dfrac{\mathrm{d}y}{\mathrm{d}t} = v\sin\theta
\end{cases}
\tag{5.8}
$$

其中，W 是飞行器的重量，θ 是飞行航迹倾角，L 是飞行距离，H 是飞行高度，v 是飞行速度，T_{prop}、D 和 Y 分别是螺旋桨拉力、飞行器阻力和升力，上述三个力的表达式如下：

$$
\begin{cases}
T_{prop} = \dfrac{P_{solar}S\eta_{sc}\eta_{wthr}\eta_{mppt}\eta_{mot}\eta_{prl}}{v} \\[2mm]
D = \dfrac{1}{2}\rho v^2 S C_D \\[2mm]
Y = \dfrac{1}{2}\rho v^2 S C_L
\end{cases}
\tag{5.9}
$$

其中，P_{solar} 是太阳辐照强度，S 是机翼面积，C_L 是飞行器升力系数，C_D 是飞行器阻力系数，η_{sc}、η_{wthr}、η_{mppt}、η_{mot} 和 η_{prl} 分别是太阳电池转换效率、天气因子、MPPT 效率、电机效率和螺旋桨效率。求解上述动力学方程可以得出该太阳能飞行器的飞行航迹、航迹倾角、飞行速度等参数。图 5.19 和图 5.20 分别表示太阳能飞行器的爬升和滑翔航迹、航迹倾角，以及飞行速度。从图 5.19 可以看出，采用重力势能储能方式飞行，该太阳能飞行器的飞行时间可达 14 h，超过前述以储能电池为补充能量的飞行时间。由于在实际飞行过程出于安全等方面考虑必须携带储能电池，因此应考虑在携带储能电池情况下，同时采用重力势能储能方式，以期获得更长的飞行时间。

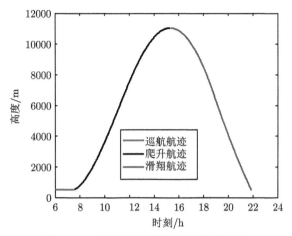

图 5.19 太阳能飞行器爬升和滑翔航迹

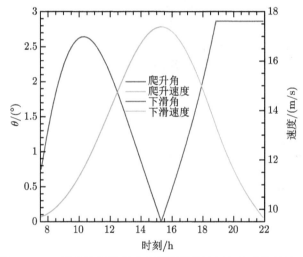

图 5.20 太阳能飞行器爬升和滑翔的航迹倾角以及飞行速度

5.4 某太阳能飞行器飞行试验

5.3 节对太阳能飞行器长航时飞行参数设计, 是基于 5.2 节所述总体参数的理论估算 [136], 即表 5.3 所示的参数, 如升力系数、阻力系数、电机效率、螺旋桨效率等。对太阳能飞行器而言, 影响其长航时飞行器的核心因素是平飞功率, 因此并不非常关心上述详细的技术参数, 而通常只关心在上述技术参数的综合作用下的平飞功率。为此于 2013 年 7 月在汨罗外场开展了低空太阳能飞行器飞行试验。设计飞行高度为 200 m, 最大飞行高度为 500 m。该飞行试验有两个目的: 一是验证采用商用自驾仪进行大圆飞行的可行性，二是测试出该太阳能飞行器的平飞功率。由于遥控飞行难以准确控制飞行速度，即难以达到最小平飞功率，而自驾飞行可以较为准确的控制飞行速度，因此上述第一个试验目标是第二个试验目标的基础。

为测试平飞功率，采用商用老鹰树 (Eagle Tree) 串联在电调的前端，用以记录输入电流、电压以及功率等。图 5.21 所示是本次飞行试验过程中，太阳能飞行器手掷起飞过程。

图 5.21　太阳能飞行器手掷起飞

5.4.1　试验原始数据

图 5.22 所示是某次飞行试验过程中，Eagle Tree 记录的飞行功率

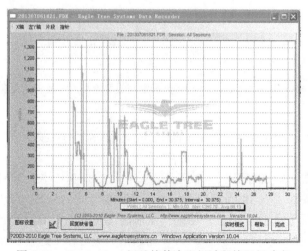

图 5.22　Eagle Tree 记录的某次飞行过程的飞行功率

试验记录本次飞行分成以下几个阶段：

➤ 起飞后 00:01:20，切入自驾飞行，高度 180 m，速度 46 km/h；

➤ 起飞后 00:13:00，开始从 100 m 高度爬升，目标高度 200 m；

➤ 起飞后 00:13:45，达到 200 m 高度，速度 50 km/h；

➤ 起飞后 00:15:21，开始下降高度；

➤ 起飞后 00:18:50，恢复平飞，高度 100 m，速度 50 km/h；

➤ 起飞后 00:20:10，切入正圆航线，速度 40 km/h，实测速度 54 km/h；

➤ 起飞后 00:23:16，切遥控准备回收。

根据 Eagle Tree 记录的数据和试验纪录，本次飞行试验可以切分出几个典型的飞行过程如图 5.23 所示，这些飞行过程包括定爬升率爬升 (Climb)、定下沉率滑翔 (Descend)、定高度巡航 (Cruise)，以及无动力滑翔 (Servo) 阶段。

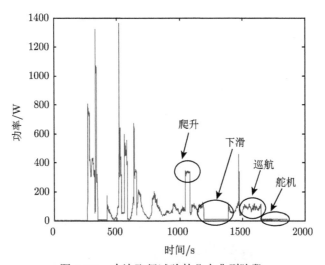

图 5.23   本次飞行试验的几个典型阶段

5.4.2 试验数据分析

5.4.2.1 爬升功率分析

图 5.23 所示的爬升阶段，将该阶段的飞行功率截取出，绘制于图 5.24 所示，将图中功率进行平均可以得到爬升平均功率为 332.8 W，爬升 100 m 的总能量消耗为 3.4 W·h，爬升率为 2.7 m/s。若不考虑大气密度变化，爬升到 500 m 高度的总能量消耗预计为 17 W·h，而由 5.3.10 节方法计算的理论爬升功耗约为 20W·h 左右，试验结果与理论计算较为吻合。

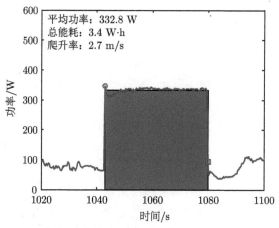

图 5.24   爬升阶段飞行功率

5.4.2.2   下沉率分析

图 5.23 所示的下沉阶段,将该阶段的飞行功率截取出,绘制于如图 5.25 所示,将图中功率进行平均可以得到太阳能飞行器滑翔平均功率为 10.0 W,总能量消耗为 0.6 W·h,下沉率为 0.5 m/s,总持续时间为 198.0 s。若不考虑大气密度的变化,从 500 m 高空滑翔至地面约能持续 1000 s。

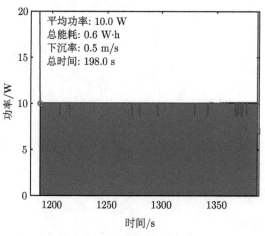

图 5.25   下沉阶段飞行功率

5.4.2.3   大圆航线飞行分析

图 5.23 所示的巡航阶段,将该阶段的飞行功率截取出,绘制于如图 5.26 所示,将图中功率进行平均可以得到该太阳能飞行器的巡航功率为 89.8 W,总能量

消耗为 3.7 W·h,总飞行时间为 150.0 s。除去 5.4.2.4 所述舵机消耗功率,该平飞功率与理论计算功耗 78 W 比较吻合。

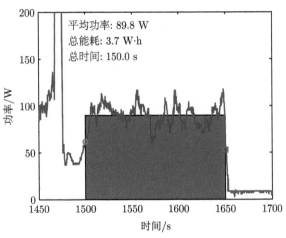

图 5.26　大圆巡航飞行功率

5.4.2.4　舵机功率分析

图 5.23 所示的无动力下滑阶段,在该阶段驱动电机已被关闭,剩下只有舵机在消耗功率,将该阶段的飞行功率截取出,绘制于如图 5.27 所示,将图中功率进行平均可以得到舵机的平均功率为 8.3 W,该参数与前述假设 10 W 较为吻合,此外此次无动力下滑总能量消耗为 0.5 W·h,飞行时间为 202.0 s。

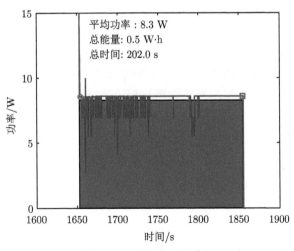

图 5.27　无动力下滑功率

5.4.3　试验结论

本次飞行试验得出一些结论如下：手控飞行难以达到自驾飞行的最小功率，因此真正要实现长航时飞行必须采用自驾飞行；空速管难以获得精确数据，然而飞行功率是速度的三次方，反算的升阻力是速度的平方关系，这使得飞行试验过程中，速度量没有绝对的意义只有相对意义；风速对测试影响甚大，在飞行试验中，出现了由于风速影响而无法完成圆航线飞行的情况，且风的影响会突然加大飞行功率，因此选择合适的飞行地点极为重要；在自驾飞行过程中，应追求极限小的速度；飞行试验基本上验证了该太阳能飞行器的气动性能与理论基本吻合，电机和螺旋桨效率也与假设基本吻合；飞行试验验证了该太阳能飞行器具有良好的气动性能，能确保以较小的下沉率飞行，因此采用重力势能储能实现长航时飞行这一方案可以提上日程；太阳能飞行器总体能耗比预期小，在飞行试验后，对电池的续航能力进行测试，结果表明 6000 mAh 电池能实现 1 h 10 min 的飞行，期间还包括起飞和爬升，因此后续飞行试验可以适当增加试验时间，测试电池在空中的极限能力；下一步的工作中，能源管理系统是核心，只有长时间稳定、高效率的能源系统才能确保长时间飞行。

5.5　本 章 小 结

本章以某现有的太阳能飞行器为研究对象。在前期的大量研究工作的基础上，以及所获得的构型参数，实测和估算参数为基础进行分析。首先从全天能量闭环的角度验证了该太阳能飞行器是不能实现能量闭环的，该结论与第 3 章的案例分析结论是相同的。因此可在现有太阳能飞行器构型基础上，考虑尽可能延长飞行时间。本章讨论了延长飞行航时的参数设计方法，分别分析储能电池、太阳电池、功率因子、飞行条件、飞行航迹、重力势能储能等参数设计和试验设计对飞行航时的影响。最后对该太阳能飞行器进行飞行试验，旨在测试该太阳能飞行器采用商用自驾仪实现自驾飞行的能力，以及测试平飞需用功率，验证前期估算参数。试验表明该太阳能飞行器的实测平飞功率与理论估算平飞功率是吻合的。

第 6 章 太阳能飞行器新概念和新思路

由于太阳能飞行器是全新的飞行器，当前尚无完整的飞行性能和使用模式定义，为此本章提出太阳能飞行器的新概念和新思路。首先探讨太阳能飞行器的极限飞行高度问题；随后提出两种新概念飞行器：逐日飞行太阳能飞行器和绕地滑翔太阳能飞行器，并探讨了上述两类飞行器的技术可行性和使用模式。

6.1 太阳能飞行器的极限飞行高度

本节研究的太阳能飞行器包括电机、螺旋桨、太阳电池、储能电池，以及自动驾驶系统等。该太阳能飞行器可以执行中继通信等任务[139]。太阳能飞行器的有效载荷，例如光学成像载荷和无线天线系统，具有一定的视场角 α。其能提供信息服务的区域限于一个圆内 $H \cdot \tan \alpha$[12]。给定有效载荷的视场角，该区域的面积与飞行高度成平方关系 $A \propto H^2$。因此，高飞行高度和长时间的续航能力，是太阳能飞行器永恒追求的目标。从 Helios 的飞行高度纪录 30 km，我们可以很容易联想到太阳能飞行器是否可以飞越 30 km、50 km，甚至 100 km。随着科学技术的发展，太阳能飞行器似乎可以抵达更高的高度。然而，根据本章的研究，存在一个太阳能飞行器不能到达的"禁区"。此外要执行中继通信或情报监视和侦察，太阳能飞行器需要以相对长的时间保持在一个相对固定的飞行高度。因此，本节研究太阳能飞行器的绝对飞行上限，是在满足能量平衡 (即满足白天和夜间的能量平衡) 的基础上进行的[140]。

6.1.1 气动性能所致飞行高度边界

现有以及将来很长一段时间内，太阳能飞行器的能量利用过程如下：太阳辐射由太阳电池转换成电能，并由电动机驱动的螺旋桨最终转化为动能，其基本的空气动力学模型通常是一个连续的流模型。然而，随着增加的飞行高度，大气特性逐渐地变化。图 6.1 是根据美国标准大气 1976[141] 所述 91 km 高度以下的大气参数。由图可知，大气密度和压力随高度增加呈指数下降，而大气温度呈分段线性变化。由于大气密度随高度急剧下降，产生了关于通常使用的空气动力学是否适用的疑问。

克努森数 $Kn = \lambda/L$ 通常用来区分气体流态，其中 λ 是分子平均自由程，L 是特征长度。当满足 $Kn \leqslant 0.01$ 时，该气体状态能用 Navier-Stokes 方程描述，且连续流模型可以适用 [142]。本节太阳能飞行器的特征长度通常是机翼弦长，假定机翼弦长 1 m 用于估算。如图 6.2 所示，当高度低于有 85 km 时，Kn 始终小于 0.01。本节使用的气动分析工具是一个连续流动的模型，因此当最大飞行高度低于 85 km 时，本节的研究及其结论是可靠的。

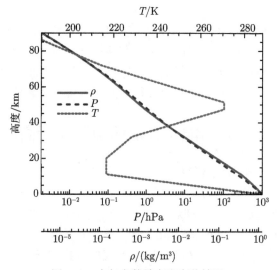

图 6.1　大气参数随高度变化情况

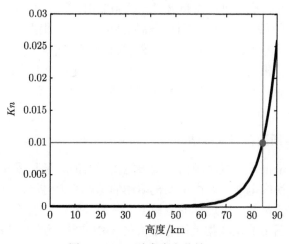

图 6.2　Kn 随高度变化情况

6.1.2　平飞速度所致飞行高度边界

　　基于定性分析，太阳能飞机的平飞速度随飞行高度增加而增大。本节将讨论太阳能飞行器的平飞速度与高度的规律。将升力和重力平衡关系式分离出平飞速

度如下

$$V^2 = \frac{W}{S} \cdot \frac{2}{\rho C_L} \tag{6.1}$$

当太阳能飞行器达到最大飞行高度时，式 (6.1) 所示翼载荷是第 3 章所述全天能量循环所致翼载荷边界和夜间能量循环所致翼载荷边界的交叉点，即 3.2.3 节所述全天翼载荷，该翼载荷应首先满足方程全天能量闭环方程，即式 (3.26) 的第一式如下：

$$\eta_{sc}\eta_{mppt}\eta_{mot}\eta_{prl} \cdot \bar{P}_{solar} \geqslant \frac{C_D}{C_L^{3/2}}\sqrt{\frac{W^3}{S^3}}\sqrt{\frac{2}{\rho}} \tag{6.2}$$

将式 (6.2) 代入式 (6.1) 得最大飞行高度处的速度表达式，如式 (6.3) 所示

$$V|_{\max H} = \left(\frac{2\bar{P}_{solar}\eta_{pave}\eta_{sc}\eta_{mppt}\eta_{mot}\eta_{prl}}{\rho C_D}\right)^{1/3} \tag{6.3}$$

式 (6.3) 中的所有参数当中，太阳电池转换效率 η_{sc} 是变化最大的参数，如单晶硅太阳电池转换效率约为 20%，而多节太阳电池的转换效率可达 40%，这几乎是当前技术水平的一倍以上，因此太阳电池转换效率是影响太阳能飞行器在最大飞行高度处飞行速度的最主要参数，假设其他参数如表 6.1 所示。

表 6.1   太阳能飞行器参数

参数	数值	单位
$\bar{P}_{solar}$	320	W/m^2
η_{pave}	0.9	—
η_{mppt}	0.9	—
η_{mot}	0.9	—
η_{prl}	0.8	—

众所周知，大气密度随飞行高度呈指数下降，由式 (6.3) 可知太阳能飞行器的平飞速度随飞行高度呈指数增加，到达一定高度时将有可能超过声速。然而，在现有以及相对长一段时间内，太阳能飞行器的推进系统是由电机和螺旋桨组成。此外，太阳能飞行器的强度和刚度都较弱以至于无法通过音障。因此，出现音障使太阳能飞行器无法飞行的飞行高度被认为太阳能飞行器飞行禁区。一般地，低于 90 km 高空的声速可以用 $a = 20.0468\sqrt{T}$ 来估算。考虑一太阳能飞行器翼型为 AG 27，展弦比 30，弦长 1 m。阻力系数 C_D 和飞机的螺旋桨的效率 η_{prl} 受飞行速度影响显著。对于本算例，选择螺旋桨 SR-3（由 Lewis 研究中心 [143] 测试）。同时，阻力系数由 CFD 软件 Fluent 计算得到。螺旋桨 SR-3 的风洞试验数据和阻力系数随马赫数 (Ma) 变化的数据绘制在图 6.3。从图中看出临界 Ma 为 0.7，当

Ma 增加时阻力会发散。这一现象表明，可行的飞行 Ma 低于 0.7。图 6.4 所示是考虑不同太阳电池转换效率情况下，平飞速度随飞行高度的变化。平飞速度曲线和 Ma 0.7 曲线的交点都集中在从 53~61 km 的高度。因此，该太阳能飞行器的最大飞行高度是 53~61 km，依不同的太阳电池转换效率不同。此外，当太阳电池效率为 20% 时，在 30 km 高度处平飞速度为 60 m/s，与之相比较的是 Helios HP01 在 30 km 高度处的实测平飞速度是 75 m/s。我们还可以从图中看出，当飞行高度较高时，出现极低 Re 情况，这会导致巨大的阻力，将进一步降低太阳能飞行器的最大飞行高度。当前改善该情况有两种途径：一是将飞行器设计得足够大，另外是研究适合低 Re 的翼型、机翼，以及气动布局。

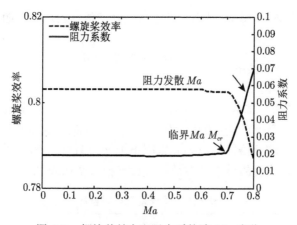

图 6.3　螺旋桨效率和阻力系数随 Ma 变化

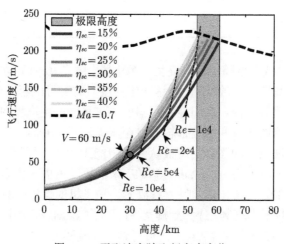

图 6.4　平飞速度随飞行高度变化

6.1.3 翼载荷所致飞行高度边界

由 3.2.4 节所述太阳能飞行器的实际最大飞行高度和最大飞行高度处翼载荷的定义为：当全天能量闭环翼载荷曲线与夜间能量闭环翼载荷下边界相交时，实际最大飞行高度应取为全天最大飞行高度，而当全天能量闭环翼载荷曲线与夜间能量闭环翼载荷上边界相交时，实际最大飞行高度应为夜间最大飞行高度，如式 (6.4) 和式 (6.5) 所示。

$$
\rho\big|_{\max H} = \begin{cases} 2g^3 \dfrac{(\psi_{bat}\psi_{pv} + \psi_{strct})^3}{\psi_{pv}^2 \psi_{ef}^2}, & \psi_{bat}\psi_{pv} < 2\psi_{strct} \\[2mm] \dfrac{27g^3 \psi_{bat}^2 \psi_{strct}}{2\psi_{ef}^2}, & \psi_{bat}\psi_{pv} \geqslant 2\psi_{strct} \end{cases}
\tag{6.4}
$$

$$
\frac{W}{S}\bigg|_{\max H} = \begin{cases} g\,(\psi_{bat}\psi_{pv} + \psi_{strct}), & \psi_{bat}\psi_{pv} < 2\psi_{strct} \\[1mm] 3g\psi_{strct}, & \psi_{bat}\psi_{pv} \geqslant 2\psi_{strct} \end{cases}
\tag{6.5}
$$

分析式 (6.4) 和式 (6.5) 可以看出上述不等式分别对应于三种情况：

(1) 当 $\psi_{bat}\psi_{pv} < 2\psi_{strct}$ 时，最大飞行高度处的翼载荷和广义结构系数的上限分别如式 (6.6) 和式 (6.7) 所示

$$
\frac{W}{S}\bigg|_{\max H} = g\,(\psi_{bat}\psi_{pv} + \psi_{strct}) > g\psi_{strct}
\tag{6.6}
$$

$$
\psi_{strct} < \frac{W}{S}\bigg|_{\max H}\bigg/ g
\tag{6.7}
$$

图 6.5 所示是 $\psi_{bat}\psi_{pv} < 2\psi_{strct}$ 时的最大飞行高度，结合式 (6.7) 表明，ψ_{strct} 存在一个上限，且该上限为 $\dfrac{W}{S}\bigg|_{\max H}\bigg/ g$。

(2) 当 $\psi_{bat}\psi_{pv} = 2\psi_{strct}$ 时，最大飞行高度处的翼载荷和广义结构系数的上限分别如式 (6.8) 和式 (6.9) 所示

$$
\frac{W}{S}\bigg|_{\max H} = 3g\psi_{strct}
\tag{6.8}
$$

$$
\psi_{strct} = \frac{W}{S}\bigg|_{\max H}\bigg/ 3g
\tag{6.9}
$$

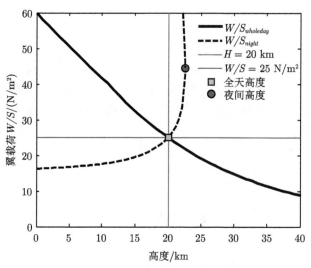

图 6.5　$\psi_{bat}\psi_{pv} < 2\psi_{strct}$ 时的最大飞行高度

图 6.6 所示是 $\psi_{bat}\psi_{pv} = 2\psi_{strct}$ 时的最大飞行高度,结合式 (6.9) 表明,ψ_{strct} 为恒等于一个关于翼载荷的量 $\dfrac{W}{S}\bigg|_{\max H}\bigg/3g$

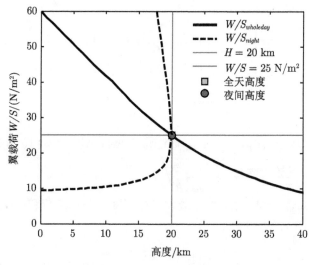

图 6.6　$\psi_{bat}\psi_{pv} = 2\psi_{strct}$ 是的最大飞行高度

(3) 当 $\psi_{bat}\psi_{pv} > 2\psi_{strct}$ 时,最大飞行高度处的翼载荷和广义结构系数的上限分别如式 (6.10) 和式 (6.11) 所示

$$\left. \frac{W}{S} \right|_{\max H} > 3g\psi_{strct} \tag{6.10}$$

$$\psi_{strct} < \left. \frac{W}{S} \right|_{\max H} \bigg/ 3g \tag{6.11}$$

图 6.7 所示是 $\psi_{bat}\psi_{pv} > 2\psi_{strct}$ 时的最大飞行高度，结合式 (6.11) 表明，ψ_{strct} 存在一个上限，且该上限为 $\left. \dfrac{W}{S} \right|_{\max H} \bigg/ g$。综合式 (6.7)，式 (6.9) 和式 (6.11)，可以看出 ψ_{strct} 存在一个最大上限为

$$\psi_{strct}|_{\max} = \left. \frac{W}{S} \right|_{\max H} \bigg/ g \tag{6.12}$$

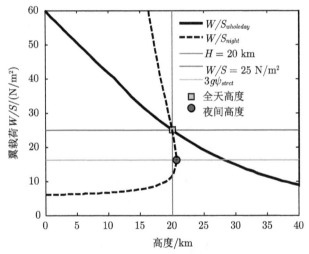

图 6.7　$\psi_{bat}\psi_{pv} > 2\psi_{strct}$ 时的最大飞行高度

将这个上限绘制在图 6.8 上，可以看出在 53~61 km 处 ψ_{strct} 的最大值都小于 2 kg/m² 2，如此小的结构密度要穿越声速显然是不可能的。

上述研究表明，太阳能飞行器的极限飞行高度约为 53~61 km，依不同太阳电池转换效率而不同；且该极限飞行高度是理论情况下的高度上限，事实上现有太阳能飞行器的最大飞行高度离上述高度还有一定距离。上述讨论意义在于明确了太阳能飞行器是存在确定飞行上限的。

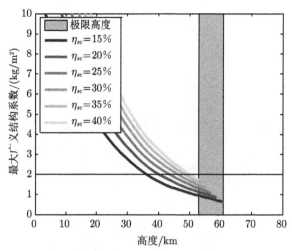

图 6.8　最大广义结构系数随飞行高度的关系

6.2　逐日飞行太阳能飞行器

6.2.1　地球逐日飞行

本节提出了一种新的太阳能飞行器技术路线,即逐日飞行太阳能飞行器 (Sun-seeking Eternal-flight Solar-powered Airplane, SESPA)。该太阳能飞行器的飞行航迹是在某纬圈上,平飞速度与地球的旋转速度相同,但速度的方向是相反的。由于该 SESPA 可以持续飞行在纬圈上,接受最大太阳高度角的太阳辐照,而无需携带储能电池,因此,极大降低了系统的复杂性和工程难度。SESPA 的预期飞行区域是在高纬度和极地地区。目前,只有少数飞行器服务于该地区,如极地轨道卫星,特别是太阳同步卫星。然而,与 SESPA 相比,极地轨道卫星具有更高飞行速度和高度。例如,对于一个轨道高度 300 km 的太阳同步轨道卫星,其飞行速度约为 7.7 km/s,至少是太阳能飞行器飞行速度的 10 倍。此外它的高度也至少是太阳能飞行器飞行高度的 5 倍以上。因此,SESPA 可以有更高的空间和时间分辨率。SESPA 的特殊性使其具有广泛的应用,如极地科学考察、高纬度和极地通信、极地冰川运动观察等。此外,SESPA 可以设计成工作在最大太阳高度角,这将提高该光学成像的效果 [144]。

6.2.1.1　地球逐日飞行的可行性

要使逐日飞行成为可能,该飞行器的飞行速度应等于地球在该纬度处的旋转速度,但具有相反的速度方向。式 (6.13) 表示地球的旋转速度与纬度的关系。由于地球自西向东自转，因此 SESPA 的飞行速度方向为从东到西。

$$v_E = \omega R \cos\varphi = \frac{2\pi}{T_E} R \cos\varphi \qquad (6.13)$$

式中，ω 是地球自转角速度，T_E 是地球自转的周期，R 是地球的半径，φ 是纬度。图 6.9 显示了地球旋转速度与纬度的关系。最大旋转速度出现在赤道约 450 m/s。自转速度从赤道向两极递减，在靠近两极时将低于 100 m/s。

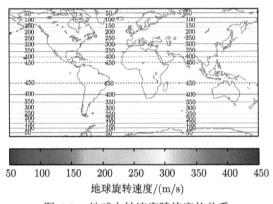

图 6.9　地球自转速度随纬度的关系

考虑现有太阳能飞行器的原型演示验证机，Helios 在 30 km 高度以 71 m/s 的速度飞行，该速度大于地球在 80° 以上纬度的自转速度。SESPA 可以设计成始终工作在最大太阳辐照点上，这大约是传统太阳能飞行器的 3 倍平均太阳辐照强度。此外，由于没有携带储能电池，因此在可预见范围内其飞行速度可以更高和纬度可以更低。上面的讨论可归结为，SESPA 是现实可能的。图 6.10 显示了 SESPA 飞跃高纬度地区的想象图。

图 6.10　SESPA 的构想图

　　由于高纬度和极区的太阳高度角 h 相当小，本节提出了一个特殊的 "Λ" 型飞行器如图 6.11 所示。该 Λ 型 SESPA 是双机身单翼飞行器。每个机身上安装一个螺旋桨和一个十字型尾翼。与传统的太阳能飞行器不同，该机翼设计成负的上反角 Γ 构型 (下反构型)，并实时可以调整上反角，以最大限度地提高当地太阳高度角。机翼表面安装太阳能电池。翼尖上安装两个携带有效载荷和航电系统的吊舱。另一个中心舱的目的是控制上反角 Γ 和攻角 α。如图 6.12 所示，设备①是中心舱；设备②和③是中央铰链；设备④是半翼。为了尽量减少从翼根流向翼尖的展向气流，中心舱的轴线始终与地面平行。半翼④可绕铰链②的柄端运动，从而形成攻角 α 的变化。半翼④和铰链②可围绕中心舱①轴线旋转，产生上反角的变化。应当指出，这两个半翼应该同步运动。此外，当飞行器的翼展较大时，可使用高强度绳索 (该长度可以控制) 约束两个机身。

图 6.11　Λ 型 SESPA 的概略图

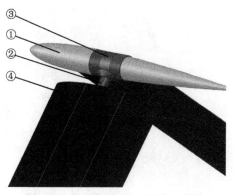

图 6.12　Λ 型 SESPA 的中心吊舱

6.2.1.2 实现地球逐日飞行的讨论

类似于传统航空飞行器的总体设计，SESPA 应首先实现推力和阻力之间的平衡，升力和重力之间的平衡，以及能量平衡。对于特定的纬度，SESPA 的平飞线速度应等于地球的旋转速度。SESPA 的平飞功率可表示为式 (6.14)。

$$P_{lev} = Dv = C_D \frac{\rho}{2} S v^3 \tag{6.14}$$

式 (6.14) 可以改写为式 (6.15)，由此可得单位机翼面积的平飞功率。

$$\frac{P_{lev}}{S} = C_D \frac{\rho}{2} v^3 \tag{6.15}$$

太阳高度角 h、飞行纬度 φ，太阳赤纬 δ 和上反角 Γ 之间的关系如图 6.13 所示。给定飞行纬度 φ (赤道为 $0°$ 两极分别为 $\pm90°$) 和太阳赤纬 $\delta \in (-23°27',$ $23°27')$ (夏至为 $23°27'$，冬至为 $-23°27'$，春分为 $0°$)。且给定上反角 $\Gamma \in (-90°, 0°)$，太阳高度角可以表示成如下

$$h = \frac{\pi}{2} - \Gamma - \varphi + \delta \tag{6.16}$$

此外，有如下关系式：$\sin h = \cos(\Gamma + \varphi - \delta), \cos h = \sin(\Gamma + \varphi - \delta)$。

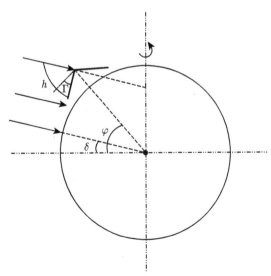

图 6.13 Λ 型的 SESPA 的太阳高度角

由主机翼收集到的太阳辐照度最终都将转化为动能，本节记为太阳能到动能的功率 P_{stk}。$\bar{P}_{stk} = P_{solar}\eta_{sc}\eta_{mppt}\eta_{mot}\eta_{prl}$ 表示为单位面积太阳能转成动能的功

率, 其中, η_{sc} 是太阳电池转换效率, η_{mppt} 是 MPPT 效率, η_{mot} 为电机效率, η_{prl} 是螺旋桨效率。太阳能到动能的功率可表示成式 (6.17)。

$$P_{stk} = \bar{P}_{stk} \cdot \frac{1}{2} S \sin h = \bar{P}_{stk} \cdot \frac{1}{2} S \cos\left(\Gamma + \varphi - \delta\right) \tag{6.17}$$

P_{stk} 对翼面积 S 的比值可以表示成如下:

$$\frac{P_{stk}}{S} = \bar{P}_{stk} \cdot \frac{1}{2} \cos\left(\Gamma + \varphi - \delta\right) \tag{6.18}$$

为满足约束方程的能量平衡, 单位机翼面积的平飞功率 P_{lev}/S 应小于 P_{stk} 对机翼面积 S 比如式 (6.19) 所示。

$$C_D \frac{\rho}{2} v^3 < \bar{P}_{stk} \cdot \frac{1}{2} \cos\left(\Gamma + \varphi - \delta\right) \tag{6.19}$$

分离出大气密度 ρ, 式 (6.19) 可以改写为如下:

$$\rho < \frac{\bar{P}_{stk} \cos\left(\Gamma + \varphi - \delta\right)}{C_D v^3} \tag{6.20}$$

由于大气密度和飞行高度具有一一对应关系, 式 (6.20) 表明, 对于给定的飞行纬度, 存在最大的大气密度 (即存在最小的飞行高度)。

此外, 升力和重力平衡关系式可推导出相应的翼载荷如下

$$\frac{W}{S} = C_L \frac{\rho}{2} v^2 \cos\Gamma \tag{6.21}$$

将式 (6.20) 代入式 (6.21), 可以得出在该纬度处的最大翼载荷如下

$$\frac{W}{S} < \frac{1}{2v} \cdot \frac{C_L}{C_D} \cdot \bar{P}_{stk} \cos\left(\Gamma + \varphi - \delta\right) \cos\Gamma \tag{6.22}$$

式 (6.13)、式 (6.20) 和式 (6.22) 统称为 SESPA 的特征方程。

$$\begin{cases} v = \dfrac{2\pi}{T} R \cos\varphi \\[2mm] \rho < \dfrac{\bar{P}_{stk} \cos\left(\Gamma + \varphi - \delta\right)}{C_D} \cdot \left(\dfrac{T_E}{2\pi R \cos\varphi}\right)^3 \\[2mm] \dfrac{W}{S} < \dfrac{1}{2} \cdot \dfrac{C_L}{C_D} \cdot \bar{P}_{stk} \cos\left(\Gamma + \varphi - \delta\right) \cos\Gamma \cdot \left(\dfrac{T_E}{2\pi R \cos\varphi}\right) \end{cases} \tag{6.23}$$

式 (6.23) 表明，对任意给定的飞行纬度、空气动力性能、太阳辐射强度和能量转换装置的效率，即可计算出最大大气密度、最小飞行高度和相应的最大翼载荷。

较大的翼载对 SESPA 是有利的，也就是说 SESPA 可以携带更多的有效载荷，并且可以把结构强度设计得更高。考虑式 (6.23)，翼载荷 W/S 的表达式写为

$$\frac{W}{S} < \frac{1}{4} \cdot \frac{C_L}{C_D} \cdot \bar{P}_{stk} \left[\cos\left(2\Gamma + \varphi - \delta\right) + \cos\left(\varphi - \delta\right)\right] \cdot \left(\frac{T_E}{2\pi R \cos\varphi}\right) \qquad (6.24)$$

当 $2\Gamma + \varphi - \delta = 0$ 时，也就是 $\Gamma = (\delta - \varphi)/2$ 时，可以取得最大翼载荷如下

$$\left.\frac{W}{S}\right|_{\max} < \frac{1}{4} \cdot \frac{C_L}{C_D} \cdot \bar{P}_{stk} \left[1 + \cos\left(\varphi - \delta\right)\right] \cdot \left(\frac{T_E}{2\pi R \cos\varphi}\right) \qquad (6.25)$$

6.2.1.3　地球逐日飞行算例

本算例给定一个 Λ 型的 SESPA，且该飞行器具有 5m 弦长和 20 展弦比。机翼的翼型选为 AG 27 翼型。本算例的主要目的是试图找出可实现逐日飞行的纬度和高度。如式 (6.23) 所示，为计算作用在飞行器上的力时，应首先研究飞行器的升力系数和阻力系数。本文使用 AVL 程序 (Athena Vortex Lattice, developed by H. Youngren and M. Drela, MIT)，该 AVL 程序适用于计算任意形状飞行器的气动力。由 AVL 重构的几何模型如图 6.14 所示。由于失速攻角约为 $9° \sim 10°$，因此本节选择攻角 α 为 $6°$，此时总升力系数 C_L 为 0.907。由于 AVL 不能计算摩擦阻力，因此不能用于估算总阻力系数。SESPA 的总阻力系数 C_D 估计采用如下表达式 [54]：

$$C_D = C_{D,\text{parasitic}} + C_{D,\text{profile}} + C_{D,\text{induced}} \qquad (6.26)$$

其中，$C_{D,\text{parasitic}}$ 是由机身、吊舱、等其他部位产生的寄生阻力系数 (本节假定为常数 0.005)；$C_{D,\text{profile}}$ 翼型阻力系数，$C_{D,\text{induced}}$ 是诱导阻力系数。翼型阻力系数是 Re 和翼型剖面形状的函数，Re 表达式如 (6.27) 所示。

$$Re = \frac{\rho V L}{\mu} \qquad (6.27)$$

其中，μ 为动力黏性系数，L 是弦长。本节使用 Xfoil (developed by M. Drela, MIT[109]) 计算 AG 27 翼型的阻力系数。在不同 Re 下翼型的极曲线如图 6.15 所示。翼型阻力系数 $C_{D,\text{profile}}$ 可以从极曲线大漏斗 $6°$ 攻角处取得。结果表明，当 Re 是 50000~150000 时翼型阻力系数是可用的。给出的翼型剖面形状，该翼型阻力系数是 Re 的函数，用最小二乘回归法拟合该函数，结果如下

$$C_{D,\text{profile}} = \frac{6.24}{\sqrt{Re}} - \frac{143.34}{Re} \qquad (6.28)$$

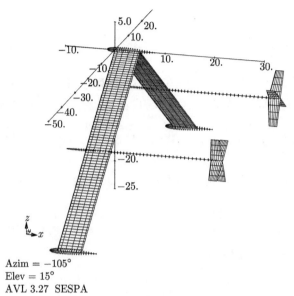

Azim = −105°
Elev = 15°
AVL 3.27 SESPA

图 6.14　由 AVL 重构的几何构型

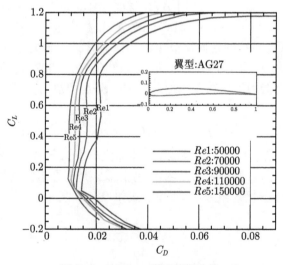

图 6.15　AG 27 翼型的极曲线

诱导阻力系数 $C_{D,\text{induced}}$ 是展弦比 AR 和 Oswald 因子 e 的函数，其表达如下

$$C_{D,\text{induced}} = \frac{C_L^2}{e\pi AR} \qquad (6.29)$$

其中，Oswald 因子 e 是升力线非椭圆分布的折衷系数。对大展弦比无后掠矩形机

翼，Oswald 因子通常选为 0.8。因此，给定的机翼的升力系数和展弦比，SESPA 的诱导阻力系数 $C_{D,\text{induced}}$ 为 0.016。最后，综合式 (6.28)、式 (6.29) 和式 (6.26) 可以得出总阻力系数。结合式 (6.23) 和式 (6.26) 可以得出 Λ 型 SESPA 的飞行性能。

为进行数值仿真，需要事先假定一些技术参数。根据美国 NREL 实验室[124] 的报告，当前太阳电池的最高转换效率为 44%，该太阳电池为多节电池，本算例假定使用该太阳电池。在当前技术条件下，能量转换装置的效率往往比较高[54]。本节假定 MPPT 效率、电机效率和螺旋桨效率分别为 0.9、0.9 和 0.8。太阳赤纬 δ 假定为 0°，即在春秋分时间。该 SESPA 的上反角 Γ 被假定为 $-30°$。该 SESPA 的所有技术参数见表 6.2 中。将上述技术参数代入式 (6.23) 可以得出 SESPA 的飞行性能。图 6.16 和图 6.17 给出了仿真结果。由于受翼型 AG 27 有利 Re (50000~150000) 的限制，Λ 型 SESPA 的可行飞行纬度是 65°~76°。相应的飞行高度为 41~53 km，飞行速度为 110~190 m/s。由飞行速度除以当地声速 (当飞行高度小于 90 km 时，声速近似计算方法为 $a = 20.0468\sqrt{T}$) 可以得出飞行 Ma，结果表明 SESPA 的飞行 Ma 为 0.35~0.57。可行翼载荷为 11~17 N/m²。

表 6.2　SESPA 的技术参数定义

参数	数值	单位	参数	数值	单位
P_{solar}	1200	W/m²	η_{prl}	0.8	—
η_{sc}	44%	—	δ	0	(°)
η_{mppt}	0.9	—	Γ	-30	(°)
η_{mot}	0.9	—			

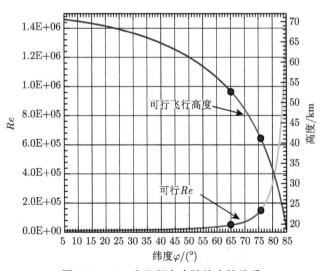

图 6.16　Re 和飞行高度随纬度的关系

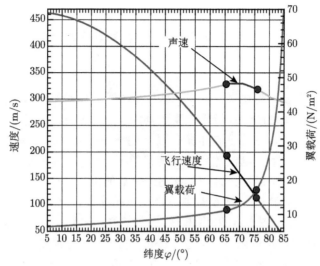

图 6.17　翼载荷和飞行高度随纬度的关系

6.2.2　金星逐日飞行

金星是距离太阳的第二颗行星。金星的半径为 6052 km，稍小于地球的半径 (6371 km)。金星上的重力加速度为 8.87 m/s^2，与地球重力加速度 9.8 m/s^2 相近。金星上同样有一个很厚的大气层如图 6.18 所示。然而金星上的大气将近 96.4% 为 CO_2，并且出现了失控的温室效应[23]。金星表面的温度是 500℃，100 km 外层大气的温度递减到 −100℃[23,145]。金星表面大气包含少量的 O_2 和大量的 H_2SO_4，单体 S 和致污物。金星大气的这种特殊环境吸引了科学家们的广泛兴趣[23]。通过对类地行星如金星、火星等的科学探索，可以揭示太阳系的演变、生命的起源，以及向外星球移民的可行性。迄今人类已经向金星发送了数颗探测飞行器，如苏联的 "Venera" "Vega"，以及美国的 "Pioneer Venus" "Magellan Missions"[93]。上述这些探测器中，一些是利用金星的重力进行自由下滑，在下滑至地表的过程中收集金星大气层信息；还有一些是做成气球，在大气层内随纬度分飘动。上述这些技术手段的局限是只具有一个相对有限的覆盖面积，且难以实现垂直方向的控制。其中一些探测器是轨道飞行器，然而这类飞行器的缺点是距离表面轨道高度高，导致具有较低的分辨率。还有一些探测器如 Venera 等着陆器，这类探测器用于金星探索需要克服极高的地表温度和气压，以及只能进行较短时间的探测。近年来，研究人员对金星探测进行了大量了研究。Gilmorea 等研究了使用气球及飞行器进行金星探测[146]，Klaasena 等研究了使用气球探测金星火星和大气层[147]，Landis, Colozza 和 LaMarre 建议使用太阳能飞行器用于金星探测[23,26,92-97,145,148]。Landis 等还基于 Pioneer Venus 进入飞行器的尺寸约束，着手研究金星探测太阳能飞行器的初步设计, 这些研究开启了金星探测的一条全新的道路。

本节重点研究使用太阳能飞行器用于金星大气探测。金星是太阳系中自转速度最慢的行星。金星上的一天相当于地球上的 243 天, 而金星上一年相当于地球上 224 天。这表明金星上一年只有一个白天和一个夜晚。金星表面的自转速度之慢, 在赤道上的线速度只有 3.7 m/s (13.4 km/h)[23], 该速度比地球上大多数太阳能飞行器原型机 (如 Helios[32], Zephyr[137], 和 Sky-Sailor[25]) 的飞行速度还慢。因而, 是否存在太阳能飞行器能飞行在金星大气层内某纬圈上空, 且能始终追得上当地太阳运动? 因此本节提出了 SESPA[149]。SESPA 要求飞行器的平飞速度, 应至少不小于指定纬度和高度的自转线速度与纬度风的速度之和。相比其他行星如火星、土卫六和地球等, 金星的自转速度最慢因而是最容易实现逐日飞行的行星。相比通常的太阳能飞行器, SESPA 可以持续的飞行在当地正午太阳辐照条件, 因而可以使太阳电池始终工作在最大利用状态。由于 SESPA 并不会经历夜晚, 因而 SESPA 上也无需携带储能电池。由于 SESPA 会接收足够的太阳辐照, 省去的电池降低了飞行器整体重量并减小了系统的复杂程度, 因而具有更高的可靠性和经济性 [149]。

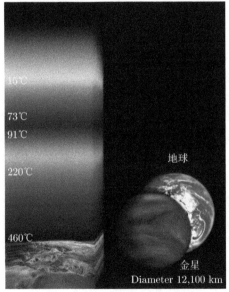

图 6.18 金星表面的大气剖面 [150]

6.2.2.1 金星表面的大气剖面

金星大气层的大气密度和压力随高度增加呈指数下降, 如图 6.19 所示。金星表面的大气密度为 64.79 kg/m³, 然而到了 100 km 的外层大气, 大气密度急剧下

降到 7.89×10^{-5} kg/m^3。金星大气在 52.4 km 高度时，其大气密度为 1.225 kg/m^3，与地球表面大气密度相同。因此飞行器飞行在上述高度，与飞行在地球表面是类似的。金星表面的大气压为 92.1 bar，然而在 100 km 的外层大气，其大气压力快速下降到 2.7×10^{-5} bar。金星大气在 54.1 km 高度的大气压力约为 1.01325 bar，这与地球表面的大气压力相同。金星大气层的温度随高度呈分段线形变化关系。在金星表面，大气温度为 735.3 K，到了 100 km 的外层大气，其大气温度迅速下降到 175.4 K。在金星大气层 56.3 km 高度，其大气温度为 288 K，约相当于地球表面的大气温度[97,145]。众所周知，较高的温度不利于太阳电池的转换效率，而太低的大气温度对电子器件会造成灾难性影响。因此当大气温度较为极端时，需要增加环境控制器，这显然不利于太阳能飞行器减重。因此，从金星大气温度考虑，SESPA 的可行飞行高度是从 55~75 km 的高度。

根据之前对金星的科学探测，在金星表面 100 km 以下的大气层内，存在稳定的自东向西的纬度风 (和金星自转方向相同)。在金星表面纬度风的速度为 0.5 m/s，然而到了 65 km 高度的金星大气层内，纬度风速度增加至 95 m/s，如图 6.20 所示。金星大气层内的纬度风如此之强，以至于每四天 (地球天) 就能环绕金星表面一圈[23]。考虑到前述受大气温度限制的飞行高度从 55~75 km，纬度风在该高度处的速度范围为从 65~95 m/s，这显然都远高于金星自转线速度，甚至在金星赤道上的自转线速度 3.7 m/s[97]。因此，如何克服金星大气层的纬度风，是实现逐日飞行的关键。

由于金星相比地球更靠近太阳，金星外层大气的太阳辐照强度约为 2600 W/m^2，显然远高于地球外层大气的太阳辐照强度 1360 W/m^2。然而由于受到金星稠密大气层的影响，金星大气层内的太阳辐照衰减得很厉害。考虑中等波长 0.72 μm 的光谱，在金星表面该光谱的强度只有约 10% 外层大气的强度，而到了 50 km 的大气层，该光谱的强度增加到 35% 外层大气的强度。从 50~65 km，太阳辐照线性增加至同于外层大气的太阳辐照 2600 W/m^2[97]。在 52.3 km 高度的金星大气层，其太阳辐照强度为 1360 W/m^2，约相当于地球外层大气的太阳辐照强度。因此相比地球大气而言，金星大气层内的太阳辐照还是比较强的。图 6.20 展示了金星大气层内纬度风速度随高度的变化，以及太阳辐照强度随高度的变化。

6.2.2.2　金星上实现逐日飞行的可行性

金星探测 SESPA，其飞行轨迹为某一纬圈，飞行速度大小为纬度风和金星自转速度的合速度的大小，方向为上述合速度的反方向 (金星自转速度和纬度风速度方向均为自东向西，因而 SESPA 飞行速度方向为自西向东)，考虑到在不同纬圈上金星自转线速度并不相同，从赤道 (3.7 m/s) 向两极 (0 m/s) 递减，现有设计从保守设计出发，指定太阳能飞行器飞行轨迹为赤道圈，理论上能在赤道上实现逐日飞行亦可以在其余纬度圈实现逐日飞行。

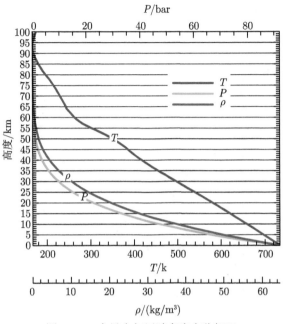

图 6.19　金星大气层随高度变化概况

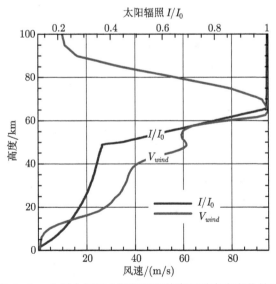

图 6.20　金星大气层太阳辐照和纬度风随高度变化情况

本节假设某金星探测太阳飞行器具有 3m 翼展，弦长为 0.4 m (与 Landis 所提出的 [23] 小型金星探测太阳能飞行器的尺寸相同)，如图 6.21 所示。该太阳能飞行器是上单翼飞行器，具有一个纤细的机身，一组电机和螺旋桨安装在机身前沿，机身尾部安装一个 T 型尾翼。机翼由三段小机翼组成，外侧的两段机翼可以折叠，以此适应行星探测器再入舱的尺寸限制。太阳电池铺装在机翼和 T 型尾翼的上表面。由于机翼占了该太阳能飞行器大部分的结构和重量比例，因此分析和设计该机翼成了主要工作。

图 6.21　SESPA 飞行在金星表面的想象图

SESPA 本质上与太阳能飞行器并无太大区别，在概念设计过程中通常不考虑起飞降落过程以及飞行高度的跃迁，亦不考虑加速和减速过程，而只考虑定高度平飞状况，是典型的单点设计过程，因此其总体设计需要考虑升力和阻力的平衡、推力和重力的平衡，以及能量的平衡。

SESPA 的平飞速度为行星自转速度和纬度风的合速度，其平飞功率为

$$P_{lev} = Dv = C_D \frac{\rho}{2} v^3 S \tag{6.30}$$

将式 (6.30) 等式两端除参考面积 S 可得飞行器平飞功率载荷

$$\frac{P_{lev}}{S} = C_D \frac{\rho}{2} v^3 \tag{6.31}$$

太阳辐照依次经过太阳电池、MPPT、电机和螺旋桨最终转换成动能，推动太阳能飞行器飞行，因此 SESPA 的可用功率为

$$P_{prvd} = P_{solar} \eta_{sc} \eta_{mppt} \eta_{mot} \eta_{prl} S \tag{6.32}$$

式中，P_{solar} 是在指定飞行高度下正午太阳辐照强度，η_{sc} 是太阳电池转换效率，η_{mppt} 是 MPPT 转换效率，η_{mot} 是电机效率，η_{prl} 是螺旋桨效率。

将式 (6.32) 等式两端除参考面积 S 可得太阳电池能提供的功率载荷

$$\frac{P_{prvd}}{S} = P_{solar}\eta_{sc}\eta_{mppt}\eta_{mot}\eta_{prl} \tag{6.33}$$

由能量平衡关系表明，太阳电池所能提供的能量应大于太阳能飞行器平飞能量需求即 $P_{prvd}t > P_{lev}t$，等价于太阳电池所能提供的功率载荷 $\dfrac{P_{prvd}}{S}$ 大于平飞功率载荷 $\dfrac{P_{lev}}{S}$

$$P_{solar}\eta_{sc}\eta_{mppt}\eta_{mot}\eta_{prl} > C_D \frac{\rho}{2} v^3 \tag{6.34}$$

式 (6.34) 中飞行器平飞速度 v 是金星的旋转速度和纬度风的合速度。由于式 (6.34) 中纬度风速度，大气密度 ρ 和太阳辐照强度 P_{solar} 都是高度的函数，而 MPPT 效率、电机效率和螺旋桨效率均可视为常数，因此阻力系数 C_D 可以表示为飞行高度的函数，式 (6.34) 可以重写成

$$C_D < \frac{2P_{solar}\eta_{sc}\eta_{mppt}\eta_{mot}\eta_{prl}}{\rho v^3} = C_{D,\max}(H) \tag{6.35}$$

式 (6.35) 太阳电池转换效率 η_{sc} 参见 NREL 所统计的现有太阳电池水平，如图 6.22 所示 [124]，其中最高转换效率是多节太阳电池，转换效率可达约 44%。本章按超前思路设计，假定设计参数均可以达到现有实验室较高水平或确定能在不久的将来能达到的水平，这里假设太阳电池转换效率 η_{sc} 为 40%，MPPT 转换效率为 0.95，电机转换效率 0.9，螺旋桨转换效率 0.85；至此由式 (6.35) 表明，对给定飞行高度，太阳能飞行器有确定的最大阻力系数。

由式 (6.35) 可以看出，给定飞行高度，该太阳能飞行器具有最大的阻力系数 $C_{D,\max}$。要实现逐日飞行，该太阳能飞行器需要将阻力系数设计得小于该最大阻力系数。图 6.23 所示是最大阻力系数随飞行高度的关系。从图中可以看出，随飞行高度降低，该最大阻力系数逐渐减小，当到达约 69 km 时，该最大阻力系数将小于 0.02，该阻力系数比现有大多滑翔机还小。设计一太阳能飞行器使其阻力系数小于 0.02 是不现实的。同时考虑进极低温的限制，该太阳能飞行器的有利飞行高度是从 69~75 km。以上分析表明，只要经过合理的设计，太阳能飞行器是可以在金星表面实现追日持久飞行的。

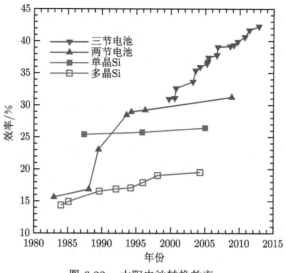

图 6.22　太阳电池转换效率

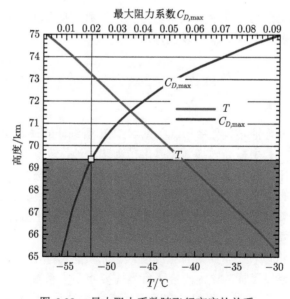

图 6.23　最大阻力系数随飞行高度的关系

6.2.2.3　金星上逐日飞行的可行飞行条件

本节将探讨 SESPA 用于金星大气探测的适宜飞行条件。首先将估计该太阳能飞行器的阻力系数。由于该太阳能飞行器是低 Ma 飞行器，因此其阻力系数可

以由式 (6.36) 进行估算。

$$C_D = C_{D,\text{profile}} + C_{D,\text{induced}} + C_{D,\text{parasitic}} \tag{6.36}$$

其中，$C_{D,\text{profile}}$ 是翼型阻力系数；$C_{D,\text{parasitic}}$ 是寄生阻力系数 (由机身吊舱等附加部件产生)，对本节所讨论的太阳能飞行器如图 6.21，其寄生阻力系数假设为 0.005；$C_{D,\text{induced}}$ 是诱导阻力系数，该系数是展弦比 AR 和 Oswald 系数的函数，如式 (6.37) 所示 [13,48,54]

$$C_{D,\text{induced}} = \frac{C_L^2}{e\pi AR} \tag{6.37}$$

Oswald 系数 e 是升力非椭圆分布的折中系数，对于无锥度和无后掠的机翼，可假设该系数为 0.8。

根据翼型理论，翼型的阻力系数 $C_{D,\text{profile}}$ 与翼型几何外形、飞行攻角以及飞行雷诺数相关。Drela, Mark[109] 开发的 Xfoil 估算软件可以用于估算翼型的气动力系数，本节采用该软件进行估算。首先估算金星追日的 Re 范围，Re 计算公式如式 (6.38)

$$Re = \frac{\rho v L}{\mu} = \frac{vL}{\nu} \tag{6.38}$$

式中，L 为平均气动弦长，对行星探测而言，受限于发射舱的影响，机翼弦长一般较小，如 Geoffrey A. Landis 所设计的金星探测太阳能飞行器弦长为 0.37 或 0.4 m，本节按 0.4 m 来估算 Re。式中，μ 为动力黏性系数，该系数与气体性质、气体温度相关，在通常太阳能飞行器设计中不考虑大气温度的影响，由于金星上不同飞行高度大气温度相差较大，不得不考虑稳定对该数值的影响，本节采用如下公式计算动力黏性系数

$$\frac{\mu}{\mu_0} \approx \left(\frac{T}{T_0}\right)^{1.5} \left(\frac{T_0 + T_s}{T + T_s}\right) \tag{6.39}$$

其中，μ_0 为一个大气压下 0 ℃时的气体的动力黏性系数，$T_0 = 273.16K$，T_s 为萨瑟兰常数 (Sutherland)，与气体性质有关如表 6.3 所示。

表 6.3 不同气体类型的 Sutherland

气体类型	$\mu_0 \times 10^6/(\text{N·s/m}^2)$	Sutherland 常数 T_s
地球大气	17.161	124
氮气 (N₂)	16.602	104
氨气 (Ammonia)	9.306	503
氧气 (O₂)	19.200	125
氢气 (H₂)	8.404	71
二氧化碳 (CO₂)	13.807	254

表 6.4 所示是金星上大气组分，考虑到金星上大气组分中 96.5% 是 CO_2，因此可以使用 CO_2 估算动力黏性系数。式 (6.39) 所示动力黏性系数是温度的函数，因此也是飞行高度的函数。金星表面 CO_2 的动力黏性系数随飞行高度的关系如图 6.24 所示。

表 6.4　金星大气的主要组成部分 [145]

气体类型	体积分数
二氧化碳 (CO_2)	96.4
氮气 (N_2)	3.41
二氧化硫 (SO_2)	185×10^{-4}
一氧化碳 (CO)	19.9×10^{-4}
水 (H_2O)	0.135
氖气 (Ne)	4.31×10^{-4}
氩气 (Ar)	67.2×10^{-4}
氧气 (O_2)	16.0×10^{-4}

将式 (6.39) 代入式 (6.38)，Re 可以最终表示为飞行高度的函数。图 6.24 显示了 Re 随飞行高度的关系。对前述 69~75 km 的有利飞行高度而言，其 Re 约为 $1 \times 10^5 \sim 3 \times 10^5$。在气体动力学领域，$Re$ 小于 1×10^6 被视为低 Re 范畴。通常，低 Re 将带来较高的摩擦阻力，此外在低 Re 情况下容易诱发流动转捩 (流动由层流转变成湍流) 和流动分离 (有些会产生分离气泡)[106]。低 Re 翼型更适宜该飞行环境，如 SD7032、E214、E387、FX63-100 和 FX63-137 等 [107]。本节将选择 AG 27 翼型，该翼型是由 Mark Drela 提出的，他使用 Xfoil 程序在低 Re 环境下进行优化，因此是十分适宜低 Re 环境的翼型。图 6.25 所示是 AG 27 翼型在 $Re1 \times 10^5 \sim 4 \times 10^5$ 情况下的极曲线。图中表明，随 Re 降低，AG 27 翼型的极曲线向右移动 (即翼型的阻力系数将变大)。极曲线上圆点是某一 Re 下的最大升阻比系数点，从中可以看出当取得最大升阻比时，其升力系数约为 0.7，阻力系数约从 0.008~0.015。我们假设该太阳能飞行器飞行在最大升阻比条件下，因此对应的翼型阻力系数可以由上述不同 Re 下的翼型阻力系数插值可得。

将所得的寄生阻力系数和翼型阻力系数代入式 (6.36) 可以得到太阳能飞行器的总阻力系数，根据式 (6.35)，该阻力系数的应小于最大阻力系数。结合式 (6.35) 和式 (6.36) 可以得到诱导阻力系数的边界如下

$$C_{D,\text{induced}} < \frac{2P_{solar}\eta_{sc}\eta_{mppt}\eta_{mot}\eta_{prl}}{\rho v^3} - C_{D,\text{profile}} - C_{D,\text{parasitic}} \qquad (6.40)$$

将诱导阻力系数的表达式 (6.37) 代入式 (6.40) 可以得到升力系数的边界如

式 (6.41) 所示

$$C_L^2 < e\pi AR \left(\frac{2P_{solar}\eta_{sc}\eta_{mppt}\eta_{mot}\eta_{prl}}{\rho v^3} - C_{D,\text{profile}} - C_{D,\text{parasitic}} \right) = C_{L,\text{max}}^2 (H)$$

$$(6.41)$$

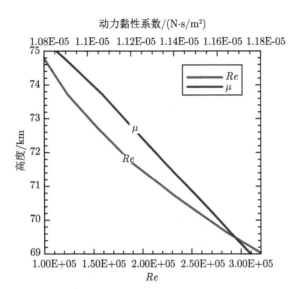

图 6.24 金星表面大气动力黏性系数和 Re 随飞行高度的关系

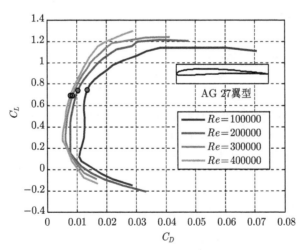

图 6.25 不同 Re 下 AG 27 翼型的极曲线

给定 SESPA 的一组参数 (如弦长、展弦比等), 式 (6.41) 的右端项只是高度的函数，这表明对给定飞行高度，存在一个最大的升力系数 $C_{L,\max}$。SESPA 需要设计一个升力系数使之小于最大升力系数。对如图 6.21 所示的 SESPA，本节采用 Athena Vortex Lattic (AVL，由 MIT 的 Youngren 和 M. Drela 开发) 估算其升力系数。AVL 是一款通用的气动力计算软件，可以计算复杂外形飞行器的气动力系数 [151]。计算结果表明，该太阳能飞行器的升力系数约为 0.618。图 6.26 所示是由 AVL 计算的该太阳能飞行器的升力分布。显然式 (6.41) 所示的最大升力系数应大于 0.618。图 6.27 所示是最大升力系数随飞行高度的关系。从图中可以看出，随飞行高度的降低，最大升力系数逐渐减小。然而当飞行高度降低至约 71.5 km 时，最大升力系数小于 0.618，这表明该太阳能飞行器在低于 71.5 km 高度时无法提供 0.618 的升力系数。因此我们可以得出结论，该 SESPA 的适宜飞行高度是从 71.5~75 km。

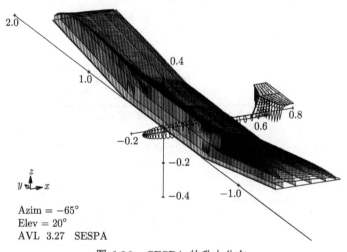

图 6.26　SESPA 的升力分布

升力和重力平衡关系式可以得到 SESPA 的翼载荷，如式 (6.42) 所示。由于升力系数是 0.618，飞行速度是金星自转速度和纬度风的合速度，因此该太阳能飞行器的翼载荷同样是飞行高度的函数。

$$\frac{W}{S} = C_L \frac{\rho}{2} v^2 = \frac{W}{S}(H) \tag{6.42}$$

该太阳能飞行器的翼载荷随飞行高度的关系如图 6.27 所示。从图中可以看出，随飞行高度的增加，该太阳能飞行器的翼载荷逐渐降低。翼载荷的区间为 70~160 N/m²，该数值比 Zephyr 7 太阳能飞行器的翼载荷 20 N/m² [137] 和 Helios 太阳能飞行器的翼载荷 39 N/m² [32] 均要大。显然，大翼载荷有利于太阳能飞行器，因为飞行器的结构可以设计得更高强度，并且可以携带更多有效载荷。考虑到金星的重力加速度为 $8.87\ \mathrm{m/s^2}$，随飞行高度的不同，该太阳能飞行器的总重量范围约为 $7.89\sim18.04\ \mathrm{kg}$。

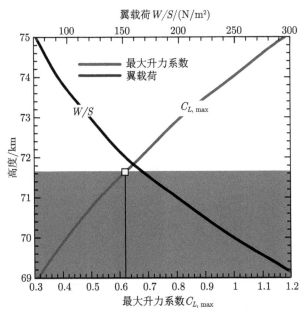

图 6.27　最大升力系数和翼载荷随飞行高度的关系

6.3　绕地滑翔飞行太阳能飞行器

本节提出了一种新的太阳能飞行器，它的特点是无需携带储能电池就能实现长时间的飞行，即绕地滑翔太阳能飞行器 (Gravity-gliding Eternal-flight of Solar-powered Airplane, GESPA)。基本的思路是利用重力势能取代储能电池，使太阳能飞行器平稳的度过夜晚。GESPA 可以设计飞行在某纬圈上空，因此看起来像一个大气层卫星 (Atmospheric Satellite)。

重力是一种保守力，因此可以利用重力势能存储太阳能飞行器白天剩余的电能。当太阳能飞行白天利用太阳电池转换的电能爬升至较高的飞行高度时，太阳能即被存储至重力势能中。当夜间太阳能滑翔至较低的飞行高度时，重力势能转换成飞行器的动能。当太阳能飞行器从最高飞行高度处滑翔至最低飞行高度处，持续的时间等于或超过夜间时长，则太阳能飞行器即可以实现长时间的飞行，而无需携带储能电池。这种太阳能飞行器即被称为 GESPA。为了获得最大的当地白昼时间，当白天太阳能过剩时，GESPA 的飞行方向为自东向西，即与地球自转的方向相反，此时可以有更多的时间来爬升高度并储存能量。为了使当地夜晚时间最短，当太阳能不足或没有太阳辐照时，GESPA 的飞行方向为自西向东，即与地球自转方向相同，此时太阳能飞行器的重力势能转换成飞行器的动能，并以最短的时间度过夜晚。

6.3.1　绕地滑翔飞行运动学方程

GESPA 的飞行航迹是地球的纬圈。为描述这种大范围的运动，本节使用地心惯性坐标系。假设太阳能飞行器是点质量模型，则飞行在一个平面内的绕地滑翔太阳能飞行器的运动学方程为 [152]

$$\begin{cases} \dfrac{W}{g}\dfrac{\mathrm{d}v}{\mathrm{d}t} = T_{prop} - D - W\sin\theta \\[2mm] \dfrac{W}{g}v\dfrac{\mathrm{d}\theta}{\mathrm{d}t} = Y - W\cos\theta \\[2mm] \dfrac{\mathrm{d}L}{\mathrm{d}t} = \dfrac{\mathrm{d}x}{\mathrm{d}t} = v\cos\theta \\[2mm] \dfrac{\mathrm{d}H}{\mathrm{d}t} = \dfrac{\mathrm{d}y}{\mathrm{d}t} = v\sin\theta \end{cases} \tag{6.43}$$

其中，W 是飞行器的重量；θ 是飞行航迹倾角；L 是飞行距离；H 是飞行高度；v 是地球自转速度和飞行器空速的合速度，该合速度的定义如下：

$$\begin{cases} v = v_{\mathrm{Earth}} - v_{\mathrm{air}}, & \mathrm{d}H > 0 \text{ (爬升)} \\[2mm] v = v_{\mathrm{Earth}} + v_{\mathrm{air}}, & \mathrm{d}H < 0 \text{ (滑翔)} \end{cases} \tag{6.44}$$

式 (6.44) 中 v_{air} 是飞行空速，v_{Earth} 是地球自转速度，其表达式如下：

$$v_{\mathrm{Earth}} = \frac{2\pi}{T_{\mathrm{Earth}}} R_{\mathrm{Earth}}\cos\varphi \tag{6.45}$$

式 (6.45) 中 T_{Earth} 是地球一天时长，约为 24 h；R_{Earth} 是平均地球半径，约为 6371 km；φ 是指定飞行纬度。

式 (6.43) 中 T_{prop}、D、Y 分别是螺旋桨拉力、飞行器阻力和升力，上述三个力的表达式如下：

$$\begin{cases} T_{prop} = \dfrac{P_{solar}S\eta_{sc}\eta_{mppt}\eta_{mot}\eta_{prl}}{v_{\mathrm{air}}} \\[3mm] D = \dfrac{1}{2}\rho v_{\mathrm{air}}^2 SC_D \\[3mm] Y = \dfrac{1}{2}\rho v_{\mathrm{air}}^2 SC_L \end{cases} \tag{6.46}$$

其中，P_{solar} 是太阳辐照强度，S 是机翼面积，C_L 是飞行器升力系数，C_D 是飞行器阻力系数，η_{sc}、η_{mppt}、η_{mot} 和 η_{prl} 分别是太阳电池转换效率、MPPT 效率、电机效率和螺旋桨效率。将式 (6.46) 代入式 (6.43)，且定义 W/S 为翼载荷，q 为动压 $\frac{1}{2}\rho v_{air}^2$，则式 (6.43) 的前两式可以表达为

$$
\begin{cases}
\dfrac{\mathrm{d}v}{\mathrm{d}t} = g\left(\dfrac{P_{solar}\eta_{sc}\eta_{mppt}\eta_{mot}\eta_{prl}}{v \cdot W/S} - \dfrac{qC_D}{W/S} - \sin\theta\right) \\
\dfrac{\mathrm{d}\theta}{\mathrm{d}t} = \dfrac{g}{v}\left(\dfrac{qC_L}{W/S} - \cos\theta\right)
\end{cases}
\tag{6.47}
$$

用 Runge-Kutta 方法求解式 (6.47) 和式 (6.43)，可以得到飞行速度 v、飞行航迹倾角 θ、飞行距离 L 和飞行高度 H 随时间的关系。从理论上看，当飞行距离大于纬圈的周长，而飞行高度始终是正数，该太阳能飞行器即可以实现绕地滑翔飞行。

6.3.2 绕地滑翔飞行太阳能飞行器算例

太阳能飞行器通常都采用大展弦比轻质结构机翼，如 Helios 和 Zephyr 等 [33,55]。此外机翼占据太阳能飞行器的绝大部分重量，因此设计机翼成了太阳能飞行器设计的主要工作。本算例假设 GESPA 为上单翼飞行器。机翼弦长为 3 m，展弦比 20，机翼翼型为 AG 27。太阳电池铺装在机翼的上表面。将分布式的电机和螺旋桨装在机翼的前沿。该 GESPA 的飞行纬圈为 40° N，起始时间为夏至日。

由于地球是自西向东旋转，因此太阳能飞行器的牵连速度即为在指定纬圈的地球自转速度。为获得更多的太阳辐照和爬升至更高的高度，当绕地滑翔太阳能飞行器的飞行航迹倾角为正时，该太阳能飞行器的飞行速度方向为自东向西。而当飞行器的飞行航迹倾角为负时，该太阳能飞行器的飞行速度方向是自西向东，以此获得更大的合速度以尽快的度过夜晚。例如，在地球 40° N 纬度时，地球的旋转速度约为 356 m/s，而飞行在 30 km 高度的太阳能飞行器其速度约为 100 m/s（如 Helios 在 30 km 高度的飞行速度为 71 m/s）。因此利用地球自转所产生的牵连速度，太阳能飞行器可以获得一个非常高的合速度，因此可以有一个较短的夜晚飞行时间。

对大展弦比平直机翼，飞行器的升力系数可以假定为翼型的升力系数或其细微的修正。图 6.28 展示了由 Xfoil 软件计算的 AG 27 翼型的极曲线 [109]。图 6.29 展示了 AG 27 翼型的升阻比随升力系数的关系。圆点表示在指定 Re 下的最大升阻比。为获得较大的升阻比，本算例的升力系数选择为 0.7。飞行器的阻力系数由如下表达式获得：$C_D = C_{D,\text{induced}} + C_{D,\text{profile}}$，其中 $C_{D,\text{induced}}$ 是诱导阻力系数，其表达式为 $C_{D,\text{induced}} = \dfrac{C_L^2}{e_o\pi AR}$ [13]，这里 e_o 是 Oswald 系数，由于本算例

的机翼是无锥度无后掠机翼, 因此设该系数为 0.8。将机翼的参数代入上述表达式可以得到诱导阻力系数约为 0.0097。$C_{D,\text{profile}}$ 是型阻, 代表翼型在工作升力系数 (本算例中 $C_L = 0.7$) 处的翼型阻力。翼型的型阻受 Re 影响很大, 如图 6.28 展示了当 Re 从 340000 降至 70000 时, AG 27 翼型在升力系数 0.7 处的阻力系数从 0.0083 增加至 0.0162。由于当 Re 增加到较高数值时, 翼型的阻力系数变化并不显著, 我们这里假设 Re 高于 340000 时翼型的阻力系数为 0.0083。因此在不同 Re 情况下的翼型阻力系数, 可以通过在 Re 70000~340000 时的一系列计算值 (如图 6.28 所示圆点) 插值获得。将阻力系数的计算值及升力系数代入式 (6.47) 和式 (6.43) 则可以计算 GESPA 的轨迹。

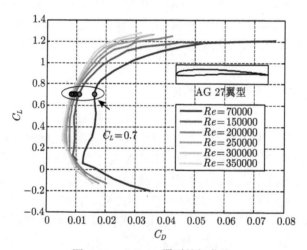

图 6.28　AG 27 翼型的极曲线

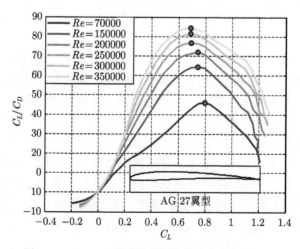

图 6.29　AG 27 翼型的升阻比和升力系数的关系

假设本算例 GESPA 的翼载荷为 30 N/m² (参考 Helios 的翼载荷为 39 N/m² 而 Zephyr 的翼载荷为 20 N/m²)。对常见的晶体硅太阳电池,其转换效率约为 20%,而对多节太阳电池,其转换效率可达 40%[153]。因此本算例假设太阳电池 转换效率为 30%。设式 (6.47) 中其他一些技术参数如 MPPT 的效率,电机效率 和螺旋桨效率等的数值如表 6.5 所示。给定一些初始值如飞行空速 6 m/s、飞行 航迹倾角 0°、飞行距离 0 m、飞行高度 3000 m,则可以采用 Runge-Kutta 法计 算式 (6.47) 和式 (6.43)。仿真结果如图 6.30 所示。从图中可以看出,该太阳能飞 行器可以实现绕地滑翔飞行,最大飞行高度在 45.3 km、最低飞行高度为 8.0 km, 这表明该太阳能飞行器可以在 8.0 km 高度时到达第二天白昼并重新获得太阳辐 照。该 GESPA 环绕地球的周期为 26.0 h。其中爬升时间为 12.2 h,而滑翔下降 的时间为 13.8 h。在爬升阶段,飞行航迹倾角数值为正,且最终达到 6.2° 的最大 值;当在下降段,飞行航迹倾角数值为负,并最终达到 −1.6° 的最小值。在整个 飞行过程中,其 Re 从 74000~1300000。而飞行 Ma 从 0.04~0.65。GESPA 的飞 行示意图如图 6.31 所示。

表 6.5 技术参数定义

参数	数值	单位	描述
W/S	30	N/m²	翼载荷
η_{sc}	0.3	—	太阳电池转换效率
η_{mppt}	0.9	—	最大功率点跟踪器 MPPT 效率
η_{mot}	0.9	—	电机效率
η_{prl}	0.8	—	螺旋桨效率

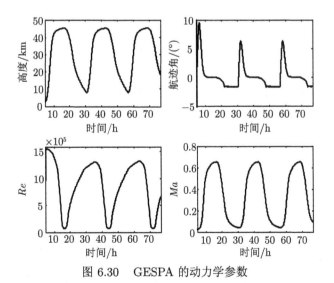

图 6.30 GESPA 的动力学参数

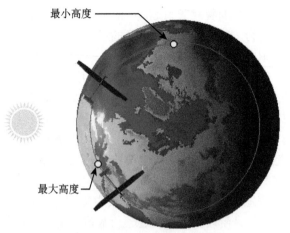

图 6.31　GESPA 的示意图

6.4　本 章 小 结

本章讨论太阳能飞行器的新概念和新思路，分别讨论了太阳能飞行器的极限飞行高度问题，SESPA 和 GESPA。

太阳能飞行器的极限飞行高度问题，来源于一个朴素的问题即太阳能飞行器能飞多高。根据太阳能飞行器的特点。本章推导了最大飞行高度处的大气密度和翼载荷的解析表达式。将全天能量循环所致翼载荷边界用于推导太阳飞行器的平飞速度。结果表明，平飞速度随飞行高度增加成指数增长。根据不同的太阳电池转换效率，平飞速度将在 53~61 km 处超过 $Ma\ 0.7$，最后回答了太阳能飞行器能飞多高的问题。

考虑到高纬度和极地区域具有较小的地球自转速度，且只有少数飞行器工作在上述区域，提出了 SESPA 概念。与传统的轨道卫星相比，SESPA 具有较高的时间分辨率和空间分辨率的优点。此外，与传统的太阳能飞行器相比，SESPA 具有不需要储能电池，且始终工作在当地最大太阳高度角，有利于提高太阳电池的利用率和提高光学成像的效果。本章探讨了 SESPA 的可行性，讨论了实现逐日飞行的若干飞行原则。最后通过一个算例研究了 SESPA 的飞行包线。值得提出的是，SESPA 是全新的飞行器，它将带来了许多技术和理论问题，需要进一步深入研究。

根据金星存在稠密大气层，自转周期长等特点，提出了一种用于金星探测的SESPA，分析了在金星上进行大气飞行的可行性，从适宜温度上考虑，金星上适合太阳能飞行器的飞行高度为 55~75 km，分析了在金星上实现逐日飞行的可行性，总结出了最大阻力系数和最大升力系数。所设计的太阳能飞行器必须要满足上述所有约束, 才能实现逐日飞行, 从满足约束方程组出发, 在金星上实现逐日飞行的可行高度是 71.5~75 km, 翼载荷约为从 70~160 N/m², 飞行器总重量约为从 7.89~18.04 kg。SESPA 用于金星探测具有太阳电池利用率高, 可始终工作在当地正午太阳辐照条件下, 且无需携带储能电池, 减小系统质量和系统复杂度, 提高金星探测的经济性和可靠性, 且翼载荷较大, 在相同质量情况下, 所需的机翼面积更小, 因而进一步减小了金星探测太阳能飞行器的系统规模, 降低探测成本。需要指出的是上述对基于逐日飞行的太阳能飞行器在金星探测的可能性分析, 同样适用于其他含有大气的行星探测, 如火星探测、土卫六探测等, 可以采用同样的思路探讨 SESPA 在上述行星探测中的可行性。

本章最后提出了 GESPA。该飞行器的航迹为一纬圈。当处于爬升阶段时, GESPA 的飞行速度方向为与地球自转方向相反, 当处于下降阶段时, 该飞行器的飞行方向为与地球自转方向相同。本章推导了 GESPA 的运动学方程, 然后给出了一个算例, 该算例表明, 太阳能飞行器实现绕地滑翔飞行在理论上是可行的。GESPA 可以看作近地轨道卫星 (大气层卫星), 但可以工作在指定的纬圈内。需要强调的是, 本章对 GESPA 的讨论是十分初步的, 要将该太阳能飞行器从理论变为现实, 仍需要开展大量的工作。

第 7 章 总结与展望

长航时太阳能飞行器采用取之不尽的太阳能作为能源，具有留空时间长、飞行高度适中、飞行过程稳定等特点，可以形成不眨眼的凝视效果；同时地面可覆盖的范围广，可持续稳定的工作在临近空间，且具有定点盯梢和大范围机动的能力。通过携带不同类型有效载荷可以高时间和高空间分辨率的执行信息获取和信息支援任务；在军事和民用领域具有广阔的应用前景，如 ISR 和中继通信、灾害预警/救援/评估、农业监视和决策支持、行星大气探测等。当前美、英、法等主要航空航天大国都在加速开展相关研究。然而由于技术实现难度大，当前太阳能飞行器实现 "永不落地" 还有一些困难，其中能量供应紧缺是主要的瓶颈。为此本书以能量为中心，提出广义能量的概念，将储能、结构、气动、光伏等相关学科统一到能量链条上，进行长航时飞行的学科建模、设计可行域建模和参数敏感度分析等研究。

(一) 系统整理了太阳能飞行器当前的研究进展，分析了长航时太阳能飞行器面临的技术挑战，针对传统设计方法存在的问题，提出了以能量为中心的设计思想，规划了围绕能量获取、存储和利用实现长航时飞行的论文研究思路。论文系统整理了 Helios、Zephyr、Vulture 等太阳能飞行器的研究进展。2001 年 8 月，Helios 的高空型号 HP01 创造了 29.5 km 的飞行高度纪录；2010 年 7 月，Zephyr 7 创造了 14 天 24 分的续航时间纪录；而 Vulture 计划则提出实现 5 年留空时间、20 km 飞行高度、450 kg 载荷能力。依据国外研究分析，可以看出实现具有一定载荷能力的长航时太阳能飞行器，对的气动、推进、结构、控制、能源等学科都提出了技术极限的约束要求。根据文献推算，Zephyr 7 的结构系数为 1.3 kg/m^2、升阻比为 26、储能电池能量密度为 350 W·h/kg，均代表当前顶尖的工艺水平，然而至今尚未实现应用，可以看出传统的学科之间独立的串行建模和迭代搜索方法已无法满足设计要求，需要开展新的总体设计方法研究。本书采用循序渐进的研究思路和方法，建立了分析综合的研究策略，规划了在学科建模、总体设计模型、参数敏感度分析、耦合参数分析、综合总体设计方法研究等重点研究内容，探索学科之间的内在规律并实现总体设计目标。

(二) 从传统飞行器设计的升重平衡、推阻平衡等设计要求出发，依据能量的相互影响关系，提出了以能量为中心的太阳能飞行器总体设计模型，建立了设计域的解析表达模型，并以物理意义为约束探讨了设计域的可行边界，进行了参数敏感度分析和参数耦合分析。整理了太阳能建模、气动建模、结构建模等建模方法，综合考虑模型精度和复杂度选择合适的建模方法，将飞行高度和翼载荷表示成光伏、结构、气动、储能等学科的广义参数的代数表达式。根据设计域的解析表达式，对上述各学科进行单参数敏感度分析，得到了各学科技术参数对太阳能飞行器的敏感程度，算例表明当前条件下储能、结构、气动、光伏等学科对长航时飞行的参数敏感度导数分别为 96.1、2.2、1.3 和 0.1。上述结果表明储能学科是长航时飞行的瓶颈，需重点提高储能电池的能量密度；结构和气动学科对长航时飞行具有显著影响，需降低飞行器的结构系数并提高功率因子；而光伏学科对长航时飞行影响较小，即现有太阳电池技术水平即可满足需求，这也是 Zephyr 7 选择转换效率较低而柔韧性较好的非晶硅太阳电池的原因。此外对各学科进行耦合参数敏感度分析，得出了学科之间的等价性结论，即在实现指定飞行高度和翼载荷的前提下，相关学科具有等价的效果，分析表明储能学科和结构学科在实现飞行高度和翼载荷上是完全等价的，算例表明 $1.9\ \mathrm{kg/m^2}$ 的结构系数与 $900\ \mathrm{W \cdot h/kg}$ 的储能电池所对应的飞行高度和翼载荷完全相同，显然降低结构系数的技术难度比提高储能电池的能量密度更为容易，这为学科的下一步发展指明了方向。此外光伏、结构、气动和储能学科在实现指定飞行高度上也是等价的，使上述所有系统都具有了能量的效果。

(三) 根据以能量为中心的总体设计模型，提出了以能量为中心的总体设计方法，探讨了在不同应用需求下的具体设计思路，从总体角度研究了 Zephyr 7 的技术特征和 Vulture 的技术可行性。根据理论研究需要，从长航时太阳能飞行器的解析设计域出发，提出了基于最优化的总体设计方法，该设计方法以实现指定飞行高度和翼载荷为设计约束，以各学科技术参数为设计变量，以各学科技术代价最小为设计目标。该设计方法能在满足需要条件下得到技术实现难度最小的总体技术方案。采用该设计方法进行类 Zephyr 太阳能飞行器的设计优化得到了总体设计参数：功率因子 22.5、结构系数 $1.35\ \mathrm{kg/m^2}$、太阳电池转换效率 12.0%、储能电池能量密度 $349\ \mathrm{W \cdot h/kg}$，对比 Zephyr 7 的总体参数：功率因子 24.9、结构系数 $1.32\ \mathrm{kg/m^2}$、太阳电池转换效率 13%、储能电池能量密度 $350\ \mathrm{W \cdot h/kg}$。可以看出优化后总体设计参数与 Zephyr 7 的总体参数十分接近，这表明上述总体设计方法是可信的。根据工程冗余设计的需要，提出了基于保守设计的总体设计方法，该设计方法从前述设计域中折中选择合适的翼载荷，通过设计点选取、参数假设和数值验证的迭代，可以得到具有设计冗余但不是最优的工程总体设计方案。根据从环境中获取能量和向环境存储能量的需要，提出了基于动态过程的总体设计方法，该方法以昼夜闭环中储能电池充放电总和恒定为约束，通过重力滑翔以及梯度风滑翔等航迹设计实现长航时飞行。该设计方法可以降低对储能电池所提出的技术需求。

采用以能量为中心的总体设计方法对 Zephyr 7 的进行技术可行性分析,结果表明 Zephyr 7 的理论飞行高度为 23 km、理论翼载荷为 25 N/m^2,对比 Zephyr 7 的实际飞行高度 21 km、实际翼载荷 20 N/m^2,可以看出 Zephyr 7 是可以实现长航时飞行的且具有一定的技术冗余。同样采用上述方法对 Vulture 进行技术可行性分析。根据 Boeing 公司公布的 Vulture 竞标方案 Solar Eagle 的技术参数进行分析,在满足 20 km 飞行高度情况下,该飞行器只能提供 250 kg 有效载荷和 4 kW 载荷功率,或 200 kg 有效载荷和 5 kW 载荷功率,这表明 Solar Eagle 在实现 Vulture 提出的 450 kg 有效载荷和 5 kW 功率的设计目标上还有一定困难。

(四) 针对某些情况下不能实现昼夜闭环飞行,需要考虑在现有条件下尽可能增长飞行航时,研究了能量不闭环条件下的太阳能飞行器长航时设计。该设计方法通过将储能电池补充早晚太阳辐照不足的时间段,以最大化飞行时间。推导了能量不闭环条件下的飞行航时计算过程。分析了储能电池、太阳电池、飞行条件、飞行航迹等对飞行航时的影响,得出了在现有条件下影响飞行航时的关键技术参数。算例表明现有条件下功率因子、试验日期和纬度对飞行航时影响较为显著,均能将飞行航时从 12 h 提高至约 12.7 h,而采用重力势能储能的飞行航迹则能将飞行航时提高至 14 h。上述分析表明对能量不闭环条件下的长航时飞行,研究重力势能储能对延长飞行航时是更为有效的。最后对某低空太阳能飞行器进行自驾飞行试验,以测试该飞行器自驾飞行的可行性并获得相关飞行功率参数。试验表明该太阳能飞行器可以通过自驾仪实现半径为 200 m 的圆轨迹盘旋飞行、平飞功率为 81.5 W、舵机功率为 8.3 W,这与理论分析的平飞功率 79 W、舵机功率 10 W 是相符合的。

(五) 针对长航时太阳能飞行器飞行边界拓展问题,探讨了其极限飞行高度,考虑在某些典型应用环境,提出了创新解决方案。定性分析可知随飞行高度增加,大气密度呈指数形式下降,为确保稳定的动压,需要提高飞行速度,由此将带来平飞功率的增加。而单位面积所能接收的太阳辐照是恒定的,因此必然存在某个最大飞行高度,超越该高度则无法提供足够的平飞功率。分析表明根据不同太阳电池转换效率,当飞行高度增加至 53~61 km 时,飞行速度接近高亚声速,太阳电池输出功率无法满足平飞的功率需求,且此时所能承受的翼载仅为 2 kg/m^2,该翼载荷无法满足高亚声速飞行的结构设计要求,因此长航时太阳能飞行器的极限飞行高度区间为 53~61 km,在总体设计过程中不能无限制的提高总体设计指标。

考虑到制约太阳能飞行器长航时飞行的关键因素是储能电池,而在相当长一段时间内提高储能电池的能量密度具有较大技术难度,为此提出了 SESPA。该飞行器飞行在某纬圈上空,飞行方向与行星自转方向相反,飞行速度与行星自转方向相同,进而能始终置于当地太阳辐照下而无需携带储能电池。算例表明在地球 65°~76° 的高纬度地区是可以实现逐日飞行的,对应飞行高度为 41~53 km。

由于金星表面太阳辐照强度 2600 W/m², 且金星赤道自转线速度为 3.7 m/s, 是所有行星中自转速度最慢的行星, 因此逐日飞行更适合用于金星大气探测, 研究表明在金星表面 71.5~75 km 高度处均可实现逐日飞行。考虑到重力是保守力可用于存储能量, 提出绕地滑翔太阳能飞行器。该飞行器飞行在某纬圈上空, 太阳辐照强烈时飞行方向与地球自转方向相反并爬升高度, 以最大限度提升飞行高度, 太阳辐照不足时飞行方向与地球自转方向相同并采用重力滑翔, 以尽快度过夜晚, 该太阳能飞行器同样可以无需携带储能电池。通过在夏至日 40° N 的仿真算例表明, 绕地滑翔飞行是理论上可行的, 其绕地周期为 26 h, 其中爬升时间为 12.2 h, 滑翔时间为 13.8 h, 最大爬升高度为 45.3 km, 最小滑翔高度为 8.0 km。

(六) 本书在以下几个方面提出并建立了创新思路与解决方案:

(1) 提出了以能量为中心的总体设计模型和设计可行域, 推导并得到了各学科参数的敏感度和相互耦合关系, 建立了针对长航时太阳能飞行器的自成体系的理论分析方法。

该方法将所有约束最终表示为翼载荷的函数, 太阳能飞行器设计域在翼载荷边界所围成的区域, 最终将太阳能飞行器设计域表示为解耦的解析表达形式。

(2) 提出了基于技术实现代价最小的最优化总体设计方法, 推导了技术实现代价的数学表述, 实现了在狭小设计域中探索得到最优的总体设计方案。

该方法以满足能量平衡为基本要求, 以满足设计飞行高度和设计翼载荷为设计约束, 以太阳能飞行器各子学科技术参数为设计变量, 以技术参数总的技术需求最小为目标进行总体设计优化。

(3) 提出了太阳能飞行器创新解决方案, 针对不同的应用环境提出了基于动态过程的总体设计, 逐日飞行和绕地滑翔飞行等, 拓展了太阳能飞行器的应用模式和解决思路。

通过重力滑翔的航迹规划, 实现将太阳能存储到重力势能中, 减少储能电池的携带; 通过逐日飞行, 使太阳能飞行器始终处于太阳辐照条件, 可以无需携带储能电池; 通过将太阳能存储至重力势能中, 利用重力滑翔实现绕地越夜飞行, 提出绕地滑翔飞行, 同样可以无需携带储能电池。

本书从理论上研究太阳能飞行器总体设计, 在当前条件下能一定程度指导太阳能飞行器总体设计, 但离工程实践还有一定距离, 尚有大量的理论和实际问题需要解决:

(1) 太阳能飞行器总体设计方法深入研究。本书主要探索太阳能飞行器学科之间的内在规律, 采用去粗存精的思路进行了大量的简化, 得到了太阳能飞行器解析性建模方法。在后续研究工作中, 需提高学科建模精度, 并采用迭代和优化等计算方法求解复杂的总体设计问题。

(2) 研究太阳能飞行器创新解决思路。本书提出的太阳能飞行器新概念和新思路丰富了太阳能飞行器的研究内容，本书对上述概念和思路的研究是非常概念和初步的研究，有待于进一步的深入研究，以探讨从理论到实际的可行性。

(3) 结合浮力和升力的太阳能飞行器研究。当前升力型太阳能飞行器和浮力型太阳能飞行器是两个独立的研究分支。这两类飞行器均有各自的优点和缺陷，可以考虑融合浮力和升力特征的太阳能飞行器，研究实现该解决思路的总体方案。

参 考 文 献

[1] Hoffborn M. A Historical Survey of Solar Powered Airplanes and Evaluation of It's Potential Market[D]. Malardalen University, 2009.

[2] Xiongfeng Z, Zheng G, Zhongxi H. Solar-powered airplanes: A historical perspective and future challenges[J]. Progress in Aerospace Sciences. 2014, 71(2014): 36-53.

[3] Montgomery S A, Mourtos N J. Design of a 5 Kilogram Solar-Powered Unmanned Airplane for Perpetual Solar Endurance Flight[C]. 49th AIAA/ASME/SAE/ASEE Joint Propulsion Conference, San Jose, CA, 2013.

[4] Bhatt M R. Solar Power Unmanned Aerial Vehicle High Altitude Long Endurance Applications (Hale-Spuav)[D]. San Jose State University, 2012.

[5] Leutenegger S, Jabas M, Siegwart R Y. Solar Airplane Conceptual Design and Performance Estimation What Size to Choose and What Endurance to Expect[J]. Intell Robot Syst. 2011, 61(1-4): 545-560.

[6] Meyer J, du Plessis J A F, Ellis P, et al. Design considerations for a low altitude long endurance solar powered unmanned aerial vehicle[C]. AFRICON 2007, Namibia, 2007.

[7] Montagnier O, Bovet L. Optimisation of a Solar-Powered High Altitude Long Endurance UAV[C]. 27th International congress of the aeronautical sciences, Nice, France, 2010.

[8] Young M, Keith L S, Pancotti A. An Overview of Advanced Concepts for Near-Space Systems[C]. 45th AIAA/ASME/SAE/ASEE Joint Propulsion Conference & Exhibit, Denver, Colorado, 2009.

[9] Petrie G. High-Resolution Imaging from A World-Wide Survey[J]. GEO Informatics. 2004: 22-27.

[10] Jamison L, Sommer G S, Porche I R. High-Altitude Airships for the Future Force Army[R]. Rand Arroyo Center, 2005.

[11] Colozza A. Initial Feasibility Assessment of a High Altitude Long Endurance Airship[R]., 2003.

[12] Cestino E. Design of solar high altitude long endurance aircraft for multi payload & operations[J]. Aerospace Science and Technology. 2006, 10(6): 541-550.

[13] Romeo G, Frulla G, Cestino E, et al. HELIPLAT: Design, Aerodynamic, Structural Analysis of Long-Endurance Solar-Powered Stratospheric Platform[J]. Journal of Aircraft. 2004, 41(6): 1505-1520.

[14] Oodo M, Tsuji H, Miura R, et al. Experiments on IMT-2000 Using Unmanned Solar Powered Aircraft at an Altitude of 20 km[J]. IEEE Transactions on Vehicular Technology. 2005, 54(4): 1278-1294.

[15] Colozza A, Dolce J L. High-Altitude, Long-Endurance Airships for Coastal Surveil-
      lance[R]. NASA, 2005.

[16] Argrow B, Lawrence D, Rasmussen E. UAV Systems for Sensor Dispersal, Telemetry,
      and Visualization in Hazardous Environments[C]. 43rd AIAA Aerospace Sciences Meet-
      ing and Exhibit, Reno, Nevada, 2005.

[17] Buoni G P, Howell K M. Large Unmanned Aircraft System Operations in the National
      Airspace System–the NASA 2007 Western States Fire Missions[C]. The 26th Congress
      of International Council of the Aeronautical Sciences (ICAS), Anchorage, Alaska, 2008.

[18] Gomez-Candon D, Lopez-Granados F, Caballero-Novella J J, et al. Geo-referencing
      remote images for precision agriculture using artificial terrestrial targets[J]. Precision
      Agric. 2011, 12(6): 876-891.

[19] Bailey M D, Bower M V. High Altitude Solar Power Platform[R]. NASA TM-103578,
      1992.

[20] Herwitz S R, Johnson L F, Arvesen J C. Precision Agriculture as A Commercial Applica-
      tion For Solar-Powered Unmanned Aerial Vehicles[C]. AIAA's 1st Technical Conference
      and Workshop on Unmanned Aerospace Vehicles, Portsmouth, Virginia, 2002.

[21] Herwitz S R, Johnson L F, Dunagand S E, et al. Imaging from an unmanned aerial
      vehicle: agricultural surveillance and decision support[J]. Computers and Electronics in
      Agriculture. 2004, 44(1): 49-61.

[22] Barnes J W, Lemke L, Foch R, et al. AVIATR-Aerial Vehicle for In-situ and Airborne
      Titan Reconnaissance[J]. Eeperimental Astronomy. 2012, 33(1): 55-127.

[23] Landis G A, Colozza A, Lamarre C. Atmospheric Flight on Venus: A Conceptual De-
      sign[J]. Journal of Spacecraft and Rockets. 2003, 40(5): 672-676.

[24] Landis G A. Solar Airplane Concept Developed for Venus Exploration[R]., 2005.

[25] Noth A, Engel M W, Sigwart R. Flying Solo and Solar to Mars: Global Design of a
      Solar Autonomous Airplane for Sustainable Flight[J]. IEEE Robotics & Automation
      Magazine. 2006: 44-52.

[26] Colozza A, Landis G A. Long Duration Solar Flight on Venus[C]. AIAA Infotech@Aero-
      space, Arlington, Virginia, 2005.

[27] Boucher R J. A Solar Powered High Altitude Airplane[C]. AlAA/SAE/ASME 21st Joint
      Protlulsion Conference, Monterey, California, 1985.

[28] Boucher R J. Project Sunrise[C]. AIAA/SAE/ASME 15th Joint Propulsion Conference,
      Las Vegas, Nevada, 1979.

[29] Irving F G, Morgan D. The Feasibility of an Aircraft Propelled By Solar Energy[C].
      AIAA/MIT/SSA 2nd International Symposium on the Technology and Science of Low
      Speed and Motorless Flight, Cambrige, Massachusetts, 1974.

[30] Boucher R J. Sunrise, the World's First Solar-Powered Airplane[J]. Journal of Aircraft.
      1984, 10(22): 840-846.

[31] Boucher R J. History of solar flight[R]. American Institute of Aeronautics and Astro-
      nautics, Inc, 1984.

[32] Noll T E, Brown J M, Perez-Davis M E, et al. Investigation of the Helios Prototype Aircraft Mishap[R]., 2004.

[33] Noll T E, Ishmael S D, Henwood B, et al. Technical Findings, Lessons Learned, and Recommendations Resulting from the Helios Prototype Vehicle Mishap[R]. NASA Langley Research Center Hampton, 2007.

[34] Donohue C. Role of Meteorology in Flights of a Solar-Powered Airplane[R]. NASA Tech Briefs, 2004.

[35] Rapinett A. Zephyr: A High Altitude Long Endurance Unmanned Air Vehicle[D]. University of Surrey, 2009.

[36] Davey P. High Altitude Long Endurance Unmanned Aerial System[R]., 2007.

[37] Smith N. Solar Flying Grows Wings[J]. Engineering & Technology. 2009, 4(13): 32-35.

[38] Weiss G. Around the world in a solar plane[J]. Spectrum, IEEE. 2004, 41(3): 12-14.

[39] Cleave V. A Flight to Remember[J]. Nature. 2008, 451(21): 884-886.

[40] Dubois M, Srinivasan P, Eicher J, et al. Solvay developments for the HB-SIA prototype airplane[R]. Solvay / Solar Impulse partnership, 2009.

[41] Chavan D K, Tasgaonkar G S. Solar Impulse: Solar Aeroplanes Flying on a Wing & Sunbeam[J]. International Journal of Applied Engineering Research. 2012, 7(2): 105-114.

[42] http://www.solarimpulse.com/. Solar Impulse's HB-SIA obtains two new world records [EB/OL]. http://www.solarimpulse.com/en/tag/Crossing-Frontiers,2012/Oct. 16.

[43] http://www.solarimpulse.com/. http://www.solarimpulse.com/,2013/.

[44] Bartels M A. Coast to Coast on Sun Power[J]. Aviation History. 2013.

[45] Bartels M A. Solar-Powered Odyssey[J]. Aviation History. 2013: 14-15.

[46] AC Propulsion SoLong UAV Flies for 48 Hours on Sunlight Two Nights Aloft Opens New Era of Sustainable Flight[R]. AC Propulsion, 2005.

[47] AC Propulsion's Solar Electric Powered SoLong UAV[R]. AC Propulsion, 2005.

[48] Romeo G, Frulla G. HELIPLAT Aerodynamic and Structural Analysis of HAVE Solar Powered Platform[C]. AIAA's 1st Technical Conference and Workshop on Unmanned Aerospace Vehicles, Portsmouth, Virginia, 2002.

[49] Frulla G, Cestino E. Design, manufacturing and testing of a HALE-UAV structural demonstrator[J]. Composite Structures. 2008, 83(2): 143-153.

[50] Frulla G, Romeo G. Numerical/experimental structural characterization of composite advanced joints for HALE-UAV platforms[J]. Composites Part B: Engineering. 2008, 39(4): 656-664.

[51] Cestino E. Design of solar high altitude long endurance aircraft for multi payload & operations[J]. Aerospace Science and Technology. 2006, 10: 541-550.

[52] Romeoa G, Pacinoa M, Borello F. First Flight of Scaled Electric Solar Powered UAV for Mediterranean Sea Border Surveillance Forest and Fire Monitoring[J]. Journal of Aerospace Science, Technology and Systems. 2009, 1(88): 8-19.

[53] Noth A, Engel M W, Siegwart R. Flying Solo and Solar to Mars[J]. IEEE Robotics & Automation Magazine. 2006, 13(3): 44-52.

[54] Noth A. Design of Solar Powered Airplanes for Continuous Flight[D]. ETH ZÜRICH, 2008.

[55] Marsh G. Best endurance under the sun[J]. Renewable Energy Focus. 2010, 11(5): 24-27.

[56] Darpa. Vulture II Program Background Information[R]. DARPA-SN-09-41, 2009.

[57] Darpa. Broad Agency Announcement (BAA) Vulture II[R]. DARPA-BAA-10-04, 2009.

[58] Airbus launches Zephyr 8 project[EB/OL]. www.shephardmedia.com/news/uv-online/airbus-airbus-launches-zephyr-8-project/, 2014/Jun. 20.

[59] Space News. Amid Google and Facebook Interest, Airbus Eyes Highaltitude "Pseudo Satellite" Enhancements[EB/OL]. www.spacenews.com/article/civil-space/40314amid-google-and-facebook-interest-airbus-eyes-high-altitude-"pseudo,2014/4th Jul.

[60] Kuhner M B, Earhart R W, Madigan J A, et al. Applications of A High-Altitude Powered Platform (HAPP) Final Report[R]., 1977.

[61] Phillips W H. Some design considerations for solar-powered aircraft[R]., 1980.

[62] Maccready P B, Lissaman P B S, Morgan W R, et al. Sun-Powered Aircraft Designs[J]. Journal of Aircraft. 1981, 20(6): 487-493.

[63] Hall D W, Fortenbach C D, Dimiceli E V, et al. A preliminary study of solar powdered aircraft and associated power trains[R]., 1983.

[64] Youngblood J W, Talay T A. solar-powered airplane design for long-endurance high-altitude flight[C]. AIAA 2nd International Very Large Vehicles Conference, Washington, DC, 1982.

[65] Youngblood J W, Talay T A, Pegg R J. Design of Long-Endurance Unmanned Airplanes Incorporating Solar and Fuel Cell Propulsion[C]. AIAA/SAE/ASME 20th Joint Propulsion Conference, Cincinnati, Ohio, AIAA/SAE/ASME 20th Joint Propulsion Conference, 1984.

[66] Hall D W, Watson D A, Tuttle R P, et al. Mission Analysis of Solar Powered Aircraft[R]., 1985.

[67] Colozza A. Preliminary design of a long-endurance Mars aircraft[C]. AIAA/SAE/ASME /ASEE 26th Joint Propulsion Conference, Orlando, FL, 1990.

[68] Colozza A J. Effect of Date and Location on Maximum Achievable Altitude for a Solar Powered Aircraft[R]., 1997.

[69] Brandt S A, Gilliamt F T. Design Analysis Methodology for Solar-Powered Aircraft[J]. Journal of Aircraft. 1995, 32(4): 703-709.

[70] Institute W P. N.A.S.A. Advanced Aeronautics Design Solar Powered Remotely Piloted Vehicle[R]., 1991.

[71] Institute W P. NASA Advanced Design Program Analysis, Design, And Construction A Solar Powered Aircraft[R]., 1992.

[72] Flittie K, Curtin B. Pathfinder solar-powered aircraft flight performance[R]., 1998.

[73] Colella N J, Wenneker G S. Pathfinder and the Development of Solar Rechargeable Aircraft[J]. Energy & Technology Review. 1994: 1-10.

[74] Colozza A J, Scheiman D A. Solar Powered Aircraft, Photovoltaic Array/Battery System Tabletop Demonstration Design and Operation Manual[R]., 2000.

[75] Baldock N, Mokhtarzadeh-Dehghan M R. A study of solar-powered, high-altitude unmanned aerial vehicles[J]. Aircraft Engineering and Aerospace Technology. 2006, 3(78): 187-193.

[76] Nickol C L, Guynn M D, Kohout L L, et al. High Altitude Long Endurance UAV Analysis of Alternatives and Technology Requirements Development[R]. NASA/TP-2007-214861, 2007.

[77] Liu T, Oyama A, Fujii K. Scaling Analysis of Propeller-Driven Aircraft for Mars Exploration[J]. Journal of Aircraft., 50(5): 1593-1604.

[78] Landis G A, Kerslake T W. Mars Solar Power[R]., 2004.

[79] Klesh A, Kabamba P. Solar-Powered Unmanned Aerial Vehicles on Mars Perpetual Endurance[C]. 58th International Astronautical Congress, Hyderabad, India, 2007.

[80] Fujita K, Nagai H, Asai K. Conceptual Design of a Miniature, Propeller-Driven Airplane for Mars[C]. 50th AIAA Aerospace Sciences Meeting including the New Horizons Forum and Aerospace Exposition, Nashville, Tennessee, 2012.

[81] Eichstadt F T. Mission to Planet Mars[C]. 42nd International Conference on Environmental Systems, San Diego, California, 2012.

[82] Hartney C J. Conceptual Design of a Model Solar-Powered Unmanned Aerial Vehicle[C]. 50th AIAA Aerospace Sciences Meeting including the New Horizons Forum and Aerospace Exposition, Nashville, Tennessee, 2012.

[83] Hartney C J. Design of A Small Solar-powered Unmanned Aerial Vehicle[D]. San Jose State University, 2011.

[84] Najafi Y. Design of a High Altitude Long Endurance Solar Powered UAV[D]. San Jose State University, 2011.

[85] Hajianmaleki M. Conceptual Design Method for Solar Powered Aircrafts[C]. 49th AIAA Aerospace Sciences Meeting including the New Horizons Forum and Aerospace Exposition, Orlando, Florida, 2011.

[86] Shiau J, Ma D, Chiu C. Optimal Sizing and Cruise Speed Determination for a Solar-Powered Airplane[J]. Journal of Aircraft. 2010, 47(2): 622-629.

[87] Romeo G, Cestino E, Borello F, et al. Engineering Method for Air-Cooling Design of Two-Seat Propeller-Driven Aircraft Powered by Fuel Cells[J]. Journal of Aerospace Engineering. 2011, 24(1): 79-88.

[88] Frulla G. Preliminary reliability design of a solar-powered highaltitude very long endurance unmanned air vehicle[J]. Proceedings of the Institution of Mechanical Engineers, Part G: Journal of Aerospace Engineering. 2002, 216: 189-196.

[89] Sultan A. Project Solaris - The Design of a Solar Powered UAV[D]. Malardalen University, 2011.

[90] Laukkanen M. Project Solaris - Mass and balance analysis tool for a solar powered UAV[D]. Malardalen University, 2009.

[91] Tsagarakis M. Project Solaris – Analysis of airfoil for solar powered flying wing UAV[D]. Mälardalen University Sweden, 2011.

[92] Landis G. Robotic exploration of the surface and atmosphere of Venus[J]. Acta Astronautica. 2006, 59(7): 570-579.

[93] Landis G, Lamarre C, Colozza A. Venus atmospheric exploration by solar aircraft[J]. Acta Astronautica. 2005, 56(8): 750-755.

[94] Landis G A, Lamarre C, Colozza A. Atmospheric Flight on Venus[C]. AIAA-2002-0819, 2002.

[95] Landis G A. Exploring Venus by Solar Airplane [C]. STAIF Conference on Space Exploration Technology, Albuquerque NM, 2001.

[96] Colozza A. Feasibility of a Long Duration Solar Powered Aircraft on Venus[C]. 2nd International Energy Conversion Engineering Conference, Providence, Rhode Island, 2004.

[97] Colozza A. Solar Powered Flight on Venus[R]. NASA/CR—2004-213052, 2004.

[98] Ross H. Fly around the World with a Solar Powered Airplane[C]. The 26th Congress of International Council of the Aeronautical Sciences (ICAS), Anchorage, Alaska, 2008.

[99] Barbosa R, Escobar B, Sanchez V M, et al. Sizing of a solar/hydrogen system for high altitude long endurance aircrafts[J]. International Journal of Hydrogen Energy. 2014: 1-9.

[100] Jashnani S, Nada T R, Ishfaq M, et al. Sizing and preliminary hardware testing of solar powered UAV[J]. 2013, 16: 189-198.

[101] Hobold G M, Agarwal R K. A methodology for predicting solar power incidence on airfoils and their optimization for solar-powered airplanes[J]. Proceedings of the Institution of Mechanical Engineers, Part G: Journal of Aerospace Engineering. 2014: 1-13.

[102] Sineglazov V M, Karabetsky D P. Energy System Design of Solar Aircraft[C]. 2013 IEEE 2nd International Conference "Actual Problems of Unmanned Air Vehicles Developments" Proceedings, 2013.

[103] Sineglazov V M, Karabetsky D P. Flying Wing Design for Solar Rechargeable Aircraft[C]. 2013 IEEE 2nd International Conference "Actual Problems of Unmanned Air Vehicles Developments" Proceedings, 2013.

[104] Spangelo S C, Gilbert E G. Power Optimization of Solar-Powered Aircraft with Specified Closed Ground Tracks[J]. Journal of Aircraft. 2013, 50(1): 232-238.

[105] Ross H. Fly Around the World with a Solar Powered Airplane[C]. The 26th Congress of International Council of the Aeronautical Science AIAA, Anchorage,Alaska, 2008.

[106] Gopalarathnam A, Broughton B A, Mcgranahan B D, et al. Design of Low Reynolds Number Airfoils with Trips[J]. Journal of Aircraft. 2003, 40(4): 768-775.

[107] Selig M, Guglielmo J J, Broeren A P, et al. Summary of Low-Speed Airfoil Data[M]. Virginia, USA: Soartech Publications, 1995.

[108] Mueller T J. Aerodynamic Measurements at Low Reynolds Numbers for Fixed Wing Micro-Air Vehicles[R]. University of Notre Dame, 1999.

[109] Drela M. XFOIL: An Analysis and Design System for Low Reynolds Number Airfoils[C]. Conference on Low Reynolds Number Airfoil Aerodynamics, University of Notre Dame, 1989.

[110] Selig M S, Mcgranahan B D. Wind Tunnel Aerodynamic Tests of Six Airfoils for Use on Small Wind Turbines[R]. National Renewable Energy Laboratory, 2003.

[111] Rong M, Bowen Z, Peiqing L. Optimization design study of low-Reynolds-number high-lift airfoils for the high-efficiency propeller of low-dynamic vehicles in stratosphere[J]. Science China. 2010, 53(10): 2793-2807.

[112] Palacios R, Cesnik C E S. Static Nonlinear Aeroelasticity of Flexible Slender Wings in Compressible Flow[C]. 46th AIAA/ASME/ASCE/AHS/ASC Structures, Structural Dynamics & Materials Confer, Austin, Texas, 2005.

[113] Patil M J, Hodgesy D H. On the Importance of Aerodynamic and Structural Geometrical Nonlinearities in Aeroelastic Behavior of High-Aspect-Ratio Wings[C]. 41st AIAA/ASME/ASCE/AHS/ASC Structures, Structural Dynamics, and Materials Conference, Atlanta, 2000.

[114] Zhifei W, Hua W. Inflatable Wing Design Parameter Optimization Using Orthogonal Testing and Support Vector Machines[J]. Chinese Journal of Aeronautics. 2012, 25(2012): 887-895.

[115] http://www.solarimpulse.com/timeline/view/6437. Perpetually inhuman: HB-SIA's flight cycle. Available[EB/OL]. http://www.solarimpulse.com/timeline/view/6437, 2012/Sept. 20.

[116] Xian-Zhong G, Zhong-Xi H, Zheng G, et al. The influence of wind shear to the performance of high-altitude solar-powered aircraft[J]. Proceedings of the Institution of Mechanical Engineers, Part G: Journal of Aerospace Engineering. 2013, 228(13): 2439-2451.

[117] Mears M J. Energy Harvesting for Unmanned Air Vehicle Systems using Dynamic Soaring[C]. 50th AIAA Aerospace Sciences Meeting including the New Horizons Forum and Aerospace Exposition, Nashville, Tennessee, 2012.

[118] Sachs G, Traugott J, Holzapfel F. In-Flight Measurement of Dynamic Soaring in Albatrosses[C]. AIAA Guidance, Navigation, and Control Conference, Toronto, Ontario Canada, 2010.

[119] Deittert M, Richards A, Toomer C A, et al. Engineless Unmanned Aerial Vehicle Propulsion by Dynamic Soaring[J]. Journal of Guidance, Control, and Dynamics. 2009, 32(5): 1446-1457.

[120] Gordon R J. Optimal Dynamic Soaring for Full Size Sailplanes[D]. Air Force Institute of Technology, 2006.

[121] Bahrami A, Mohammadnejad S, Soleimaninezhad S. Photovoltaic cells technology: principles and recent developments[J]. Optical and Quantum Electronics. 2013, 45(2): 161-

197.

[122]   Miles R W, Hynes K M, Forbes I. Photovoltaic solar cells An overview of state-of-the-art cell development and environmental issues[J]. Progress in Crystal Growth and Characterization of Materials. 2005, 51(1-3): 1-42.

[123]   Fazelpour F, Vafaeipour M, Rahbari O, et al. Considerable parameters of using PV cells for solar-powered aircrafts[J]. 2013, 22(2013): 81-91.

[124]   National Renewable Energy Laboratory. The Best-Research Cell Efficiencies Chart [EB/OL]. http://www.nrel.gov/ncpv/images/efficiency chart.jpg,2012/Sept. 28.

[125]   Villalva M G, Gazoli J R, Filho E R. Modeling and Circuit-Based Simulation of Photovoltaic Arrays[C]. IEEE Power Electronics Conference, Brazilian, 2009.

[126]   Okaya S, Arastu A H, Breit J. Regenerative Fuel Cell (RFC) for High Power Space System Applications[C]. 11th International Energy Conversion Engineering Conference, San Jose, CA, 2013.

[127]   Bari M, Roof C, Oza A, et al. The Future of Electric Aircraft[C]. 51st AIAA Aerospace Sciences Meeting including the New Horizons Forum and Aerospace Exposition, Grapevine (Dallas/Ft. Worth Region), Texas, 2013.

[128]   Duffie J A. solar engineering of thermal process[M]. Second Edition ed. John Wiley & Sons, Inc., 1980.

[129]   Colozza A J. Effect of Power System Technology and Mission Requirements on High Altitude Long Endurance Aircraft[R]. NASA CR-194455, 2001.

[130]   Anderson J D. Fundamentals of Aerodynamics[M]. McGraw-Hill Education and Aviation Industry Press, 2005.

[131]   Hall D W, Hall S A. Structural Sizing Of A Solar Powered Aircraft[R]. Langley Research Center, 1984.

[132]   Nam T, Soban D S, Mavris D N. Power Based Sizing Method for Aircraft Consuming Unconventional Energy[C]. 43rd AIAA Aerospace Sciences Meeting and Exhibit, Reno, Nevada, 2005.

[133]   Electric Power System For High Altitude UAV Technology Survey[R]. Power Computing Solutions, Inc.

[134]   Xiongfeng Z, Zheng G, Zhongxi H, et al. Parameter Sensitivity Analysis and Design Optimizaition of Solar-powered Airplanes[J]. Aircraft Engineering and Aerospace Technology. 2014: (Article ahead of printed).

[135]   Ballou K. Cardano's Solution to the Cubic: A Mathematical Soap Opera[J]. The Montana Mathematics Enthusiast. 2005, 12(1): 65-71.

[136]   Zheng G, Xue-Kong C, Zhong-Xi H, et al. Development of a Solar Electric Powered UAV for Long Endurance Flight[C]. 11th AIAA Aviation Technology, Integration, and Operations (ATIO) Conference, Virginia Beach, 2011.

[137]   Qinetiq. Zephyr: the new standard for Unmanned Aerial Vehicles[EB/OL]. http://www.qinetiq.com/what/products/Pages/unmanned-aerial-vehicles.aspx,2012/Dec. 16.

[138]   Davey P. Zephyr HALE UAS [C]. European Command & African Command Science &

Technology Conference, Stuttgart, Germany, 2009.

[139] Harmats M, Weihst D. Hybrid-Propulsion High-Altitude Long-Endurance Remotely Piloted Vehicle[J]. Journal of Aircraft. 1999, 36(2): 321-331.

[140] Xiongfeng Z, Zheng G, Rongfei F, et al. How High Can Solar-Powered Airplanes Fly[J]. Journal of Aircraft. 2014, 51(5): 1653-1658.

[141] Guide to Reference and Standard Atmosphere Models[R]. AIAA, 2010.

[142] Struchtrup H. Macroscopic Transport Equations for Rarefied Gas Flows[M]. New York: Springer-Verlag Berlin Heidelberg, 2005.

[143] Groeneweg J F, Bober L J. NASA Advanced Propeller Research[R]., 1988.

[144] Xiongfeng Z, Zhongxi H, Juntao Z, et al. Sun-Seeking Eternal Flight of Solar-Powered Airplane[J]. Journal of Aerospace Engineering. 2014, 27(5): 1-6.

[145] Smith R E, George S. West C. Space and Planetary Environment Criteria Guidelines for Use in Space Vehicle Development[R]. NASA Technicd Memorandum 82478, 1983.

[146] Gilmore M S, Collins G C, Crumpler L S, et al. Investigation of the application of aerobot technology at Venus[J]. Acta Astronautica. 2005, 56(4): 477-494.

[147] Klaasen K P, Greeley R. VEVA Discovery mission to Venus exploration of volcanoes and atmosphere [J]. Acta Astronautica. 2003, 52(2-6): 151-158.

[148] Moroz V I. The Atmosphere of Venus[J]. Space Science Reviews. 1981, 29: 3-127.

[149] Xiongfeng Z, Zheng G, Zhongxi H. Sun-seeking Eternal flight Solar-powered Airplane for Venus Exploration[J]. Journal of Aerospace Engineering. 2014: (Article ahead of printed).

[150] National Earth Science Teachers Association. Windows to The Universe[EB/OL]. http://www.windows2universe.org/venus/atmosphere.html, 2010/Nov. 11.

[151] Athena Vortex Lattice (AVL). AVL overview[EB/OL]. http://web.mit.edu/drela/Public/web/avl/2005/Nov. 21.

[152] Sheu D, Ghen Y, Chang Y, et al. Optimal Glide for Maximum Range[R]. AIAA-98-4462, 1998.

[153] Green M A, Emery K, Hishikawa Y, et al. Solar cell efficiency tables (version 39)[J]. Progress In Photovoltaics: Research And Applications. 2012, 20: 12-20.

A
brief history of food

美味简史

岑嵘 著

团结出版社
UNITY PRESS

© 团结出版社，2024 年

图书在版编目（CIP）数据

美味简史 / 岑嵘著 . -- 北京 : 团结出版社，2025.
1. -- ISBN 978-7-5234-1144-5

Ⅰ . TS971.201

中国国家版本馆 CIP 数据核字第 2024F8Y461 号

责任编辑：何　颖
封面设计：阳洪燕

出　版：团结出版社
　　　　　（北京市东城区东皇城根南街 84 号　邮编：100006）
电　话：（010）65228880　65244790（出版社）
　　　　　（010）65238766　85113874　65133603（发行部）
　　　　　（010）65133603（邮购）
网　址：http://www.tjpress.com
E-mail：zb65244790@vip.163.com
经　销：全国新华书店
印　装：三河市东方印刷有限公司

开　本：146mm×210mm　　32 开
印　张：9.75　　　　　　　　字　数：140 千字
版　次：2025 年 1 月　第 1 版　　印　次：2025 年 1 月　第 1 次印刷

书　号：978-7-5234-1144-5
定　价：48.00 元
　　　　　（版权所属，盗版必究）

前言

食物是如何来到
我们的餐桌

1

今天晚餐你吃了什么？也许是西蓝花，也许还有番茄、荷兰豆、菠菜，你是否想过，这些食物为什么叫这个名字？

我们身边常见的食物名称有的带"番"，比如"番茄""番薯"，有的带"胡"，比如"胡椒""胡萝卜"，还有的带有"洋"，比如"洋芋""洋葱"，看起来这些食物都是来自异域，其实名字里包含着不同的贸易路线。食物的这些名称能够帮助我们理解人类的贸易和全球化的过程。

我们先说"胡"，这些带"胡"的食物大多是通过古代丝绸之路的贸易传过来的。建元三年（公元前138年），张骞出使西域。张骞出使西域本意是汉朝要联合西域诸国抗击匈奴，但出使西域促进了汉与西域之间的文化交流，从而开辟了从汉朝长安通往西域的"丝绸之路"。张骞本人就带回来很多植物，许多国内没有的食物也沿着这条"丝绸之路"的贸易逐渐传入我国内地，比如胡麻、胡饼（馕）、胡荽（香菜）、胡桃（核桃）、胡蒜（大蒜）等。

哥伦比亚作家加西亚·马尔克斯有本书叫《番石榴飘香》，带有"番"字的食物也很多，比如番木瓜、番椒、番梨（菠萝）、番荔枝等。带有"番"字的，大多是"哥伦布大交换"的产物。

随着大航海时代的到来，西班牙人凭借着武力征服了阿兹特克帝国和印加帝国，新大陆从此被欧洲人掌控。在欧洲人的主导下，新旧大陆展开了史无前例的大规模食物交流，新大陆的植物和动物大规模地转移到了旧大陆，全面重组了世界的生态系统。

16 世纪，从墨西哥前往亚洲的西班牙人米格尔·洛佩斯·德·莱加斯皮夺下了吕宋岛的马尼拉，并以此作为占领菲律宾的据点。西班牙人将新大陆的廉价银矿石从墨西哥运到了马尼拉，并与穿越台湾海峡前往马尼拉的福建商人开始了大规模的贸易往来，中国的生丝、丝绸和茶叶就是沿着这条贸易线路到达墨西哥的。这场贸易以西班牙人使用的大型帆船命名，被称为"马尼拉大帆船贸易"。

西班牙人将一些美洲农作物传入菲律宾，通过"马尼拉大帆船贸易"，再由菲律宾进一步传到中国，因此带有"番"字的食物大多来自美洲。这其中比较典型的就是"番薯"。16世纪中期，福建商人陈振龙在马尼拉经商时发现了番薯这种农作物，他在返乡之际，就携带了番薯回到中国。万历二十二年（1594年），福建发生大面积饥荒，陈振龙的儿子以赈灾的名义将番薯献给了福建巡抚金学曾，金学曾积极推广番薯的种植。明末科学家徐光启听闻番薯的作用后，进一步将它普及全国种植。

带"西"和"洋"的食物也很多，例如西蓝花、西芹、西葫芦、洋姜（菊芋）、洋白菜、洋梨、洋葱等。这些大多是康乾之后传入我国的，尤其是到了清朝末年，西方成功打开了中国的大门，国人开始渐渐向西方学习。和新技术、新理念、新思想一起涌入的，还有各种"洋货"，比如洋枪、洋炮，国人把这一时期从国外引进的舶来品都加上"洋"字，以区别国内其他的物品。

2

　　有趣的是，食物的这种命名方法不单在中国是这样，全世界都是如此。比如，日本以"唐"开头的食物，大都是通过中日贸易和交流传到日本的，如唐黍（玉米）、唐菜（菠菜）、唐辛子（辣椒）、唐瓜（黄瓜）。

　　在 16、17 世纪东南亚的国际贸易网络中，琉球的船只频繁出入福州港。琉球王国利用了明朝的朝贡贸易和禁止海外贸易的政策，成为了重要的贸易中转站。琉球王国一边连接中国，另一边连接着日本、朝鲜等东亚国家，同时与马来西亚、菲律宾等东南亚国家来往密切，中继贸易让琉球王国迅速繁荣起来。1605 年，琉球王国总管将番薯的栽培方法传到了琉球，最后进一步传到日本。因此在日本将番薯称为"唐薯"或"唐芋"。

　　另外，日本还有一些食物是以"荷兰"开头的，如荷兰白菜、荷兰芦笋、荷兰芹菜、荷兰辣椒等，这些大多是江户时代荷兰东印度公司在贸易中带到日本的。"荷兰草莓"也是荷兰人从欧洲带到日本的食物，但大多日本人不知道的是，它其实是在英国进行的品种改良，叫作"英国草莓"可能更合适。

江户时代的日本社会固化严重，德川幕府一直施行"锁国"政策，但也有例外，长崎就是当时唯一对外开放的港口，除了本国的船只外，仅允许中国和荷兰的船只停靠。荷兰人为了做生意，甚至承诺愿为德川幕府服务并保护日本，而荷兰人也确实参加过日本的平叛行动。

在大航海时代的欧洲，奥斯曼土耳其帝国横跨三大陆，因此，通过和阿拉伯或东方贸易而来的东西，就常常会被冠上"土耳其"之名，比如大黄被称为"土耳其香草"，南瓜被称为"土耳其黄瓜"。

而火鸡在英语里被称为"土耳其鸡（turkey）"，则是来自一个商业机密，火鸡原产于南美洲的墨西哥，英国人把它和原产于非洲后经由土耳其传至英国的"珍珠鸡"搞混了，珍珠鸡是一种乌黑油亮的非洲飞禽，看上去和体形较小的母火鸡非常相似。火鸡是由葡萄牙人从美洲引入欧洲的，但是葡萄牙人不愿让其他国家在海外寻找黄金、香料以及异域鸟类，故意隐瞒了它的来源，这就导致人们将这两种不同的动物混淆了。

同一样食物的不同叫法，也可以看出贸易的路线。比如，玉米在法国南部被称为"西班牙小麦"，在土耳其则是"基督教小麦"，到了意大利、德国、荷兰则变成了"土耳其小麦"。在北非和印度，玉米叫作"麦加小麦"，非洲很多地方还叫它"埃及高粱"。从这些称呼的变化，不难看出玉米是通过何种路径传播至全球的。

番茄酱（Ketchup），原是中国一个南方沿海地区的方言闽南语的一个词语"ketchup"，意为"鱼露"，即发酵的鱼虾酱汁。这一沿海地区就是重峦叠嶂的福建省，也是"tea（茶）"这个词的出处（从闽南话的 te 音而来）。

番茄酱的名称背后是中国航海贸易的黄金时代。公元 13世纪，福建成为繁忙的中国航海中心。海港城市泉州是当时世界上最大最富有的城市之一，泉州也是海上丝绸之路的起点。马可·波罗从中国去波斯时途经泉州，曾经目睹了这里繁荣的香料贸易，对这里船只的庞大数量啧啧称奇。

到了 15 世纪，郑和带着他的"巨无霸舰队"，从福建出发前往波斯，甚至远至非洲马达加斯加。而在民间，福建的商人和移民也频繁往来于东南亚的各个港口，带回番薯在内的各种海外食物。

在工业革命到来之前，中国一直是世界经济的霸主。

3

　　在浙江杭州，土豆被叫作"洋芋艿"，有时也被叫作"洋番薯"。在整个浙江不同区域，土豆的称呼也不大一样，例如在临安、安吉、奉化这些地方叫作"洋芋艿"，在建德被称为"洋芋头"，在义乌、东阳、兰溪被称为"洋芋"，在德清、玉环被称为"洋番薯"，在海宁、嘉善被称为"洋山薯"，在龙游、开化、常山被称为"马铃薯"，在淳安被称为"马铃芋"。

　　还有比较特别的是，在泰顺地区土豆被称为"康熙芋"，在岱山、嵊泗、普陀等地被称为"红毛番薯"。

　　从这些名称我们也会有一些发现，土豆是舶来品，因此和本地的食物名称"芋艿"或"山薯"发生关联，被称为"洋芋艿"或"洋山薯"。番薯是在明朝 16 世纪晚期通过多种途径传入中国的，如果土豆被称为"洋番薯"，那说明这些地区土豆的传入可能比番薯的传入更晚。

　　"康熙芋"的说法可能包含着一段历史，据说是康熙时期大力推广土豆的种植，这些地区有可能在康熙时期才普及土豆。

这种可能性也很大，与康熙帝（公元 1661 年—1722 年在位）时代不远的普鲁士国王腓特烈大帝（公元 1740 年—1786 年在位）即位后不久就颁布了《马铃薯令》，推广土豆，要求农民在闲置的土地上一定要种上土豆。

而土豆被广泛称为"马铃薯"也有两种说法，一种说法是它形状如同古代所用的马铃，因此被称作"马铃薯"，此称呼最早见于康熙年间的《松溪县志食货》。还有一种说法是最早开始宣传鼓励老百姓种植土豆时，是官方骑马摇铃吸引百姓注意的。

从全国来看，我国东北、河北等地区称为"土豆"，华北称"山药蛋"，这些名称很"本土"，而西北和两湖地区称"洋芋"，粤东一带称"荷兰薯"，闽东地区则称之为"番仔薯"。由此可见，土豆在中国也可能是通过海上贸易、陆地丝绸之路等不同路径传播的。

土豆、番薯、玉米这些美洲食物的到来，使得中国的人口数量也快速增长。到了乾隆后期，全国人口已经突破了 3 亿，打破了古代封建王朝的人口纪录。在粮食激增的背景下，清朝的内部矛盾得到缓解。清朝的财政收入也大幅增长，国库开始充盈。凭借雄厚的国力，清朝统一准噶尔，疆域臻于极盛，这也创造了长达百年的"康乾盛世"。

从小麦、水稻、猪、牛、羊算起，人类这些主要的食物来到我们的餐桌上大约已经有 1 万年的历史。15 世纪末到 16 世纪初的地理大发现，又极大丰富了我们的餐桌。晚餐上的每种食物，都有它的历史渊源，从它们的名称，我们隐约可以找到这些历史的线索。

食物的背后，不仅包含着人类的文明，更是一个关于金钱与权力、战争与文明的故事。

目录

第一章

粮食

五谷兴替背后的社会变迁

1. 小麦让关中平原成为龙兴之地

人类为何会钟爱小麦

人类历史上最伟大的发现之一就是小麦。那么小麦又是如何从一棵默默无闻的野草走进人类的历史呢？

将禾本科植物的种子变为粮食并不是一件简单的事，因为野生植物的种子一旦成熟，就会撒得遍地都是。植物的种子太小了，要把小小的种子一粒一粒收集起来非常麻烦。种子掉落的性质叫作"脱粒性"，对以自身的力量播撒种子的野生植物来说，脱粒性是极其重要的性质。如果种子成熟后都不掉落到地面，恐怕自然界中的植物早就灭绝了。

然而进化过程中总会有意外发生。在极小的概率下，一些植物发生基因突变而种子不掉落，这种性质叫作"非脱粒性"。在远古时代的某一天，我们的祖先偶然间发现了这种极其稀少的植株，这就是最早的小麦。

我们的祖先将这些小麦种子小心地收集起来，在尝试了无数种方法后，终于发现把小麦种子碾成粉末便能当作粮食食用了。又是在某个无意间，人们发现碾粉时小麦种子掉落的地方，第二年又长出了新的麦芽。他们意识到，这些种子不仅能作为粮食，种到土地里还能长出新的植株，于是开始种植小麦。

这个阶段大约发生在距今 1 万年前，之前的小麦也不过是诸多不起眼的野草当中的一种，人类种植小麦最早出现在中东一个很小的地区，这一地区属于"新月沃地（Fertile Crescent）"，也是人类文明最早的发祥地之一。

考古证据显示，可被归类为小麦的各种禾本科植物主要集中种植于西南亚，一粒麦和二粒麦是已知当时的各类驯化小麦的原生品种。目前已掌握的有关小麦种植的确凿证据，出土于约旦河谷的杰里科和泰尔阿斯瓦德一带，在对应着公元前 7000 年或公元前 8000 年的地层中，曾种有一粒麦和二粒麦。如今这些地方的生态环境看上去荒凉不毛，尽是沙漠。

就在人类开始种植小麦之后短短 1000 年内，小麦开始向世界各地传播。生存和繁衍是最基本的演化标准，而根据这个标准，小麦可以说是地球史上"最成功的植物"。以北美大平原为例，1 万年前完全没有小麦的身影，但现在却有大片麦田波浪起伏，几百公里内没有其他植物。"小麦在全球总共占据大约 225 万平方公里的地表面积，快有英国 10 倍大小。"[①] 这种曾经的野草究竟是怎么从无足轻重变成"无所不在"的呢？

　　小麦何以如此受人喜爱这个问题，关键和它做成的食物——面包密不可分。若没有面包，小麦也许不过就是众多谷物中普通的一种。

　　如果从营养、易消化性、耐久性、运输和储藏的便利度、口感和滋味的多样性和吸引力等方面衡量优缺点，小麦和其他同等食物似乎不相上下。然而要烘焙出好吃的面包，却离不开小麦。小麦相较于其他可食的禾本科植物只有一个显著优点，那就是它的秘密成分，亦即麸质（一种燕麦、大麦和黑麦中都有的蛋白质复合物）的含量比其他作物高了许多。这使得小麦特别适用于制成面包，因为麸质加了水会让面团变得易揉易搓；这种黏度能够让发酵过程中产生的气体被封锁在面团里。

----

① ［以色列］尤瓦尔·赫拉利：《人类简史：从动物到上帝》，中信出版社，2017 年 1 月版。

耕种小麦远比狩猎辛苦

小麦让人类的身份从狩猎采集者变成了农民。

耕种小麦相当辛苦，小麦不喜欢石头，田地里的石头必须捡干净搬出去，耕者腰酸背痛；小麦不喜欢与其他植物分享空间、水和养分，所以人们必须顶着烈日去除杂草；小麦还会得病，所以人们还得帮忙驱虫防病；不论是蝗虫还是田鼠，都不排斥饱尝一顿小麦大餐，所以农民又不得不守卫保护；小麦会渴，所以人类得从涌泉或溪流大老远把水引来；小麦也会饿，所以人们还得收集动物粪便，用来滋养小麦生长的土地；小麦成熟后必须及时收割，否则会造成籽粒脱落减产或遇到阴雨天长霉……

相比田间劳动，从事狩猎实在轻松和有趣得多。

现代人类学家指出，如今从事狩猎的人群，即使被迫居住在偏远地区，搜集食物仍只花去他们一小部分的时间，远远少于通过农牧生产等量食物所需的时间。

例如，非洲南部卡拉哈里沙漠的布须曼人，每星期通常花12到19小时搜罗食物，而坦桑尼亚的游居民族哈扎人只花不到 14 小时。这让他们有更多的时间从事娱乐、社交等活动。当人类学家问一位布须曼人，为什么他的同胞不实行农牧，他回答："世界上有这么多果仁，我们何必再种植呢？"果仁大约占布须曼人饮食的一半，采自野生树丛，尽管人们并未费心繁殖它们，其产量仍非常多。实际上，狩猎者每周工作两天，而有五天的"周末"。

而新的农业活动得花上大把时间，人类就只能被迫永久定居在麦田旁边。这彻底改变了人类的生活方式。

原始的农民越来越依赖栽培和畜养的食物，这是渐进的转变，而非突然的改变。但在某个时刻，人们跨越了无法察觉的界限，开始依赖农牧维生。

何谓跨越界限的时刻？即周遭地区的野生食物资源即使在被充分开发的情况下，也不足以供养这个地区的人民之时刻。于是，通过农牧费心生产以补充粮食，便不再是一种选择，而是一种必要的做法。

种植小麦，每单位土地就能提供更多食物，于是智人的数量也呈指数增长。大约在公元前 13000 年，人类还靠采集和狩猎维生的时候，约旦河谷的杰里科绿洲一带，大概可以养活一个有百名成员的采集部落，而且人们相对健康、营养充足。到了大约公元前 8500 年，野生植物的荒野成了片片麦田，这片绿洲这时养活了约有千人的农村。

到了这个地步，人们便很难再回到狩猎时代的游居生活形态了。

小麦是原始的货币

最初的人类进行的是最朴素的以物易物，但随着交换次数的增加，最常用的生活必需品开始成为"交换证"。小麦、椰枣、织物、盐等都充当过"交换证"，它们相当于物品货币。而小麦就是最原始的货币。

在古埃及，尼罗河每年的泛滥带来了矿物质和有机质以及肥沃的土地。小麦和大麦等作物蓬勃生长，并被用作支付一般劳务的原始货币。这些粮食变成了面包和啤酒，构成了埃及人的饮食基础。

小麦不仅是一种交换媒介，还在公元前 16 世纪越来越多地成为一种账目单位，就像其他一些商品一样，埃及人会从周边的文明社会那里交换来白银、香料和铜。伴随着新产品的流入，人们需要确立一种衡量标准，用来衡量和估算其他物品。小麦首先成了这种衡量标准。如果两种用来交换的物品之间存在价值差异，人们就可以用一定数量的小麦来消除这种差异。

在美索不达米亚，农民收获的小麦被收进神殿的仓库统一管理，神殿则支付给农民与缴纳的小麦具有同等价值的"代币"。这个代币就是刻有几何图形的黏土板。黏土板不是单纯的代币，黏土板上刻出的图形还可以表示物品的数量。这种神殿发行的代币来充当"交换证"换取小麦等物品。在埃及的努比亚地区的埃及堡垒中，也发现有木质代币，其直径大约有20厘米，其外表的形状如同各式各样的面包。其上还有象形文字，表明其所代表的面包和小麦的数量。

这些作为"交换证"的代币，也可以看作是早期的货币。

从西亚到黄河流域中部的干燥地带，生活着许多以畜牧为生的牧民，他们的生存离不开小麦，而他们自己又无法种植小麦，于是农民与牧民之间的交换就变得频繁起来。随着交换的范围逐渐扩大，让农民与牧民之间的交换更加便利的"商人"应运而生。不过，在商人往返于农民和牧民之间从事的交换活动中，必须满足以下三个条件才能成为"交换证"：便于运输；不会腐坏且价值稳定；农民和牧民都不会拒绝交换。

这就是最原始的"钱"的概念，当时的商人充分利用了人们对物品的信仰以及物品本身的特点。西亚的商人用银块当作钱来使用，黄河流域的商人则用贝壳。今天我们在三星堆的遗址挖掘出的贝壳应该就是当时的货币。

石磨让麦子变成中国人的主粮

大约在距今 4000—5000 年前，小麦通过欧亚草原通道传入中国。与小麦原产地冬季寒冷潮湿、夏季炎热干燥的地中海式气候不同，我国属于典型的北半球季风气候，大部分地区呈现冬季寒冷干燥、夏季暖热多雨的特征，在南方地区尤为显著，且夏季涝灾频发。由此导致小麦严重水土不服，根本无法在我国南方地区立足。

北方虽然有部分地区适合种植，但小麦产量低，而且需在春季播种，需要大量的水来灌溉，北方的春季干燥少雨雪，在水利条件不发达的华夏上古时期及夏商周时期，种植小麦是十分困难的事情。因而小麦传入中国后，只能在靠近河流的少部分地区种植，与北方占据主导地位的粟不可同日而语。它常被视为"外来的"异邦之物，甲骨文中提到小麦时，都称之为邻族作物。

所以在很长一段时期，麦子都被称为"杂稼"或"杂粮"，只在不产粟的少部分地区可以缴纳国库，而多数地区仍以粟作为主要农业税收来源。

直到战国末期，人们发明了"石转盘磨"，才可以将小麦粒磨成粉末。这种"石转盘磨"到了汉朝才得以在全国推广，人们可以把小麦粒磨成面粉食用。于是，从汉朝开始，人们才真正以麦子为主粮，以面食为主食了。

面食的出现在古代文献中又造就了一个新词"饼"，专指小麦磨成面粉后加工成的食物。明代王三聘《古今事物考》说：《杂记》曰：凡以面为餐者皆谓之饼，故火烧而食者呼为烧饼，水瀹而食者呼为汤饼，笼蒸而食者呼为蒸饼。"用火烧烤的称作

"烧饼","烧饼"的前身是"胡饼",它是从西域引进中国的,也就是现在人们说的"芝麻烧饼";放入沸水中煮的称作"汤饼",即现在的面条;用蒸笼蒸的称作"炊饼",也就是现在的馒头。因此,和西方烘焙面包不同,中国人通过特有的蒸煮方式,把小麦变成烧饼、面条和馒头。

不过,小麦主要种植在我国的北方,从古到今一直如此,虽然在明朝的时候,小麦种植已经遍布全国,但面积的分布却很不均衡,据明代的《天工开物》记载,北方"齐、鲁、燕、秦、晋,民粒食小麦居半,而南方闽、浙、吴、楚之地种小麦者二十分而一",这里的"粒食"是指"以粮为食"。由此可见,在那个时代,小麦是我国北方的主食,南方几乎不吃。

关中平原成为龙兴之地

关中平原又称渭河平原,是中国小麦的主要产区。它西起宝鸡,东至渭南,南接秦岭,北接渭河北山。西窄东宽,东西长约300公里,海拔400米左右,地势西高东低,经渭河、泾河、洛河冲积成平原。这里地势平坦,土壤肥沃,气候温暖,适合农业灌溉自古著名。

关中平原又因交通便利，四周有山河之险，从西周始，先后有秦、西汉、隋、唐等 10 代王朝建都于关中平原中心，历时千余年，成为龙兴之地。春秋战国，秦能统一六国，正是因为秦国占据着关中平原。司马迁在《史记·货殖列传》中写道："故关中之地，于天下三分之一，而人众不过什三；然量其富，什居其六。"关中地区土地和人口不过是天下的三分之一，财富却达到了天下的六成。

公元前 246 年，韩桓王在走投无路的情况下，想出了一条"妙计"。他以著名的水利工程人员郑国为间谍，派其入秦，游说秦国在泾水和洛水间，穿凿一条大型灌溉渠道。表面上说是可以发展秦国农业，真实目的是要耗竭秦国实力。

这一年是秦王政元年。本来就想发展水利的秦国，很快地采纳这一诱人的建议，并立即征集大量的人力和物力，任命郑国主持，兴建这一工程。在施工过程中，韩国"疲秦"的阴谋败露，秦王大怒，要杀郑国。郑国说："始臣为间，然渠成亦秦之利也。臣为韩延数岁之命，而为秦建万世之功。"

秦王政是位很有远见卓识的政治家，认为郑国说得很有道理，同时，秦国的水工技术还比较落后，在技术上也需要郑国，所以他便对郑国仍然加以重用。经过十多年的努力，全渠完工。《史记·河渠书》记载："渠成，注填淤之水，溉泽卤之地四万余顷（折今 110 万亩），收皆亩一钟（折今 100 公斤），于是关中为沃野，无凶年，秦以富强，卒并诸侯，因命曰'郑国渠'。"

郑国渠的意义不仅仅是灌溉，因为小麦属于耐旱的作物，所需的水分并不多。黄河流域的农业区属于季风气候区，季风来的时候雨量充足，到了季风不来的时候却很干旱，土壤中水分蒸发很快，却把盐卤留在土壤中。这样年复一年，农田就出现盐碱化，变成了无法灌溉的"卤之地"，而郑国渠的修成，用含泥沙量较大的泾水进行灌溉，增加土质肥力，不但灌溉了庄稼，而且让"卤之地四万余顷"得到重新利用。

郑国渠的兴修，大大改变了关中的农业生产面貌，使得秦国成为富饶的粮仓，为统一天下做好了物质准备。

三国时期，诸葛亮北伐的战略构想就是"平取陇右，蚕食雍凉，再图关中"。

　　对蜀汉来说，"守成都必先守汉中，守汉中必先守关中，而想守关中，必先攻取关中"。只有获得富饶的粮食产地关中平原，蜀汉和曹魏的攻守之势也就立即转换了。这也是诸葛亮耗尽毕生心血坚持北伐的原因。

2. 水稻，延续了华夏民族的血脉

中国是最早栽培水稻的国家

在浙江省博物馆曾经展出过一批"上山文化"的代表性文物，其中就有"上山遗址稻谷"。

"上山文化"最早发现于金华浦江县一个叫上山的土丘上，距今已经有 1 万多年。考古学家在这个地方发现了炭化稻米，经研究，这些是属于驯化初级阶段的原始栽培稻。这说明中国在 1 万年前就开始驯化稻米。驯化持续了几千年，大约到距今 6000—5000 年间，稻作农业最终取代采集狩猎，成为长江中下游地区经济的主体。

因此，中国是世界最早栽培水稻的国家。

全世界的水稻传播，可以分成三个系统。

大概在唐朝以前，我国长江流域栽种的水稻传到了朝鲜，以后再传到日本。日本的水稻，向西传到西伯利亚，传到俄国；向东则传到美洲。

水稻的另一产地印度，它的稻种由西传到伊朗、巴比伦，
进入欧洲。

三千多年前，印度尼西亚爪哇也已开始种稻，从而形成南
洋系统的稻米。

水稻引发的宋代人口大增长

公元 1012 年，我国南方发生了一场春旱，从而导致江淮、
两浙地区（宋代有两浙路，辖今江苏省长江以南及浙江省全境）
农业歉收。宋真宗召集了群臣，商讨解决的办法。这时有人向
他提议，在福建地区有一种占城稻，这种水稻据说原产于占城
国（今越南中南部），故名占城稻，具有高产、早熟、耐旱三大
特点，并且生长期很短，在条件适宜的情况下，从种到收只需
要两个月的时间。

事实上，占城稻虽以占城为名，但在安南、占城、真腊等
国都有普遍种植。这种占城稻在宋朝初年，被泉州的商人从东
南亚带到了福建等地，并且在福建地区已经种植多年。于是大
中祥符五年（1012 年）宋真宗遣使到福建取占城稻，多达三万

斛，分别在长江、淮河以及两浙地区推广，并命转运使张贴榜文"……稻比中国者，穗长而无芒，粒差小，不择地而生"。

宋朝的农民很快发现，占城稻与晚稻配合成为双季稻，可使谷物产量大为增加。宋人在占城稻原有品种耐旱性基础上，又根据各地具体条件，人工选择培育出了许多新品种，于是占城稻能够被更多地区的民众接纳，因而取得了更大发展。

在推广占城稻一事过去六十多年后的北宋后期，还只是当初推广地区保持着种植占城稻的状态。到了南宋时，在今江苏、安徽、浙江、江西、湖北、湖南、四川、福建、广东等地都已种植了占城稻。

自古以来中国人口北多南少的居民，在占城稻这些高产的水稻影响下，直接激发了宋朝时期中国人口的大增长，特别是在南方地区。北宋时期，全境人口约有 1 亿人，如果以秦岭淮河一线划分，南方地区的人口数量已经超过了北方地区人口的一倍。

大米"创造"出的金融工具

16 世纪的日本是一个"战国时代",各个领主之间延续了长达 150 年的战争,使得民不聊生。到了 16 世纪末,日本最终被织田信长、丰臣秀吉和德川家康统一,建立了中央集权的国家。

织田信长是三人当中首位掌权的将军,他尝试在日本建立起货币经济,并从中国明朝引进了方孔铜钱,但是这种货币体制持续的时间并不长。织田信长的继任者丰臣秀吉用大米市场取代了货币市场,他将商人都聚集到大阪,使得大阪成为日本最重要的城市之一。大阪的人口迅速从 7 万增加到 17 万,人口的增长导致大米严重短缺,丰臣秀吉要求日本各地的大名和诸侯将大米运至大阪,然后按质量等级登记和分销,这就形成了大米交易市场。

大米交易所的供给和需求主要取决于天气,而天气经常难以预测,结果投机活动就变得越来越活跃。到 17 世纪末,交易所聚集了 1300 名大米商人,1710 年,交易所又引入了大米库券和期货合约。

在德川幕府时代（1615—1876 年），大米交易所所在的堂岛发展成为日本的商业中心，而这个时代最传奇的投机者当属本间宗久。

本间宗久，1724 年出生于港口城市坂田的一个富有之家。1750 年他掌管了家族生意，开始在大阪交易大米期货。他最出名的商业贡献是发明了蜡烛图的分析方法。

蜡烛图其实是受到了锚形图的启发，锚形图因为它的形状像是船舶的锚而得名，它是德川幕府时代聚集在港口城市不知姓名的米商们发明的，锚形图中绘制一条垂线段代表特定时段内最高价和最低价。

本间宗久的蜡烛图是锚形图的改进版。跟锚形图一样，蜡烛图中绘制出垂线段表示最高价和最低价，以及开盘价和收盘价。锚形图使用箭头标示开盘价和收盘价的变化，而蜡烛图是通过颜色表示的：当开盘价低于收盘价时，蜡烛烛身为白色，反之则为黑色。当时许多蜡烛图是用军事术语来命名的，举例来说，有"拂晓进攻""三兵前进形态""反击形态"和"墓碑形态"等。

这些蜡烛图最后发展成为我们今天股市中常用的分析技术"K 线图"。

人类为什么需要杂交水稻

驯化稻的品种很多，但基本可划分为两大类：籼稻和粳稻，又称印度型水稻和中国型水稻。印度型水稻通常为长粒稻米，这一演化支系中最具代表性的例子是印度香米（巴斯马蒂大米）。而粳米通常颗粒较短，有时也称珍珠米。

许多地方栽植的亚洲稻米品种颗粒长度都介于籼稻和粳稻之间。粳米和籼米都有糯性和非糯性品种，但粳米烹煮后往往会变得黏且糯。在这两大演化分支中，有些品种具备适宜水田种植的性状，而另一些品种则更适合旱地。

"稻米最早在长江下游被人类驯化"的观点早已被普遍接受，但学界对印度北部是否可能存在一个次生起源地的说法一直有争论。一种观点主张，印度型水稻分支与中国型水稻系毫无关联、各自进化；另一种观点则认为，印度型水稻在数千年前才从中国型水稻中分离出来。然而，这两个种群之间的整体遗传学差异暗示，水稻可能在中国和印度分别被驯化。

　　籼稻有着优秀的抗旱性，比各种各样的糯米品种更能抵抗虫害和疾病的侵袭，而粳稻长得矮小，因此不容易倒伏，此外它还有一个优势，就是能够接受现代化的耕作方式。

　　于是，稻米遗传学上的一个策略，就是将这两个品种嫁接到一起，用这种办法得到人们想要的特征，同时去掉不利的因素。1959 年，洛克菲勒与福特基金联合起来，投资建立了国际水稻研究所，培育出了被称为"奇迹之稻"的"IR8"。这种水稻身材矮小，它的基因来自中国台湾地区的某个野生品种和印尼的某个高产稻种，它适合使用化肥，同时能量进入谷粒中，而不是陡然增高茎秆的高度，新品种有结实的茎秆和巨大的穗，这些穗能轻易从茎秆上摘下来，非常有利于机械收割。新水稻很快在全世界普及开了，有超过 80 个国家种植，在 1968 年到 1981 年之间稻米的平均产量提高了 30%。[①]

　　同样，在 20 世纪 60 年代和 70 年代，中国的农业科学家

---

　　① ［美］玛格丽特·维萨：《一切取决于晚餐》，电子工业出版社，2015 年版。

也启动了研发杂交水稻的工作。他们最大的成就是培育出水稻雄性不育系，阻止植物自体授粉，因而只能通过杂交繁殖。这一创举很大程度上归功于中国科学界的传奇、被称为"杂交水稻之父"的袁隆平院士。1976 年，杂交水稻成功推广。袁隆平和他的团队攻关的超级稻育种项目，水稻产量屡次创世界纪录。

　　中国的农业科学家正不断地创造新的奇迹，而袁隆平院士的"禾下乘凉梦"也在变成现实。

3. 番薯的冒险之旅

番薯究竟是怎么传入中国的

番薯原产南美洲及大、小安的列斯群岛，最早种植于墨西哥、哥伦比亚一带。哥伦布在 15 世纪末发现美洲后，美洲的番薯首先传入欧洲。番薯根部肥大的部分可供食用，在主要农作物中，番薯所含的热量是最高的。

在中国，由于番薯的甜味与红色，又被称为"甘薯""甜薯"和"红薯"。

番薯传入中国有多条路径，据统计番薯传入的路线多达近十条，可见引入番薯并非一人之功，而是经过多人、多路径引种最终完成的本土化，不同渠道之间的区别仅仅在于影响大小、时间早晚而已。

这些传入中国的路径中最著名也是最重要的就是福建渠道。

16 世纪，从墨西哥前往亚洲的西班牙人米格尔·洛佩斯·德·莱加斯皮夺下吕宋岛的马尼拉，并作为占领菲律宾的据点。此后，西班牙人将新大陆所产的廉价银矿石从墨西哥的阿卡普尔运至马尼拉，并与穿越台湾海峡来到马尼拉的福建商人开始大规模的贸易往来。

这场贸易以西班牙人使用的大型帆船命名，也被称为"马尼拉大帆船贸易（Manila Galleon Trade）"。

番薯也由当时的西班牙大帆船运至菲律宾，由于可以长期保存，船员便购入其作为航海的粮食，因而传到了吕宋岛。同时由于番薯容易种植，于是在吕宋当地栽种。

陈振龙（约 1543—1619 年），福建福州府长乐县青桥村人，往来于吕宋和福州之间经商。其间陈振龙同其子陈经纶见吕宋当地种植一种叫"朱薯"的作物，块根"大如拳，皮色朱红，心脆多汁，生熟皆可食，产量又高，广种耐瘠"。这种开着淡紫色小花的草本作物，在吕宋"被山蔓野"，当地土著"随地掘取""以佐谷食"（《金薯传习录》）。

陈振龙想到，家乡"闽都隘山阨海，土瘠民贫，赐雨少愆，饥馑存至，偶遭歉岁，待食嗷嗷"，若能把番薯引种乡土，将是一件造福万民的大好事。

16 世纪中叶，西班牙征服菲律宾后，"红夷常患粮米不足"，故从美洲引进"朱薯"在当地栽种。史料记载，朱薯进入吕宋的时间约在 1565 年。尽管朱薯极易成活且高产，但吕宋当局仍视为奇货，"珍其种，不与中国人"，还在海关、码头层层设卡盘查。陈振龙经过精心谋划，"取薯藤绞入汲水绳中"，并在绳面涂抹污泥，于 1593 年初夏巧妙地躲过关卡检查，"始得渡海"。航行七昼夜后，于农历五月二十一日回到福建厦门。

陈氏引进番薯之事，明代科学家徐光启的《农政全书》、史学家谈迁的《枣林杂俎》等均有论及。

另一条路线是云南渠道。

明嘉靖四十二年（1563 年）李元阳所撰的《嘉靖大理府志》中就有山药、山薯、紫芋、白芋、红芋等薯芋类物产的记载。明万历二年（1574 年）李元阳撰《万历云南通志》载，在云南的临安（今建水县）、姚安、景东、顺宁（今凤庆县）四府已种植了"红薯"。

这四府均离缅甸较近，中缅边民跨境交往的历史悠久，故认为红薯是 1574 年前由缅甸传入的。不过有学者质疑，《云南通志》所说的"红薯"不一定就是番薯，极有可能是中国传统的薯蓣（山药），番薯由中缅边境传入，尚缺乏相关史料的支持。

还有一条线路是广东渠道。

陈益，广东东莞虎门北栅人。据宣统年间《东莞县志》记载，明万历八年（1580年），陈益搭乘友人的商船从虎门出发前往安南（今越南），当地酋长以礼相待。每次宴请，都有一道香甜软糯的官菜，除了非常可口外，还能充饥，这便是番薯。此后陈益便特别留意番薯的生长习性和栽培方法。但是当地法规严禁薯种出境。万历十年（1582年），他冒着生命危险，以钱物疏通了酋卒，在他们的帮助下得到薯种。他将薯种藏匿于铜鼓中偷带回国。回国后，他先在家乡栽种，"自此之后，番薯种植遍布天南"。

历史并非孤立的叙事线，它更像一张交错的网络，每个人物都起了很大作用，还有许多重要路径和重要的人物，如万历十二年至十三年间（1584—1585年），番薯从南澳岛传至福建漳州等。显然，番薯入华并非一人之功劳，但其中影响力相较更大的还是陈振龙引入番薯之举。

为什么说番薯曾是中国历史上的"救命粮"

在中国农业史上，曾经有过两次农业革命：一次是北宋真宗大中祥符五年（1012 年），宋朝开始大规模引种耐旱、早熟、相对高产的占城稻；而第二次则是以番薯、玉米传入中国为代表掀起的食物革命。

明朝万历二十二年（1594 年），福建发生大面积的饥荒，陈振龙的儿子陈经纶以赈灾的名义，将番薯献给了福建巡抚金学曾。金学曾看到了番薯的高产性，开始积极推广番薯的栽种，以解决百姓的饥饿问题。从此，番薯也有了"金薯"的美誉，成为了福建农民最爱的作物。

明末科学家徐光启在听闻番薯的作用后，于万历三十六年（1608 年）农作物歉收时将番薯栽种于上海。这一年，徐光启著成《甘薯疏》，介绍了番薯的种植方法和作用。徐光启写作此书主要目的就是为了救荒。他在《甘薯疏序》中写道：

"余不佞独持迂论，以为能相通者什九，不者什一。人人务相通，即世可无虑不足，民可无道馑。或嗤笑之，固陋之心，终不能移。每闻他方之产可以利济人者，往往欲得而艺之，同志者或不远千里而致，耕获苦菑，时时利赖其用，以此持论颇益坚。岁戊申，江以南大水，无麦禾，欲以树艺佐其急，且备异日也，有言闽、越之利甘薯者，客莆田徐生为予三致其种，种之，生且蕃，略无异彼土。庶几载橘逾淮弗为枳矣。余不敢以麋鹿自封也，欲遍布之，恐不可户说，辄以是疏先焉。"

由此可见，江南发生大水灾，导致谷类作物减产。当时的江南"自三月二十九日以至五月二十四日，淫雨为灾，昼夜不歇，千里之内，俱成陆海"。为了解决粮食问题，徐光启托客居在莆田的朋友给他带来番薯种。在试种后，徐光启发现番薯不但成活而且获得丰收。为了更好地推广这个救荒作物，他决定著《甘薯疏》。

《甘薯疏》不仅在于介绍了这个作物新品种的益处和种法，还在于表现了徐光启对农业生产的一种先进思想。当时人们大多固执地相信一定的作物只和一定的土壤、气候有联系，倘若易地栽植，不是发育不良，就是种性改变。这种不全面的看法妨碍了高产作物的推广种植。徐光启不赞同这种保守思想，他认为由于人力的措施，也能培育植物的适应性。

乾隆十四年（1749年），陈振龙的五世孙陈世元来到山东胶州（今青岛）古镇口经商时，发现昔日富庶的胶州竟然天灾横行、饥馑四野，他后来回忆说："时东省旱、涝、蝗、蝻，三年为灾。"

陈世元决定延续自己先祖陈振龙的使命，广泛发动农民在黄河流域推广种植番薯。陈世元自己垫资雇人前往胶州古镇口试种番薯，历经两年试验，番薯最终种植成功。于是，胶州等地农民"乃各骇异"，随后也开始了大规模的引种和传播。

"康乾盛世"，番薯的作用不容忽视

番薯在16世纪后期引入我国闽粤地区后，并没有迅速向其他地区传播，仅在东南地区种植，一段时间后才逐渐向江浙等沿海地区和江西、两湖地区蔓延，此后又传播到北方地区，至 18 世纪中期,番薯已遍布全国。历经一个多世纪的传播,番薯成为主要粮食作物之一,并因其高产、抗旱、适应性强、口味香甜等特性,深受百姓喜爱。番薯的广泛传播促进了农业生产的发展,也为人口的增长奠定了良好的基础。

明朝末年,天灾和战争不断,人口数量不断减少,"人口数量在嘉靖末年以后,便不再有所增长,待到崇祯时期,人口数量更是急速下降"(《中国人口通史》)。我国人口从 1600 年的 2 亿人下降到 1650 年的 1.5 亿人,人口数量降低了近 5000 万人。

但是,从顺治十七年(1660 年)开始,清朝人口经历了从缓慢增长到急剧增加的过程。到乾隆年间,人口更是呈现爆发式增长。道光十四年(1834 年),全国总人口数更是突破了 4 亿人口大关,达到 40100.8574 万;咸丰元年(1851 年),人口数为 43608 万。

据人口专家曹树基先生在其所著的《中国人口史·第五卷》中的研究,以及《谓实录》中所记录的人口数据,从康熙十七年到乾隆四十一年的人口年平均增长率达到了 6.82‰,从乾隆十一年到嘉庆二十五年的人口年平均增长率为 4.72‰。由此可见，我国人口在经历了明朝末年的急剧下降后，在康乾时期实现了爆发式的增长，并且一直到嘉庆、咸丰年间仍旧保持了高速的人口增长。

顺治九年（1652 年），清朝首次大规模统计全国总人口数据是 1448.3858 万；顺治十八年（1661 年），清朝基本统一中国时，全国总人口数据是 1913.7652 万。康熙六十一年（1722 年），全国总人口数据是 2576.3498 万 [需要注意的是，清朝在乾隆六年（1741 年）之前统计人口数据单位都是"丁"，即缴纳税赋的人丁数，准确地说是"男丁"或"丁男"，不是总人口。人丁和总人口的比例，据《中国人口通史》（路遇、滕泽之著）一书中测算，在清初大约是 31∶100，所以实际人数应为统计数据的 3.2 倍左右]；到了乾隆后期，全国人口已经突破了 3 亿，打破了古代封建王朝的人口纪录。

关于"康乾盛世"的说法最早可追溯到康熙五十二年（1713 年），康熙帝宣布实行"盛世滋生人丁，永不加赋"，这也成为中国古代封建王朝的最后一个盛世。究其原因，除了清中叶以来的社会安定，版图空前扩张，"摊丁入亩"使大量匿报户口得以上报之外，粮食生产革命也功不可没。在粮食激增的背景下，清朝的内部矛盾得到缓解。清朝的财政收入也大幅增长，在税率没有提升的情况下，国库存银达到 8000 万两。凭借雄厚的国力，清朝成功统一准噶尔等，创造了长达百年的"康乾盛世"。

清朝人口迅速增长离不开农业的高产，美洲高产粮食作物的引进和广泛种植使得粮食单位面积产量不断提高，其中番薯的作用不容忽视。番薯对土地和气候的适应性很强，从南方到北方，从山区到平原，凡是旱田，皆可种植，使得可耕地面积扩大，并且番薯种植对人工管理的要求简单、耗时少、产量高，一亩可产数千斤，远远高于其他粮食作物。

尤其遇到灾荒年份，番薯抗旱高产的特性使其鲜有绝产，即使产量较低，其叶蔓亦可充饥。另外，番薯具有很高的营养价值，且口感鲜甜。到清朝中后期，番薯已在全国范围内广泛种植，并成为主要粮食之一。番薯的引入和传播在很大程度上满足了当时百姓的基本饮食需求，促进生育率和预期寿命的增加，从而为人口的增长奠定了基础。

番薯等种植引来的移民潮

《中国人口通史》曾给出了这样的结论：番薯就是清朝中期以后人口继续得以高速增长的基本原因。"胜种谷二十倍"的番薯养活了不断膨胀的人口。

得益于番薯的广泛引种，福建人口也从明朝万历年间（1573—1620 年）的 173 万人，增加到了清朝道光十四年（1834 年）的 1500 多万人。

从全国范围来看，番薯自闽广地区首先引入，之后向周围省份传播。而闽广地处我国的东南地区，因而南方省份大都比北方省份引入番薯的时间早一些，当地百姓对番薯的认可也就更早，受番薯的影响也更大，从而使得番薯对南方人口增长的促进作用更为显著。

番薯对人口增长作用更多是通过增加粮食供给实现的，而粮食产量与耕种面积密切相关。在肥沃的土地上，稻米、小麦等作物的种植面积占比最大，而番薯主要是在新开垦的荒地上大量种植，明清时期垦荒的重点是南方地区。因此，番薯在南方的种植面积比北方大，从而可能导致番薯对南北方人口数量影响存在差异。

南方地区番薯适宜性比北方地区高。番薯虽然高产抗旱，适应性强，但其更喜好在亚热带地区生长。我国亚热带地区主要位于秦岭淮河以南，主要包括两广地区、两湖地区、云贵川、浙江、江西等南方省份。所以番薯在南方的适宜性更高，产量应该相对也较高，从而番薯引入对南方人口增长的影响也就更大。

此外，在番薯引入北方的初始阶段，冬天太冷，薯苗无法存活，每到栽种时都需要去南方购买，一直到清乾隆后期，才找到了北方番薯留种的方法，这也证明了番薯更适宜在较温暖的南方生长。

因此，番薯对南北人口的影响是不同的，玉米的引入对北方人口增长的效应更加显著，而对南方人口的增长作用并不显著。番薯则相反，明清时期番薯对南方人口的增长作用比北方要高。

　　另外，随着人口的不断增加，大量的森林被砍伐，因而导致自然灾害频发。明初中国的森林覆盖率大约为 26%，到了明末清初约为 21%。[①] 从 1840 年到 1940 年这一个世纪中，中国发生了严重而频繁的旱灾和水灾；1847 年河南大旱，1849 年湖北、安徽、江苏和山东等数省洪涝，1849 年广西大饥荒，1852 年黄河改道，淹没了山东大片地区，等等。尤其是 1928 年—1930 年的"民国十八年年馑"，蔓延至北方 9 省，5700 万人受灾，导致上千万人死亡。[②]

　　在人口剧增的压力下和水土遭到破坏自然灾害频发的影响下，民间自发的移民运动成为晚清的典型现象：河南和山东等北方农民迁往东北，即"闯关东"；山西人迁往内蒙古，即"走西口"；福建和广东等省的农民流向海外，即"下南洋"和"苦力贸易"。

————————

　　① 葛全胜：《中国历朝气候变化》，科学出版社，2011 年版。

　　② 杜立君：《民国十八年年馑》。

4. 大豆保持了中国文明的连续性

原产于中国的大豆

　　大豆原产于中国，大豆在中国古代称作菽，春秋五霸的第一位霸主齐桓公，曾北上征伐"犬戎"，得胜归来，也给中原地区带回了高产的大豆品种。

　　中国第一部诗歌总集《诗经》中，多次提到大豆，例如《诗经·小雅·小宛》中"中原有菽，庶民采之"，《诗经·小雅·小明》中"岁聿云莫，采萧获菽"。其中"采萧"应指采集野生或半野生大豆种子，"获菽"是收获栽培大豆，应该说西周时期人们习惯于既采集又栽培大豆，仍处于从野生大豆驯化为栽培大豆的初期阶段。

　　《小雅·采菽》中写道"采菽采菽，筐之筥之"，可见远在春秋时代大豆就已经是一种较为普及的作物了。《诗经·豳风·七月》中写道："黍稷重穋，禾麻菽麦"，这说明到春秋时期，黍和稷仍是当时重要的粮食作物，而大豆同样也是田间常见作物之一。

大豆最开始是作为食物食用的，古代的人们是完全没有蛋白质和营养的概念的，但对众多食物的最终选择结果却是，大豆位列最重要的五谷之一（五谷，通常指稻、黍、稷、麦、菽）。

大豆的祖先是一种叫作"野大豆"的植物，也简称"豆"，它和大豆两者同属，可杂交。大豆与常见的扁豆、豇豆等豆科作物不一样，它不是用藤蔓生长，而是有自己直立的茎。

大豆是如何从藤蔓植物进化成直立作物的呢？

这个原因科学家至今没有弄清楚，只是从植物的角度来看，不直立，而是用藤蔓攀附在其他植物上不断向上生长，这是一个有利于快速生长的性质。另一方面，从人类的角度来看，培育藤蔓植物很耗费功夫。除了必须要立起一个藤蔓可以攀爬的支柱外，藤蔓相互纠缠的话，收获时会很麻烦。也许正因为如此，人们才选出了具有直立特征的植物体系。

如今，人们开发了各种品种改良技术，但现在的大豆与数千年前诞生时的样子几乎没有差别，没有像从藤蔓植物演化成直立的植物那样剧烈的变化。在黑龙江大豆的故乡逊克县，我们仍然能见到大豆与野大豆之间的连续过渡：有些大豆似乎微微有藤，而有些野大豆似乎藤状不明显。

保持了中国文明的稳定性

在古代中国，北方的黄河流域以大豆和粟为中心的旱田耕作农业发达，南方的长江流域以水稻为中心的水田耕作农业发达。

进行农耕、收获农作物后，土壤中的养分就会流失，所以，连续种植作物后，土地会变得贫瘠。另外，连续种植某一特定的作物，矿物质平衡会被破坏，植物释放出的有害物质会让土壤环境变得不适宜植物生长。因此，早先开始农耕的地区土地都会沙漠化，其文明也最终走上了灭亡的道路。

但是，支撑着中国农耕文明的水稻和大豆是对自然破坏很少的作物。

在水田种植水稻，山上流下来的水会补给营养物质，多余的矿物质和有害物质也会被流水带走，所以不会产生连作障碍，同一片水田每年都可以进行稻作。

另外，大豆是豆科植物，豆科植物有可以通过和细菌共生、从空气中固定氮元素的特殊能力。因此，大豆在没有氮元素的贫瘠土壤上也能种植，在种植过其他作物的田里种植大豆的话，还能够恢复土壤肥力，让贫瘠的土壤变得肥沃起来。

正是这种土地的可持续利用，对保持了中国文明的稳定性起到了一定的作用。

另外，大豆的蛋白质含量通常在 35%—40% 之间，这在众多食物中，是一个相当高的比例。这一比例超过了通常的肉类和蛋类，更是常见谷物的 3—4 倍。大豆蛋白的获取成本比肉类要低很多，这对缺乏肉类的人群来说是非常难得的。事实上，在以农耕为主的古代中国，肉类通常是比较缺乏的，人们通过大豆获取了人体所必需的蛋白质。

大豆的蛋白质还有一个可贵之处，就是大豆蛋白与谷物蛋白具有互补性。大豆的蛋白质不但含量高，而且质量好，氨基酸种类较全，尤其是必需氨基酸（人体不能自身合成或合成不能满足机体需要的氨基酸）含量丰富。

　　含有较多碳水化合物的稻米和含有较多蛋白质的大豆搭配起来，营养就更为均衡。不仅如此，大豆所含的赖氨酸比禾谷类植物要高出 6—7 倍之多。同样，大豆所含的氨基酸，其中蛋氨酸（即甲硫氨酸）含量较少，而稻米中的蛋氨酸含量丰富，如此，稻米和大豆一相搭配，营养物质就更为全面了。

　　稻米和大豆的黄金组合，不仅使得土地保持了持久的肥力，也为人们提供了更为均衡的营养。

大豆在中国历史上地位的变化

　　进入战国时期，中国粮食作物的种类虽然与以前相比变化不大，但主要作物的地位发生了较大改变，"五谷"之一的大豆快速上升到主食地位，成为人们生产生活中的主要农作物和粮食来源。

　　在《管子·重令》中就有记载："菽粟不足，末生不禁，民必有饥饿之色。"《孟子·尽心章句上》中提到："圣人治天下，使有菽粟如水火。菽粟如水火，而民焉有不仁者乎？"（圣人治理天下，使百姓的粮食像水与火一样充足。粮食像水与火一样充足了，老百姓哪有不仁慈的呢？）可见一直以来"黍稷为主"的主粮构成已经转变为这时的"粟菽并重"了。

在君主治国和百姓民生问题上，都提到了需要有充足的主粮菽为前提，作为国家安危的保障，大豆是普通百姓的主粮，在农业种植和生产中得到了足够的重视。

春秋战国时期大豆作为主食的加工和食用方法较为简单，基本是水煮豆子后当作豆饭、豆粥食用，如《礼记·檀弓下》中载："孔子曰：啜菽，饮水，尽其欢，斯之谓孝。"其中"啜菽"即为喝豆粥。

到了秦汉时期大豆仍是较为重要的粮食作物，秦二世下令"下调郡县转输菽粟刍藁（刍藁，指牲畜的干草）"（《史记·秦始皇本纪》），以满足兵丁的口粮。

随着粟和麦主食地位的上升，大豆的种植面积开始有所下降，由于大豆相比粟来说，单位面积产量要低，而且粒食口感也要差很多，不易消化。随着黄河流域农作区保墒（指保持住土壤里适合种子发芽和作物生长的湿度）技术提高，粟的产量进一步提高。同时，在董仲舒的建议下，关中地区也开始大面积推广冬小麦种植。粟和麦主食地位的上升，使大豆的地位随之退居其后。

据记载，到汉武帝时期，大豆在农作物中的种植比例已由战国时期的 25% 降到 8% 左右，而种植范围已逐渐由黄河流域向长江流域发展，西自四川，东至长江三角洲，北起河北、内蒙古，南到浙江。

自汉代以后，随着中国农业技术的迅猛发展，北方旱地农业精耕细作技术和南方水田农业技术相继成熟，大豆选种育种、防旱保墒、作物轮作等栽培技术也有很大进步，大豆种植范围也从最初主要集中于黄河流域进一步扩展到全国。但与之相反的是，大豆在主粮系统中的地位则呈下降的趋势，粟、麦、稻等作物先后发展成最主要的粮食作物，大豆则逐渐退出了人们的主食选择，转向副食品加工制作方向发展。

让人眼花缭乱的豆制品

大豆的传统豆制品主要分为发酵和非发酵两大类。

大豆中的蛋白质等成分经过发酵，会产生很多具有鲜美味道的物质，这使得本身并不怎么好吃的大豆，摇身一变成了美味，因此，大豆发酵制品在传统大豆制品中占有重要地位。在发酵类的大豆制品中，以豆豉、腐乳、酱油最为有名，这些都是中国人日常生活中常见的食物品种。

中国很多地区都有制作豆豉的习惯，由于各个地区制作工艺的差异，制作出来的豆豉也是风味各异，都有自己的独特之处。比如，川菜的代表菜之一回锅肉的制作过程中，豆豉就是必不可少的一味调料。

腐乳则是另一大类的大豆发酵制品，在今天中国的大小超市的食品货架上，红腐乳、白腐乳等腐乳类食品也是较为常见、很受欢迎的佐餐食品。

酱油自古以来就是重要的调味品种，时至今日，酱油的制作工艺发生了重大变化，以满足大规模的生产和制造的需求。以大豆为主要原料发酵而成的酱油，富有特殊的香气和鲜味。

大豆的传统制品中的另一大类就是豆腐、豆浆、腐竹、千张等豆制品了。其中豆浆和豆腐是最为常见的非发酵类大豆制品。

中国人充分发挥了具有特色的烹饪技巧，针对豆腐这种简单的食材创造了花样繁多的做法：毛豆腐、豆花（又称豆腐脑、豆腐花）、麻婆豆腐、臭豆腐、干豆腐、豆腐皮、冻豆腐等。豆腐的菜肴是中国菜中的一大类，在中国的各大菜系中，都少不了以豆腐为主角或配角的菜肴。比如，川菜的代表作之一麻婆豆腐，就是以豆腐为主要原料制作的著名菜肴。

纪录片《舌尖上的中国》有一期是讲豆制品的，片中讲到了嫩豆腐、奶豆腐和毛豆腐等豆制品，它这样说道："豆腐的诞生彻底改变了大豆的命运。豆腐无限包容的个性，给擅长烹饪的中国人创造了极大的想象空间。那些原本让大豆尴尬的不利因素，胰蛋白酶抑制剂，不能被吸收的糖以及植酸在中国人古老的转化手段中都被自觉或不自觉地消除了。豆腐的出现，让人体对大豆蛋白的吸收和利用达到了一种高峰。"

大豆作为副食品的加工和食用在战国到秦汉时期就已经出现，《楚辞·招魂》中就有："大苦咸酸，辛甘行些。"王逸注："大苦，豉也。"就是指豆豉。而关于豆腐，它起源于西汉淮南王刘安时期八公山一带，是由淮南王刘安发明的。

魏晋南北朝以后，豆制品的加工进一步向多样化发展，中国现存最早的综合性农书《齐民要术》中就有详细的关于豆豉、豆酱的加工制作流程的记载，可见当时人们已经积累并掌握了一定的豆制品加工和发酵技术。

隋唐宋元时期，大豆种植范围已基本遍布全国，大豆制品的品种也逐渐丰富起来。豆腐开始更为广泛地被人们食用，《清异录·官志门》记载："时戢为青阳丞，洁己勤民，肉味不给，日市豆腐数个，邑人呼豆腐为小宰羊。"这里将豆腐与小羊肉类比，可见当时人们很早就认识到豆腐的营养价值。这段时期大豆也开始用来榨油，宋代苏轼的《物类相感志》就有记载："豆油煎豆腐，有味。"

到了明清时期，大豆各项栽培和加工技术进一步完善，豆豉、豆腐、豆酱、豆油、豆浆、腐乳、腐竹等多种豆制品都有了新的发展，并受到百姓的接受和欢迎。

大豆传播到美洲大陆

世界上种植最多的作物是玉米，其次是小麦、水稻。因此，玉米、小麦和水稻被称为世界三大谷物。第四位的作物是马铃薯，第五位就是大豆。

大豆在近代逐渐传播到了世界各地，最早于春秋战国时期，起源于中国的大豆东传朝鲜，再从朝鲜传入日本。中国大豆走向世界，成为世界五大主栽作物之一。

后来，大豆传到了欧洲和美洲大陆。但是，欧美的大豆却并没有大范围种植，因为大豆是不能直接生吃的。为了食用大豆，人们必须要将其制作成豆腐、纳豆、味噌等加工发酵食品。

南北战争后奴隶制被废除，美洲大陆的劳动力开始短缺。为了补充劳动力，许多中国人和日本人被带到了美洲大陆。移民们从自己国家带来了大豆，在后院种植并制作豆腐、味噌和酱油。第二次世界大战爆发后，粮食短缺，南美洲各国鼓励种植大豆。但是，由于人们吃不惯，大豆的种植没有发展起来。

改变这种局面的是 1929 年的世界经济大危机。经济危机使油的需求低下，玉米油供给过剩，导致价格暴跌。而另一方面，价格便宜的大豆油的需求却渐渐旺盛起来。此外，为了抑制玉米供给过剩，人们进行生产调整，玉米田中开始种植不受管制的大豆。

20 世纪 30 年代持续干旱，玉米种植受到极大冲击，而在贫瘠土地里也能生长的大豆几乎没有受到影响。这样，来自中国的大豆开始在美国全国种植。

最初美国的大豆用途也不是很广泛，主要用于榨取油脂，并生产副产品豆粕作为禽畜饲料。美国地广人稀，拥有大量的耕地资源。众多的有利因素促使美国的大豆种植和产量不断增长，在 20 世纪 50 年代超越传统大豆生产国中国，跃居为世界第一位。

现在美国仍然是世界最大的大豆生产国。美国和加拿大合计起来，生产了世界大豆总产量的一半。大豆是美国农业出口贸易中的重头戏，以至于在美国的整个对外贸易中都占有重要地位。

20 世纪 60 年代，南美洲各国也开始正式种植大豆。现在，巴西、阿根廷、巴拉圭等南美洲国家都是大豆的生产大国，其中巴西是全世界最大的大豆出口国，大豆也成为了这些国家的经济支柱。

5. 玉米的迁徙

世界上广泛种植的农作物

我们在电影院吃着爆玉米花，在街头吃着烤玉米，在快餐厅吃着玉米沙拉，在家中吃着玉米面。你也许觉得，玉米不过是一种再普通不过的植物，你是否想过，玉米这种植物有什么奇特之处呢？

玉米是原产于中美洲的作物，它似乎对环境并不挑剔，在哪儿都能生长，它是在地理上分布最为广泛的谷物。在美洲，它可以在南纬 40° 的智利农田里生长，也可以在北纬 50° 的加拿大生长。在海拔 3400 米的安第斯山脉，它长得很好；在加勒比海岸低地，它也能长得很好。在中国，南自北纬 18° 的海南岛，北至北纬 53° 的黑龙江省的黑河以北，东起台湾和沿海省份，西到新疆及青藏高原，我们都可以看到它的身影。

玉米是如何诞生的，至今仍然是一个谜。

人们曾怀疑过一种叫类蜀黍的植物可能是玉米的祖先。然而，类蜀黍在外观上就与玉米不同。而且，就算把类蜀黍假定为玉米的祖先，类蜀黍也没有近缘的植物。也有人说玉米是禾本科植物，但玉米与一般的禾本科植物又不相同。

一般来说，植物在同一朵花中会有雄蕊和雌蕊。水稻、小麦等许多禾本科植物的花就是同一朵花中既有雄蕊又有雌蕊的两性花。玉米在茎的顶部开的是雄花，而在茎的中部开的是雌花。

雌花部分就是生长成我们食用的玉米的部分。我们吃玉米的时候会剥了皮吃，剥开皮，我们会看到里面黄色的玉米粒。这些玉米粒就是种子。

现代玉米是经过高度驯化的作物，它的种的延续依赖于人类。玉米能产生大量的种子，然而不具备散布其种子的方法。在自然状态下掉落在地上的果穗，有利于萌发的条件下任其萌发、生长，会产生一丛过分密集的幼苗，它们之间在有限的空间里争夺养分，以至于全都不能正常发育结实。所以说，现代玉米如果没有人为干预，不用几代就会灭绝。

经过人的收获、脱粒和播种，它们才能保存下来。也可以说，玉米是与人类很亲密的作物。[①]

中美洲人民的重要食物

早期的墨西哥人曾说："玉米就是我们的身体。"在他们的创世神话中，诸神在用泥土和木头造人失败后，最终用玉米造就了墨西哥人。他们一整套的烹饪宇宙哲学都是围绕玉米构建的。世界的中心就是干旱的中美洲高原上这种象征生命的绿色植物[②]。

在中美洲，玉米的烹饪是一个辛苦的过程。人们先为玉米剥掉皮，然后跪在一个磨盘旁边进行碾磨。磨碎的玉米兑上水，有时还可以加些辣椒或龙舌兰汁提味，或者加些龙舌兰汁熬干后做成的糖浆，就可以早晚当粥喝。磨好的玉米面内填充少量美味馅料，蒸熟之后就是墨西哥玉米粉蒸肉。这种烹调技艺在美洲各地均有发现。

如果是干磨，得到的玉米面就没法用来做面饼。整个面团

---

① 王振萍等：《玉米及近缘物种的起源》，《农业与技术》，2011 年第 3 期。

② ［美］蕾切西·劳丹：《美食与文明》，民主与建设出版社，2001 年 1 月版。

会直接碎成饼屑，不成形。幸运的是，不晚于公元前 300 年，人们发现如果在处理玉米时加入草木灰或者自然生成的碱性盐，能改变玉米的属性。玉米粒坚硬的外层表皮得到软化，剥起来更容易。加水碾成的玉米面会形成有弹性的面团，能够拍成面饼（即墨西哥玉米粉圆饼），放到陶烤盘里烘烤后变得柔软馥郁，又很有弹性，能够将食物包裹进去，这一过程还能提高玉米的营养价值。

碱化在中美洲谷物烹饪法中占据的地位，丝毫不亚于发酵之于欧亚大陆饮食。在过去约两千年的时间里，这种墨西哥玉米粉圆饼一直以来都是中美洲民众的日常饮食，虽然其做法并没有在南美洲得到传播。

早期殖民者就是从美洲土著那里学会了如何做玉米。首先把玉米粒烘干，接着放在碱水和草木灰里煮。这会让玉米粒的外壳剥落，变成玉米碎。然后把玉米碎磨成玉米粉。把玉米粒放进碱水里煮还有一个好处，这会分解玉米粒的烟酸，让它变得容易消化。

哥伦布从美洲带回了玉米

1492 年 8 月 3 日，哥伦布率领三艘船，从摩洛哥海岸的加那利群岛向西航行。航行了两个月后，也没有见到陆地，与哥伦布同行的水手开始变得不耐烦，他们看起来还有点像要闹事的苗头。于是，三艘船改变航向，驶向西南方向。10 月 12 日是星期五。那天一早，瞭望台上的人发现了陆地，那里很可能就是今天巴哈马群岛中的圣萨尔瓦多岛。

这里不是他所期望遇到的东方文明，不过，这里有一些农作物。哥伦布在其 1492 年 10 月 16 日的航海日志中写道："这是一座绿油油的岛屿，非常肥沃，我确信，岛民整年都能种植和收获一种叫'帕尼佐'（panizo）的农作物。"①

11 月 6 日，他的一些同伴从邻近的古巴探险归来，哥伦布记录了他们在那里发现的一种不同的农作物："他们把一种与'帕尼佐'相似的农作物称为'玛希兹'（mahiz），这种谷物煮熟再烤一下味道很好。"

---

① ［英］艾丽丝·罗伯茨：《驯化：十个物种造就了今天的世界》，读者出版社，2019 年版。

　　植物学家认为，在圣萨尔瓦多岛的"帕尼佐"和古巴的"玛希兹"，这两种谷物实际上很有可能是同一种农作物——玉米。哥伦布很可能在圣萨尔瓦多岛看到的是开花的玉米。

　　就这样，哥伦布给自己口袋里装了这些玉米的种子，离开了圣萨尔瓦多岛返航。在后来的航行中，他又带回了更多的种子。玉米传到欧洲的消息传得很快，到1493年，教皇和他的主教们就知道了。11月13日，一名受雇于西班牙朝廷、名叫佩德罗·玛蒂尔·德·安格莱里亚的意大利历史学家在给意大利主教阿斯卡尼奥·斯福尔扎的一封信中，描写了这种谷物：其穗比人手掌还要长，一头是尖的，粗细如胳膊。颗粒大小和形状都与鹰嘴豆相近，而且排列整齐；未成熟时为白色，成熟即变黑；磨成粉后，洁白如雪。

　　1494年哥伦布把玉米果穗作为珍品奉献给西班牙国王，从这以后，玉米开始在全球传播。

玉米在全球的传播

　　玉米首先传播到欧洲的西班牙，然后传至葡萄牙、意大利、土耳其等欧洲西部的一些国家。随后向东传至法国、德国等欧洲东部国家，1562 年被引种到英国，16 世纪世界性航线的开辟为玉米的传播提供了客观便利条件。首先地中海的航船把玉米果穗带到南欧和北非一些地区，而东欧国家玉米传入的时间要晚些，17 世纪末传播到俄国。1800 年后到达波兰、捷克等国。

接着通过地中海沿岸国家民间的商业往来，玉米从非洲北部的突尼斯传入埃及、苏丹和埃塞俄比亚。16 世纪 50 年代，葡萄牙殖民者把玉米带至西非的象牙海岸，玉米也被作为奴隶的食物携带到南非很多国家。①

玉米向亚洲传播的时间要晚于欧洲。玉米传入亚洲可能的途径：一是通过陆路从西亚土耳其经伊朗、阿富汗传入东亚；二是通过 16 世纪中期葡萄牙人开辟的东方航线，经非洲好望角至马达加斯加，而后传播至印度和东南亚各国。

玉米在法国南部被称为"西班牙小麦"，在土耳其则是"基

---

① ［英］莉齐·克林汉姆：《饥饿帝国：食物塑造现代世界》，北京联合出版有限公司，2018 年版。

督教小麦"，到了意大利、德国、荷兰则变成了"土耳其小麦"。在北非和印度，玉米叫作"麦加小麦"，非洲很多地方还叫它"埃及高粱"。从这些称呼的变化，不难看出玉米是通过何种路径传播至整个欧洲大陆的。

玉米传播到世界各地，在一段时间仅种植在宫廷花园供作观赏植物，随着对玉米的认识和时常发生的灾荒，玉米的食用与饲用价值逐渐体现出来。

当时欧洲人觉得玉米不大好吃，比较适合"拿来喂猪，不宜给人吃"，甚至直到今天，欧洲生产的大多数玉米还是拿去喂牛。美国人将生产的玉米大部分制成玉米糖浆，其余的主要用作饲料；相对而言，直接用于给人类消费的很少。后来玉米的优点逐渐为人所知，人们渐渐肯吃玉米了。玉米产量大、易收获，而且只要阳光够充足，便可以在高海拔地区生长，小麦就不行。

玉米传入中国的时间据史籍记载大约在16世纪初期，在1511年《颍州志》中就有关于玉米的记载。玉米传播到中国的路径有多种可能，主要有三种说法：一是从西班牙传至麦加

（现今的沙特阿拉伯），再从麦加经中亚引种到我国新疆、甘肃等地区；二是先从欧洲传到印度、缅甸等国家，再由印、缅引种到我国云南、广西等地区；三是先从欧洲传到菲律宾，后又由葡萄牙人或菲律宾等地经商的中国商人，经海路传到中国。综合分析玉米第二条线路即西南陆路传入中国的可靠性最大。因为它来自西方，故当时人们叫它"番麦"或者"西天麦"。

种植玉米与种植谷子相比，种植玉米产量高，可以养活更多的人。此外，种植玉米所需土地肥力无须太强，可以连茬轮作。还有玉米成熟时，收割和加工方便，不需要投入太多的人力和物力即可收获。与种植红薯相比较，玉米更方便于储藏。更重要的是，玉米的籽粒可以晒干磨成面粉做面食，还可以碾成玉米渣，做饭或煮粥，玉米还比大米或面粉耐饥，这也是玉米深受广大百姓欢迎的原因之一。

玉米是适应性较强的作物，只要天气不太干旱，就能有收成。从播种到收获的过程中，玉米管理也较其他作物简单。因此，与玉米的这些特点相对应的是，南方山区一般不太干旱，适合玉米生长。加之当时山民开荒条件艰苦，很难精耕细作，只有选择适应性强、产量高的物种。于是，玉米首先在中国南方山区的垦荒过程中得到发展，并逐渐向全国推广发展起来的。

　　19 世纪中期，玉米种植已遍及中国大江南北，清朝晚期至民国时期，玉米已发展成为中国仅次于水稻和小麦的第三大粮食作物。据史料记载，1936 年中国玉米种植面积达 693 万公顷，总产量达到 1010 万吨。在中国逐渐形成了北方春播玉米区、华北平原夏播玉米区、南方山地丘陵玉米区三大种植区。

6. 马铃薯的全球之旅

欧洲人最初不接受马铃薯

在阿姆斯特丹的梵高艺术馆里，有一幅梵高的作品《吃马铃薯的人》：在昏黄的灯光下，一户农家正在吃着他们的晚餐——马铃薯。他们有着骨节粗大的手，在面对马铃薯做成的简单食物时，眼里流露出渴望的光芒。

马铃薯也称土豆，原产于南美洲安第斯山区，在西班牙人踏上这块土地之前，这里属于印加王国。直到今天，印加人的后裔仍然以马铃薯为主食。

发现马铃薯其实和哥伦布无关，哥伦布探索的是沿海地带，所以他并没有发现种植在山地中的马铃薯。大约在 1570 年，一名从南美洲返乡的西班牙人首次将马铃薯带回了欧洲。至于马铃薯是如何传播开来的，这个问题并没有确切的答案。

如今在欧洲，马铃薯已是一种不可或缺的食材，其代表就是德国美食。在欧洲国家中，德国拥有最广阔的马铃薯种植区，每年的 8 月 19 日，德国人甚至还为马铃薯专门设立了马铃薯日来庆祝。但是，当时这种从未有人见过也从未有人听说过的来自美洲大陆的作物，可不是那么容易就被欧洲人接受的。

马铃薯在欧洲的传播遇到壁垒——迷信。现在我们看到的马铃薯，形状颜色都很漂亮，但刚刚传入欧洲时的马铃薯，形状凹凸丑陋，颜色也很让人没有食欲。有传言认为马铃薯会导致麻风病、软骨病、肺炎、痢疾和猩红热，这引得农场主不敢在田间种植马铃薯。

马铃薯属于茄科植物，而许多茄科植物是有毒的。马铃薯的叶也是有毒的。有些欧洲人甚至会误以为马铃薯的块茎不能吃，而食用马铃薯的芽或者绿色部分。这是一个严重的错误，马铃薯的芽以及变绿的部分是不能吃的。马铃薯的块茎无毒，但发芽后却会产生一种叫茄碱的有毒物质。茄碱能引起眩晕、呕吐等中毒症状。

因为这些原因，当时的欧洲人不愿意食用这种来自安第斯山脉的食物，他们要么认为马铃薯是"魔鬼的食物"，要么认为马铃薯是"穷人的食物"，是一种"远比面包低等的食物"。

　　然而在这样的偏见下，马铃薯还能在欧洲打破偏见得以推广，皆因连绵不断的饥荒和战争，食不果腹的人们为了解燃眉之急，无奈之下慢慢破除迷信和旧观念，接受了马铃薯。

马铃薯"引发"的爱尔兰大饥荒

　　1793 年，英国遭遇了前所未有的荒年，小麦的价格暴涨，老百姓快被逼到了绝路。面对如此困境，英国政府采取了奖励扶持马铃薯种植的政策，当时的首相皮特（1759—1806 年）亲自为马铃薯作宣传，说马铃薯营养丰富，味道松软可口。

　　当时的爱尔兰受英格兰统治，爱尔兰的农民用三分之二的田地种小麦，而这些收成几乎全部要上缴给英国地主。剩下的三分之一贫瘠的土地上，则尝试种上了马铃薯。[①]

　　爱尔兰的农民发现，这种外形丑陋的块茎，不但对天气变化有惊人的适应力，而且能提供足够的蛋白质。当天气恶劣麦子歉收时，马铃薯却有好收成。马铃薯和谷物结合的食谱，为

---

　　① ［日］伊藤章治：《马铃薯的世界》，陕西人民出版社，2020 年版。

作物歉收时提供了保障。

一开始马铃薯还只是爱尔兰农民餐桌上的辅食，然而到了18 世纪，爱尔兰的马铃薯耕种面积猛增了 20 倍。18 世纪晚期可谓爱尔兰马铃薯的黄金时代，富人的食物中很大一部分是马铃薯，而穷人则完全是马铃薯。每年在提供人们食物、喂饱牲畜之余，农民还能丢弃大量剩余的马铃薯。

马铃薯在爱尔兰成为了"穷人的面包"，几乎不费太多工夫，1 公顷的土地可以产出 17 吨的马铃薯，马铃薯、牛奶和黄油成为了农民生活的保障。

爱尔兰的人口也开始增长，从 1760 年的 150 万人，一下子增长到了 1841 年的 800 万人。然而在这一片繁荣下，一场灾难却悄悄袭来。

1845 年，一种马铃薯枯萎病登陆爱尔兰岛，当时欧洲种植的马铃薯对这种病害的抵抗力很弱，尤其是爱尔兰农民种植的鲁姆伯品种。由于病害蔓延导致爱尔兰损失了大约一半的马铃薯，而到了 1846 年情况变得更糟，人们不得不开始食用做种用的马铃薯，很多地方甚至颗粒无收。爱尔兰饿殍遍野，无人收敛，大批饥民死在济贫院门口，地主被绝望的农民杀死。

爱尔兰大饥荒最终死亡人数成为了历史之谜。据 1841 年的人口普查，爱尔兰人口总数为 817 万，据估算，到 1851 年总人口应该超过 900 万，而人口普查显示那年总数为 655 万。这 250 万的人口缺口，其中 100 万人移民他国，而其他的人口则大多死于饥荒。[①]

此后爱尔兰持续向美洲移民，从 1851 年到 1905 年大约有 400 万爱尔兰人背井离乡来到美国，美国第 35 任总统肯尼迪的祖父也是爱尔兰移民。

在美国，马铃薯又被称为"爱尔兰马铃薯"，这个名字也隐含着这段悲惨的历史。

爱尔兰大饥荒的根源

尽管人们普遍认为爱尔兰大饥荒的原因是马铃薯的单一种植遇到病害而引起的，但深层的原因并非那么简单。爱尔兰三

---

① ［美］布莱恩·费根：《小冰河时代：气候如何改变历史》，浙江大学出版社，2013 年版。

分之二的良田其实被英国侵占，爱尔兰是英格兰重要的粮食产区，爱尔兰出产的燕麦和小麦被运往英国，保证英国人可以吃上价格低廉的面包。

英国在大饥荒期间废除了《谷物法》，占有大量爱尔兰耕地的英国地主，将种植小麦改为经营畜牧业，这更加重了饥荒的蔓延。而在饥荒最严重的几年间，爱尔兰仍然向英国本土出口粮食，而且整个饥荒期间，爱尔兰都是粮食净出口地区。

只有遍布碎石和岩盘的贫瘠土地才是留给爱尔兰人民赖以为生的土地，这些土地上才被种上了马铃薯。

可以说，英国的掠夺统治是饥荒的深层原因。

爱尔兰大饥荒还给经济史留下一个名词：吉芬商品。英国统计学者罗伯特·吉芬注意到，一般商品价格越低，需求越高，但是马铃薯价格上升时，贫困的家庭对它的需求反而上升。

其实也很容易理解：当一个低收入的劳动者在社会稳定时，他有能力买必需品马铃薯和奢侈品肉类，然而当马铃薯的价格上涨时，他就被迫放弃肉类去购买更多的马铃薯，才能维持基本的卡路里，这就导致了价格越高，需求越大。这也显示了吉芬商品的主要特性：只有在危及生存时，才会出现这种反常的消费行为。

在爱尔兰饥荒最严重的时候，一艘艘满载着粮食驶向英国的爱尔兰船，这也许是这个深层原因最好的诠释。

腓特烈大帝为什么热衷马铃薯

普鲁士因为国内的宗教改革，最终引发了"三十年战争"。

从 1618 年到 1648 年的 30 年间，因为宗教纠纷，新旧两派信徒对立，最终导致了欧洲多国卷入的一场大规模混战，这场时长 30 年的战争也被称为"最大规模的宗教战争"。神圣罗马帝国皇帝和保皇派的天主教徒得到西班牙的支持，新教徒一方则有丹麦、瑞典、法国加盟。

普鲁士成为了战场，战火几乎燃尽了普鲁士全境，使得土地荒废，人口几乎减半。战争中以及战后多年，普鲁士人民饱受饥荒之苦，他们不得不宰杀重要的家畜，甚至吃野菜果腹。被逼到绝境的农民已经什么都顾不得了，这个时候他们全然不在乎什么"吃了马铃薯会得麻风病"，只要当下能活下去就好。

17 世纪中叶，巴登、弗兰肯、萨克森、布伦瑞克、威斯特法伦等普鲁士西部城市均开始种植马铃薯，但东部地区依然将马铃薯拒之门外。

面对这种情况，当时普鲁士的国王腓特烈大帝（弗里德里希二世）积极进行农业技术改良和种植新作物，他把马铃薯作为新作物的王牌，开始在全国大力推广。腓特烈大帝的父亲腓特烈·威廉一世也曾下令鼓励种植马铃薯，但收效甚微。于是在 1756 年，腓特烈大帝颁布了《马铃薯令》（即《日耳曼马铃薯种植法令》）。

《马铃薯令》要求各级官员务必尽力向民众介绍种植马铃薯的好处，让他们从当年的春天开始种植这种高营养价值的食材。法令还规定，如果有闲置的土地，一定要种上马铃薯，否则将受到惩罚。政府官员不仅要指导农民如何种植，还要让龙骑兵团以及其他雇佣兵监督农民的种植情况。

腓特烈大帝在位的 46 年，普鲁士的领土面积从 11.9 万平方公里增加到了 19.5 万平方公里，人口从 224 万增加到了543 万，这一切都离不开马铃薯。

马铃薯战争

1756 年到 1763 年，英国和普鲁士联盟与法国和奥地利联盟之间发生了一场战争，战争持续时间长达七年，故称"七年战争"。

奥地利的玛利亚·特蕾莎女王获得法国和俄国的支持后，于 1756 年向宿敌普鲁士及它的同盟国英国开战，这场战争持续到 1763 年，属于争夺殖民地的英法战争中的一部分。

七年战争期间，马铃薯种植几乎遍及普鲁士全境，军需粮食获得保障的普鲁士军队，因此成为了一支英勇善战、所向披靡的队伍。和普鲁士对战的瑞典军队并没有什么值得称道的战果，士兵回国只带回了马铃薯，并开始种植。从此在瑞典，午餐和晚餐都会吃到马铃薯，马铃薯成为了和面包一样的主食。

巴伐利亚王位继承战争（1778—1779 年），是普鲁士王国与奥地利大公国因巴伐利亚王位继承问题而爆发的战争。它也可以看成是巴伐利亚和奥地利之间的马铃薯争夺战。两军为了打击对手，都在蹂躏敌方的马铃薯田。这场双方有 2 万人死伤的战争历时 10 个月，巴伐利亚人将之称为"马铃薯战争"。

"帕尔芒捷浓羹"是种什么食物

"七年战争"期间，有一个名叫帕尔芒捷的法国陆军随军药剂师成为了普鲁士军队的俘虏。在被俘期间他靠着每天吃马铃薯才活下来，身为农学家又是药剂师的帕尔芒捷对马铃薯产生了浓厚的兴趣，他很快意识到马铃薯的营养价值和作用。

当时的法国战火连年，国库空虚，国王和贵族锦衣玉食，老百姓却食不果腹，这招致民众极度不满。为了缓和各阶层的矛盾，1772 年法国科学院向大众征集关于"缓解粮食危机的食物"的论文，奖金丰厚，帕尔芒捷意识到拯救国家的机会来了，于是他立刻撰文推荐种植马铃薯。

不出意料帕尔芒捷的建议被采纳了。路易十六和王后玛丽·安托瓦内特向他提供了巴黎郊外 25 平方公里的土地用于种植马铃薯。这片土地用栏杆围住，并且白天有士兵严加看管，这引起了民众极大的好奇。他们认为既然对这些植物如此看重，那么它们一定非常珍贵，味道也一定不差。

到了晚上，看守马铃薯的士兵故意睁一只眼闭一只眼，农民就翻到这块地里偷窃这些马铃薯，回家一尝，觉得味道很不错，于是消息一传十，十传百，法国人都知道马铃薯是种味道不错的食物。

同时帕尔芒捷还明白，推广一样事物必须自上而下的道理，路易十六接受了帕尔芒捷的建议，专门在衣服上别上马铃薯花束，玛丽·安托瓦内特和贵妇人也将马铃薯花装饰在发髻和胸前，法国人纷纷效仿，马铃薯花也风靡一时。

帕尔芒捷精心研制了以马铃薯为食材的料理，直到今天法国料理中还把马铃薯搭配的食物叫作"帕尔芒捷"，如"帕尔芒捷浓羹""帕尔芒捷焗肉"等。

1789 年法国大革命推翻了波旁王朝的统治，法国大革命的爆发和粮食减产密不可分，无论是小麦还是燕麦都连年歉收，即便是马铃薯也吃不上。人们喊着"我们需要面包"冲向凡尔赛宫和巴士底狱，这里的面包就包括了"低配版面包"马铃薯。

1799 年雾月政变后登上历史舞台的拿破仑，和腓特烈大帝一样非常重视马铃薯的种植，他一心要打造一支能粮食自给的军队。1806 年 11 月 21 日，拿破仑颁布了大陆封锁政策的法令《柏林敕令》，此后他更加坚定了马铃薯的推广计划。在拿

破仑时代，法国马铃薯生产量不断增加，几乎增加到了原来的
15 倍。

来自俄国的"马铃薯暴动"

18 世纪 60 年代，俄国一些地方发生饥荒，当时医疗管理
事务机关向政府倡议，认为马铃薯种植适应性强、产量大，种
植马铃薯是解决饥荒的最有效手段。

1765 年初，俄国枢密院在全国发布了强推马铃薯种植的
第一道法令，然而，这道命令收效甚微，实施一直很不顺利。

19 世纪 40 年代，由于连年歉收，俄国沙皇尼古拉一世下
令耕种国有土地的农民必须在国有土地上种植一定量的马铃薯。
这一做法招致了大规模的抗议，公有制种植方式迅速引起了农
民的怀疑，他们认为这道法令的目的是要把他们从有田的农民
变成农奴，加上之前对政府的不满，俄国北部、乌拉尔地区和
伏尔加河流域的领地农民陆续爆发了大规模起义，这就是历史
上著名的"马铃薯暴动"。

但马铃薯很快证明了自己是个高产、营养又不择地力的天

赐食物，得到实惠的农民也就此接受了马铃薯这一奇特的外来物种，甚至后来有人把"土豆炖牛肉"看作是俄罗斯人幸福生活的象征。俄国人还以马铃薯为原料，酿造出了伏特加酒，从此俄国人再也离不开马铃薯了。

　　在俄国十月革命以前的一百五十多年里，马铃薯种植主要集中在俄国中部地区。十月革命后，苏联十分重视马铃薯事业的发展，革命成功初期就在莫斯科附近建立了马铃薯实验站，后改组为马铃薯栽培科学研究所。1925 年，苏联考察队来到南美洲，获得了大量原始资源，回国后开展品种选育工作。1932 年，为进一步改善马铃薯种植特性，苏联在北极建立了北极区实验站，成功培育出高度抗寒性马铃薯品种"伊曼德拉"等，这使马铃薯种植得以推广到科雷马、堪察加等高寒区域。1954 年，苏联马铃薯种植面积达 450 万公顷，比沙皇时代多 150 万公顷，位居世界第一。

马铃薯被称为"工业革命的燃料"

　　18 世纪后半叶英国开始了工业革命。马铃薯成为了英国的工业革命这台机器的重要"燃料"。

著名经济学家亚当·斯密率先发现了马铃薯的重要性、可推广性与光明前景。他在《国富论》(1776 年)中写道：

"马铃薯在产量上不逊色于水稻，并远胜于小麦。一英亩土地可以收获 2000 磅小麦，可是换成马铃薯，12000 磅的产量也不足为奇。这两种作物做成的食物，按实际营养成分看，由于马铃薯含有水分，有效成分要比实际重量少。可是就算它有一半重量是水分，一英亩土地也可以生产 6000 磅有实际营养成分的食物，相当于同等条件下小麦产量的 3 倍。而且，马铃薯的种植成本也比小麦低廉。同样面积的耕地，种马铃薯可以养活更多的人，劳动者习惯以马铃薯为食之后，所有投入生产、耕作的成本就能全部收回，并且在维持原有劳动支出不变的情况下，获得更多的剩余价值。"

他继续写道："伦敦的轿夫、挑货工、运煤工……想必他们应该是大不列颠土地上最强壮的男人……据说他们中的大部分人，都出身于爱尔兰社会底层，终日靠吃马铃薯度日。这就是最好的证明，没有其他任何食物，可以比马铃薯营养更丰富，更有益健康。"

在工业革命期间，马铃薯为工人及其家庭提供主要食物。英国历史学家雷伊·唐娜希尔在她的著作《食物与历史》描述了当时的状况：

"十九世纪三四十年代，英国工人的工资普遍在每周 25 便士至 2 英镑之间。按 1840—1841 年的物价水平，25 便士可以购买 6 根 1.8 公斤的面包。这些面包能够满足 2 个大人、3 个孩子的基本食品需求。可是，这样一来就没钱交房租或买红茶，连穷人用来替代肉类的火腿也买不起了……对于这些工人而言，所谓的'美餐'，就是指做起来简单又能吃饱的热饭。通常情况下，就是在说煮马铃薯配红茶……因为马铃薯很便宜，大约 5 便士就能买 20 磅。估计只有一家之主可以中午在咖啡店吃一个派或一根香肠。到了周末，全家人才会在周日晚上一起吃一顿炖菜配热汤和甜点布丁。这就是穷人家吃的全部内容。"

1845 年，德国思想家恩格斯写下了《英国工人阶级状况》，书中记录了 18 世纪末到 19 世纪上半叶英国社会经济的全貌。他在书中写道：

"通常每个工人的日常伙食依据工资高低有所差异。工资较高的工人，特别是一家人都在工厂干活的工人，只要有活干就能吃得还不错。每天有肉，晚饭能吃到火腿和奶酪。而收入最低的工人，只能在周日吃到肉，或一周吃两三回。其他时候吃马铃薯和面包。再穷一些的人家，把火腿剁碎拌在马铃薯里，这是他们唯一的荤腥。还有更穷的，已经吃不上荤菜，只能吃奶酪、面包和燕麦片。到了最下层的爱尔兰人，就只剩马铃薯了。"

经济学家保罗·克鲁格曼对英国食物乏味是这样解释的：英国的食品加工水平很差，这是由于早期的工业革命把英国人一下子从农村推进了城市，远离新鲜的食物原料，而且当时还没有大规模低价生产、储存以及远距离运输新鲜食物的技术。维多利亚时期的伦敦有超过 100 万的人口，但是食品运输只能靠马车。因此伦敦居民只能食用可以长期保存的食品——腌制的蔬菜和肉类或者马铃薯这样不要冷藏的块茎类食物。

由此可见，马铃薯为当时人口密集的工业城市，尤其是普通劳动人民，提供了主要食物。

薯片为何成为美国文化软实力的标志

1767 年，美国第一任总统华盛顿将马铃薯种植在自己的庄园；第二任总统亚当斯的家信中也时常提及"吃马铃薯"的片段；第三任总统杰斐逊于 1772 年开始吃马铃薯，并钟爱一生。美国科学家本杰明·富兰克林曾任法国大使，其间一次偶然的宴会上鉴赏了马铃薯 20 种不同的烹饪方法，回到美国后，他盛赞马铃薯是最好的蔬菜。1802 年，托马斯·杰弗逊总统在白宫用炸薯条招待客人，自此炸薯条迅速成为美国最时尚、最流行的食物。

20 世纪 20 年代，随着马铃薯自动削皮机的发明，马铃薯片从小规模制作变成销售量最大的零食。一个美国南方的旅行推销员赫尔曼·莱（Herman Lay）在美国叫卖此机器，后来他创立了一家专门卖炸马铃薯片的公司，使他的名字"乐事（Lay's）"几乎成为马铃薯片的同义词。从 20 世纪 60 年代开始，薯片变得越来越流行，而薯片也成为了"美国文化软实力的标志"。

第二章

肉类

来自舌尖上的战争

1. 世界上广泛使用的肉类食材

中国是最早豢养家猪的国家之一

大约 1500 万年前，猪科动物已经在欧洲、亚洲和非洲广泛分布。

猪的驯化起源地是在某一个地区被集中驯化后再扩散到全世界其他地区的，还是在全球某些地区的某一个或几个历史时期，由当地的古代人类，独立将野猪驯化为家猪，并且以当地为中心向四周扩散的？科学家们用线粒体上的证据来回答这个问题。他们揭示了家猪的多点起源，提出了中国在内的 9 个最有可能的驯化起源点。在 2012 年猪的基因组测序完成以后，通过进行驯化分析得到的结论也支持家猪是由野猪多点驯化起源而来的。

在人类原始社会的生活中，野猪是一种非常重要的动物。世界各地发现的人类早期文化遗址和遗物中，可以找到大量的例证来证明这一点。随着人类文明的不断进步，狩猎水平不断提高，野猪逐渐被人类豢养和驯化，成为最早被驯化的动物之一。

我国是最早将野猪豢养为家猪的国家之一。在广西桂林甑皮岩墓葬中出土的家猪猪牙和颌骨，距今已有九千余年，这说明我国的养猪业已有近万年的历史了。距今 6000—7000 年前出土的河姆渡文化遗址中，就发现装饰着猪纹的陶钵。猪纹的形象介于家猪和野猪之间，可能是正处于驯化过程中。

甲骨文形象中，"古人在房下养'豕（家猪）'，便有了'家'"。中国最早的诗歌总集《诗经》，其中有一篇提到"豕"："执豕于牢，酌之用匏"，牢就是猪圈，匏就是酒杯，意思就是在猪圈里捉猪宰杀，杯中斟满美酒。

明武宗的"禁猪令"

春秋战国时期，养猪业已遍及各地，地处东南的越国，还开辟猪山、鸡山大规模养猪鸡，《越绝书》记载，"鸡山、豕山者，勾践以畜鸡豕，将伐吴，以食士也"。说的就是越国大批养鸡和猪以供军事需要。

《史记·项羽本纪》中鸿门宴的故事，其中有一段食猪肉的描写："樊哙侧其盾以撞，卫士仆地。哙遂入，披帷西向立，瞋目视项王，头发上指，目眦尽裂。项王按剑而跽曰：'客何为者？'张良曰：'沛公之参乘樊哙者也。'项王曰：'壮士！赐之卮酒。'则与斗卮酒。哙拜谢，起，立而饮之。项王曰：'赐之彘肩。'则与一生彘肩。樊哙覆其盾于地，加彘肩上，拔剑切而啖之。"

两汉时养猪业是热门行业。据史料记载：东汉光武帝刘秀的马皇后，有兄弟五人，都经营养猪业，当时流传着这样的说法："苑中三公，门下二卿，五门嘻嘻（惊讶），但闻猪声。"

唐代经济繁荣，养猪业也日趋兴旺，官家与私人均养。官养仅长安司农寺就有"官豕三千"，私养遍地皆有，不计其数。杜甫居川时有"家家养乌鬼"（四川称用祭神的猪为乌鬼）的诗句，足见养猪业的普遍与盛行。

宋朝的养猪业仍继续发展。据《东京梦华录》记载：农村养猪户进都城开封卖猪，"每日至晚，每群万头"，可以看出当时经营养猪业及城乡贸易的盛况。苏东坡在《猪肉颂》中写道：

"净洗铛，少著水，柴头罨烟焰不起。待他自熟莫催他，火候足时他自美。黄州好猪肉，价贱如泥土。贵者不肯吃，贫者不解煮，早辰起来打两碗，饱得自家君莫管。"《梦粱录》记载南宋当时"临安城内外，肉铺不知其几""每日不下宰数百口""每群万数，止数十人驱逐"。

猪肉虽然在宋朝有个小高潮，但随着元朝统治中国，羊肉仍然占据主要肉类地位。真正使猪肉上到饭桌成为肉类主食的是明朝。因为忌讳和"朱"同音，明武宗朱厚照于正德十四年（1519 年），下令禁止百姓养猪，史称"禁猪令"。这道圣旨禁止养猪，更禁止杀猪，违旨者充军发配。据《武宗实录》记载："正德十四年十二月乙子卯，上至仪真。时上巡幸所至，禁民间蓄猪，远近屠杀殆尽；田家有产者，悉投诸水。是岁，仪真丁祀，有司以羊代之。"

不过，这道"禁猪令"只坚持了几个月便撤销了，民间已养猪成风，不是一道圣旨能禁得了的。明武宗又想了个变通的办法，将猪的名称改叫豕、豚或彘。

到了清代，猪肉成为皇宫的主要肉食，清朝皇帝祭祀祖先时喜用猪肉，祭祀结束后，皇帝还会将这些猪肉（胙肉）赏给大臣，而猪肉也成为了中原地区的主要肉食。

喜爱猪肉的欧洲人

猪肉是世界上最为广泛使用的肉类食材，美国、阿根廷等国以食用牛肉为主，澳大利亚、新西兰以羊肉为主，德国、法国、英国等欧洲诸国和中国、日本、墨西哥则以猪肉为主。中国是全世界规模最大的养猪国家，[①] 以 2018 年为例，全球生猪出栏量为 12.98 亿头，我国的生猪存栏量 4.28 亿头，占比为 55.38%。[②]

虽然，猪是饲养效率很高的家畜，但由于其乳汁不适合食用，再加上不耐群居，猪始终难以融入游牧民族的社会。

早年的欧洲森林覆盖面积高达 90%，森林是猪生活的良好环境。日耳曼人驯养了野猪充当了自己的肉食来源，日耳曼人的猪处于半放养状态，他们任由自己部落的家猪在森林里游荡，

① ［日］宫崎正胜：《餐桌上的世界史》，中信出版社，2018 年版。

② 《全球猪肉供应"同期性"明显》，《期货日报》。

这些猪以松露野果为食。

　　欧洲的猪在很长一段时间里都是浑身灰毛，獠牙外露，是像狗一样精瘦敏捷的半野种类，和需要付出更多精力照顾的牛羊相比，养猪的好处就是简单，欧洲人过去养猪是自由放牧方式，每天成群结队的猪跑到森林里自己去刨土寻食，吃橡子、蘑菇、苹果、松露等野食。

　　在日耳曼人的征伐故事里，猪也扮演了重要角色。日耳曼人和罗马人围绕着莱茵河周边展开了长达数百年的反复争夺，在日耳曼人的行军中，他们的猪扮演了重要的角色。罗马人记载的敌人入侵的历史中不止一次提到，日耳曼人喜欢把自己饲养的猪群带到前线充当肉食来源，双方作战的森林地区也成为养猪的好地方。

　　在和日耳曼人的长期作战中，猪肉也开始被罗马人接受。罗马人的猪肉做法是将肉洗干净，剁下猪腿，剩下的带骨切成二十余斤的大块，然后整块用盆腌制、烟熏。

　　中世纪的欧洲人，每年到了秋季转入冬季的时期，为了熬过无饲料的严冬，会将喂饱的猪全部宰杀，然后制成火腿、腌肉肠、培根等可储存的食物。在这段时间里，平民可以有这一年一度尽情享用肉食的机会，同时，猪肉也是欧洲平民的最爱，一名农民基本上一年就吃上一回猪肉。

据考证，大约 5000 年前，美索不达米亚的苏美尔人已学会充分利用猪下水制成可口的肉食食品。他们用剁碎的肉灌进猪肠，制成了受欢迎的香肠。公元前 8 世纪，荷马史诗《奥德赛》里提到充满油脂和牲血的膜衣（山羊胃），类似现在的血肠，可见，希腊城市社会形成之前，香肠就已经存在了。

当香肠在欧洲流行时，欧洲农民将猪下水等杂什制成香肠。德国人使它更加完善，结果产生了很多种香肠的制作方法，包括肉汁香肠、水煮香肠和生香肠等。德国最著名的香肠有：慕尼黑的白肠、吕贝克的小香肠、图林根的红肠和纽伦堡的香肠等。

时至今日，欧洲的火腿、腌肉肠等食品种类依然数不胜数，追溯历史，这些都是过去为了对付寒冷地区的严酷生活所衍生的食物。

2. 一万年前人类就开始养牛

一万年前人类就开始养牛

关于家养牛的最早考古证据是在一个名为迪加德·阿尔穆格哈拉的新石器时代考古遗址中发现的骨头。这一考古遗址位于幼发拉底河河岸，它是一个古代的农业村落，距今 1.08 万年到 1.03 万年，那里的农民捕获野牛，再从中繁育、驯化。与野牛相比，家养牛的骨头要小一些，公牛和母牛的骨头差异也不大。

关于家养牛的起源有几种观点。"多点起源"认为，牛的驯化在不同地方发生过多次，长久以来，人们认为家养牛的两个主要品种——普通牛和瘤牛，有着不同的起源。对线粒体 DNA 和 Y 染色体的研究能够支撑这一观点，即两种牛有着不同的起源。

"单一起源"似乎也有道理：情况似乎是这样，在 1.1 万年到 1 万年前，近东地区出现了家养牛，之后向外扩散，途中遇到了其野生同类。大约 9000 年前，这些家养牛抵达了南亚，和当地牛发生了大规模杂交，瘤牛基因和特点可能就是这样被引入家养牛身上了。

牛的扩散过程非常迅速。西亚的农民赶着牛群也向西走，到了 1 万年前时，人们将牛装到船上带到了塞浦路斯。到 8500 年前时，家养牛已经传到了意大利，到 7000 年前时，它们已经跟随着早期农民到了西欧、中欧、北欧和非洲。5000 年前时，牛抵达了东北亚。

野牛的分布横穿欧亚大陆，家养牛到处与野牛发生杂交。最早的线索还是来自线粒体 DNA。通过对其进行研究，人们发现，斯洛伐克新石器时代牛、西班牙青铜时代牛和一些现代牛当中的奇怪变种，都可以追溯到欧洲野牛身上。更新的全基因组分析显示，家养牛在整个欧洲地区都与当地野牛发生过广泛的杂交。特别是在英国和爱尔兰的牛基因组中，有许多野牛的基因。

在非洲，牛的 DNA 揭示，人们曾经将瘤牛带入普通牛群中杂交，以繁殖出桑格牛。在中国，普通牛在北方扩散，而瘤牛则传到了南方。这一南北分界线在中国牛中仍然非常明显，而在中部则是杂交品种。在印度尼西亚，瘤牛经常与被称为"爪哇野牛"的当地野生牛杂交。

古时的"利息"为什么和牛有关

耶鲁大学有一件古巴比伦文物藏品，其记录的内容刻在一个大小和形状都很像菠萝的黏土制圆锥体上，这个圆锥体被称为"恩美铁那锥体"。这件公元前 2400 年左右的文物上用苏美尔铭文记录了人类早期"利息"概念的诞生："乌玛的领袖应当将南舍和宁格苏的 1 古鲁大麦作为借贷，这会产生利息。"铭文还记载，谷物的利率为 33.3%①。

苏美尔古城之间经常会因为耕地展开数十年的战争，因为谷物是古代经济的基础，这份文件的重要性毋庸置疑，因为它显示了当时的苏美尔人已经具有了高度抽象的概念，而且金融概念也开始产生萌芽。

---

① ［美］威廉·戈兹曼：《千年金融史》，中信出版社，2017 年版。

是什么让古代苏美尔人产生了收取利息的想法？语言学研究提供了一种思路。在苏美尔语中，利息一词是"mash"，它有牛犊的意思。在古希腊语中，利息一词是"tokos"，它同时也有牛繁殖的意思。拉丁文"pecus"（畜群），是英文"pecuniary"（金钱上的）的词根。古埃及语中的利息一词与苏美尔语类似，是"ms"，意为"生出"。所有这些词汇都表明，利息来自牲畜的自然增殖。[①]

牛群会增殖，牛主人的财富也就因此具有了与牲畜的增殖率相同的自然增长率。如果牛是标准货币，那么所有可类比商品的借贷也都理应具有"增殖"属性。

对于一个农业或畜牧业社会，利息的概念非常自然，但对于一个以狩猎和采集为生的社会则并非如此。古代苏美尔社会（特别是被称为"羊圈之城"的乌鲁克）为有息贷款的诞生提供了理想的环境。

在稍晚些的公元前 2100 年一块来自德莱海姆的泥板上，

---

① ［美］威廉·戈兹曼：《千年金融史》，中信出版社，2017 年版。

研究者还找到了人类早期"复利"的证据，比如在泥板上记录了每年每头母牛都会产下一头小牛，而雌性的小牛会在接下来的每年中也产下小牛，最初的一对牛就这样增长为一大群牛。泥板的内容是一群奶牛在 10 年间的数量增长情况，描述的是在牛群数量呈指数级增长的情况下，与之对应的牛奶和乳酪产量的增加，这就是早期"复利"概念的来源。

牛羊等家畜的数量单位"头"，是英语中"资本"（capital）的语源。古时的羊可以用来交换其他物品，是一种有生命的"货币"，羊的头数表示畜牧民的财产数量。在严峻的自然环境下，畜牧民通过家畜生产幼崽来增加财产。繁殖幼崽就和获得"利息"一样，和利用资产进行利益增殖是一个道理。

"牛就是财富的象征"

在全世界的很多地方，牛就是代表着财富。根据《圣经·出埃及记》的记载，以色列人出埃及不久，沿袭在埃及耳濡目染的习俗，用黄金打造出金牛犊来崇拜。

努尔人是非洲的一个古老民族，其历史大约有五千多年。

努尔人爱牛胜过自己的生命。但他们对牛的爱，更多是一种对自己财富的喜爱和保护。在努尔人当中，判定一个家庭或者一个部落是否富有，看的就是其拥有多少头牛。当年西方殖民者在非洲进行奴隶贸易时曾感叹：努尔人除了对牛感兴趣，能进行贸易外，对其他商品都不感兴趣。

和努尔人一样，马赛人也认为牛代表财富。牛津大学经济学教授埃里克·拜因霍克曾记录这样一个故事。他在肯尼亚的西南地区考察时，有一天和一位年长的马赛人及一些村民聊天，主人一直礼貌地询问关于埃里克的家乡和家庭的一些问题。随后，开始打听埃里克的经济实力。"你有多少头牛？"主人问道。埃里克礼貌地回答："一头都没有。"

埃里克的向导是当地的马赛教师，当他翻译完之后，房间里随之响起了一阵喃喃低语，显然马赛村民们正在消化埃里克刚才的回答。

思考片刻之后，这位长者说："我为你感到非常遗憾。"但他的声音和表情除了透露出这种遗憾外，还夹杂着一丝困惑：如此穷困潦倒之人怎么有实力大老远地跑到这里来呢？

当话题又回到埃里克的家庭时，埃里克提到自己有一位叔叔曾经在马里兰州的农场养了一大群牛。村民们之前的困惑得以解开，他们立刻点头表示理解。

对马赛人来说，"你有多少头牛"就是财富的答案。

冷链的诞生改变了市场

阿根廷、乌拉圭之所以在 19 世纪到 20 世纪成为重要的牛肉输出国，得益于几项因素。首先，得益于潘帕斯的广阔大草原，使得这几个国家有许多大片肥美的牧场。其次，日益都市化的欧洲，使得牛肉需求增加。另外，汽轮使跨大西洋航运更快速、更可靠，且因载货量较大，货运费降低。

牛可以鲜活地运到欧洲，但那仍有风险，且成本高。这时出现了一大突破，亦即 19 世纪神奇食物之一的李比希肉汁（Liebig Meat Extract）。1847 年，德国化学家尤斯图斯·冯·李比希发明了一种办法，从牛肉中提取浓缩牛肉汁。牛肉汁使原本难得吃到肉的欧洲数万户穷人家得以尝到牛肉的美味。1865 年，李比希肉制品公司在乌拉圭河畔的港口城镇弗赖本托斯成立。1873 年，李比希肉制品公司建立了罐头加工厂，开始生产咸牛肉。大部分咸牛肉产品和浓缩肉汁一样，被出口到欧洲。1899 年，李比希肉制品公司开始生产将浓缩肉汁干燥而成的固体精华。

但更革命性的突破是芝加哥正在进行的冷冻火车车厢实验。冷藏设备应用于船上，可以将大量屠宰完毕的冷冻牛肉运到大西洋彼岸。1879 年，一艘叫"斯特拉斯列文"号的冷藏船，从澳大利亚悉尼出发，满载 40 吨牛羊肉开往伦敦，行程数万里，历时几个月，于 1880 年 2 月到达伦敦，而船中的牛羊肉还冻得硬邦邦的，丝毫没有变质。冷藏船于 19 世纪最后 20 年大量出现。

不过，缓慢的冷冻过程造成食材因水分膨胀而风味尽失。1919 年，美国发明家克拉伦斯·伯宰曾在临近北极的拉普兰居住过数年，他发现当时的少数民族利用户外零下 40℃的气温冷冻保存海豹或鱼类，即使解冻后风味也未改变太多。受此启发，伯宰研发出急冻技术，不但不会破坏食材味道，还能保持食材原有风味。

　　随着家用冷冻及冷藏冰箱逐渐普及，冷冻食品工厂、冷藏及冷冻船、冷藏及冷冻车、冷藏仓库、冷藏陈列柜等环环相扣，使得食材从生产现场到餐桌的流通，都保持在冷链物流系统中。

　　正是由于这些技术的不断发明，使得我们能够在餐桌上吃到远隔万里的新鲜食物。

3. 羊，中华文明的符号

羊大则肥美

早在公元前 9000 年，羊就成了人类最早驯化的动物。早期的基因研究显示，绵羊和山羊的驯化在不同地方发生过多次，地点都在亚洲西南部。

亚洲是驯化羊类最早的地区。公元前 9000 年，伊拉克北部的若瓦舍密和沙立打山洞就出现了家化的羊。[①] 约旦河谷的杰里科地区，大约在公元前 8500 年开始驯养羊，在伊朗北部的里海沿岸也在公元前 6000 年开始驯养羊。巴勒斯坦的爱南和耶利哥、约旦彼得拉附近的贝哈等遗址上都曾发现过羊的遗骸。到了公元前 3000 年左右，山羊已经遍及西南亚地区。

家羊分为两种，即山羊和绵羊。在 1 万多年前，人类的农业文明开始从西南亚兴起时，当地的野山羊和野绵羊分别被驯

---

① 李湘涛主编：《羊年说羊》，中国林业出版社，2003 年版。

化，绵羊和山羊被驯化的时间可能比牛早几个世纪。然后随着人类的迁徙被传播到了世界各地，这就是山羊和绵羊的起源。

从动物分类学上看，西南亚的野山羊和野绵羊分别属于牛科的山羊属和绵羊属，从化石记录和基因分子钟计算可知，在进化之路上，两者约在400万年前即已"分道扬镳"，从外观上看，它们最大的差别就是头顶的那对角：如果是尖刀状弯角，就是山羊；如果是螺旋状弯角，就是绵羊。

中国大约在8000年前的裴李岗文化时期就已出现了陶塑羊的形象。羊早在新石器时代已是人类最早的生物伙伴和最重要的衣食来源。[①] 这些史实被忠实地记录在中国第一部字典、最早的系统分析汉字字形和考究字源的语文辞书《说文解字》中。《说文解字》云："羊在六畜，主给膳。"

汉字中有一大批与膳食相关的字，与"羊"或多或少，都有关联。"美"字，则是羊大则肥美。《说文解字》载："美，甘也，从羊从大。""养"，是以食供人，所以它的繁体字"養"是

---

① 黄杨：《中华民族是"羊的传人"：申论古代中国"羊文化"的历史存在》，《华侨大学学报（哲学社会科学版）》，2005年第3期。

由"羊"和"食"两部分组成；"羞"是珍馐美味之"馐"的古
字，它的古文字形以手持羊表示进献意，后来也指进献的东西；
"羹"是指带汁的肉（古今词义不同）；"鲜"是指东西新鲜，色
泽好，口感好，味道鲜美。古人认为，鱼、羊合烹，鱼不腥，
羊不膻，味道鲜美。[①] 这是先民从饮食生活中感知的总结。

羊还是古代重要的祭祀品。在古代，食物不但供养活人，
而且用于供奉祖先和神灵。商周时代最隆重的祭祀是以牛、羊、
豕作为三牲，叫"太牢"，只用羊、豕的，叫"少牢"。

爱吃羊肉的北宋官家，终吃空了社稷

宋朝吃羊是从皇家流行开来的习俗，宋真宗时御厨每
天宰羊 350 只，仁宗时每天要宰 280 只羊，英宗时减少到
每天 40 只，到神宗时虽然引进猪肉消费，但御厨一年消
耗"羊肉四十三万四千四百六十三斤四两"，而猪肉只用掉
"四千一百三十一斤"，还不及羊肉消耗量的零头。

---

① 李爱云：《论"羊"的文化意蕴》，《汉字文化》，2007 年第 2 期。

《续资治通鉴》记载，宰相吕大防为宋哲宗讲述皇室家法规定时提到，御厨做菜时"止用羊肉（只使用羊肉）"——"饮食不贵异味，御厨止用羊肉，此皆祖宗家法所以致太平者。"

《宋史·仁宗本纪》还记载了一段颇为有趣的故事："宫中夜饥，思膳烧羊，戒勿宣索，恐膳夫自此戕贼物命，以备不时之须……"说的是某日清晨，宋仁宗在和近臣聊天时提道："昨晚我睡不着肚子又饿了，好想吃烧羊。"近臣询问道："陛下何不降旨下去命御厨去做呢？"宋仁宗答道："如果我开了这个头，以后大家就会争先效仿，外面的人恐怕会把此作为制度去施行，我担心此后晚上宰杀牲畜的事就会成为惯例，这样造成的危害会十分大。"

在宋代宫廷中，烤羊肉有烟熏、火烤、炭煨、石烹四大烧烤技巧，细分下去按照不同食材的搭配，又有二十多种烤制方法（《梦粱录》《东京梦华录》）。这也从侧面反映出宋朝时御厨烤羊技术的精湛，难怪连宋仁宗这位吃惯山珍海味的皇帝，也会半夜馋起这口。

皇家盛行，自然上行下效，从官员到民间，羊肉成为了宋朝餐桌的头等肉食。民间无论婚丧嫁娶，还是中秀才举人，如果没有一只羊放于案上，都不好意思招待客人。

著名的美食家，苏东坡在他的京城宦海生涯中，虽然吃羊吃到腻味，"十年京国厌肥羜"，但当被下放到惠州的时候，仍然会被每月一次的官廨杀羊所吸引。作为罪官的他已经不能吃上羊肉了，但弄一些羊骨头回去烤熟了吃也很解馋。

官员们宴请客人，常见"会客食羊肉"。民间大小城市，羊肉充斥在各个酒楼饭铺，有些地方的羊肉价格，竟卖到每斤九百多钱。宋辽榷场贸易，每年辽国卖给大宋几万只羊。

羊的需求量大，宋朝的养羊业也迅速膨胀起来，宋仁宗年间，昔日的产马重地陕西，每年就要牧羊一万六千多只。刑州洺州等地都设立"牧羊监"。大片原先养马的草场，从此全改成养羊。

然而大宋的战马数量却也从此急剧萎缩。被羊"驱赶"得没地方放牧的马匹，就算存活下来，也是"急有征调，一不可用"。待到宋夏战争爆发，乃至后来金兵南下，北宋统治者不止一次惊奇发现：大宋竟然没有多少马了。宋仁宗在位时就叹息

"战马乏绝，何策可使足用"。

从战国时期开始，中原王朝基本形成了四大马场，分别是：位于河北北部和辽东半岛的燕辽马场，位于今宁夏的河套马场，位于今甘肃的河西走廊马场，位于今天新疆的西域马场。这四个地区，直到今天，依然是中国最重要的畜牧业区域。很遗憾的是，这四大马场，宋代一个都没有。北宋虽然丧失了四大马场。但其初期疆域还是包括陕西和甘肃部分地区以及山西大部。这些地区都是传统农、牧业混杂区，可以出产马匹。

另外，宋朝的战马可以从北方购买，购买战马都是通过西域这个途径，如甘州回鹘和青海吐蕃等，但是西域也时有战乱，咸平五年（1002年）因为战乱升级，将这条唯一的进购路径给堵死了。

就在党项人断绝北宋西北买马通道的那一年冬天，宋真宗对宰相吕蒙正表达了忧虑。"帝谓宰臣曰：'御厨岁费羊数万口，市于陕西，颇为烦扰。近年北面榷场贸易颇多，尚虑失于豢牧。'吕蒙正言：'洛阳南境有广成川，地旷远而水草美，可为牧地。'"（《续资治通鉴长编》）

　　皇帝担心的居然是皇宫里面每年要吃几万只羊，还得从陕西买，却还是不够吃这件事情，对于没地方买马这事儿是一点都不担心。宰相回答说，洛阳南面有个地方水草丰美，可以用来养羊。然后这么少数几个可以养马的地方就这么被养了羊。

　　马是国家的重要战略物资，强大的战斗力离不开战马，而北宋竟然有 1/3 的骑兵没有战马，牧场被用来养羊了，这也难怪北宋没法和当时的辽、金、西夏相抗衡，最终导致逃到南方变成偏安一隅的小朝廷。

羊群，古代蒙古军队的行军保障

　　根据负责过北宋军队后勤事务的古代著名科学家沈括的实际经验计算，假定一支 10 万人的军队能以平均每天 40 公里的速度行军，需要 30 万民夫来运粮，能作战的只有 7 万士兵，另外 3 万负责辎重，而这支军队的作战半径只有 640 公里[①]。

　　古代游牧民族的数万大军、十万大军常常远征数千里，他

---

　　① 沈括：《梦溪笔谈》。

们究竟是怎么做到的呢？"其秘密就在羊的身上。"

位于亚欧大陆中纬度地带、横跨东西8000公里的大草原，是游牧民族的生活地域，他们饲养绵羊等偶蹄目动物作为家畜。绵羊的羊毛可以用来制作衣服或者毛毡，一头羊的羊肉可供两三个成人食用，羊血是重要的蛋白质来源，游牧民族取宰杀时流到容器中的血，混上香料、面粉后塞入羊肠，再以大锅水煮到凝固即成羊血肠。游牧民族利用母羊群跟随公羊的特征，以阉割的方式限制公羊的数量，达到管理羊群的目的。

古时蒙古等游牧民族之所以能够远征数千里，横跨欧亚大陆，做到如此庞大的后勤供给靠的就是羊。

蒙古大军远征前，先依靠商人、使者、探子传回来的情报制定详细的行军路线图，他们固然不用考虑行军路线上的人口稠密程度，但几十万匹战马、上百万的羊群每天所需的饮用水和青草也是一个惊人的数字。在蒙古人的西征大军中，所携带的马匹、羊群每天要吃掉方圆50平方公里以上的青草，羊群吃掉的青草转化的奶食维持了他们征服活动所需的热量。羊群就是游牧民族活动的粮食仓库，这些活动"干粮"决定了游牧民族行军的速度，也决定了他们的行军季节。

蒙古大军以十户为标准，规定所带的食物和炊具。比如，成吉思汗在西征花剌子模帝国期间，蒙古大军每十户配备的给养物品是：3条或3条半干羊肉，以及一口大铁锅。^①毫无疑问，仅凭这些给养是无法满足士兵的需求的。

旭烈兀率军西征时，总共带了15万兵马。而据历史学家估算，每名将士大概有5—6名家眷，于是，随军出征的家眷达75万至90万之众。每家又估计牧有100只羊（或100只羊当量的其他牲畜）和10匹马。羊是主要的食物来源，随军出征的羊的数量达到一两千万只。由于小羊羔每天只能走5—6公里路程。因此，在遇到紧急军情的时候，大军必然会加速先行，家眷及牲畜则只能慢慢尾随。

尽管携带如此庞大的羊群，但这些羊所提供的主要食物不是肉，而是奶。游牧民族的主食其实是奶食，羊肉只不过是过节和冬天不得已的选择，时至今日，羊奶制成的各色食品仍然

---

① ［日］宫崎正胜：《餐桌上的世界史》，中信出版社，2018年版。

是草原民族的主食。

除了羊外，马也是蒙古大军的重要食物来源。一匹母马每天能产两三升马奶，每个蒙古骑兵配备了 5—6 匹马。南宋赵珙所撰《"蒙鞑"备录》中描述："凡一牝马之乳，可饱三人，出入止饮马乳，或宰羊为粮。"马奶中富含蛋白质和卡路里，能够保证蒙古士兵获得足够的营养。当战马死于沙场，蒙古士兵能迅速分割死马，将马肉进行腌制，或做成干肉、香肠，或当时食用，或熏制后留待日后食用。

在当时农业民族看来无法让大军通过的草原、荒漠并不能阻止携带大量羊群的游牧民族通行。羊群吞食行军路线上遇到的每一种可以食用的植物，然后转化为羊奶，这些羊奶制成的奶制品成为游牧民族军队的主要食物。

正是这种生产生活和军事活动的高度一致性，为当时游牧民族行军提供了便利与保障。

4. 鸡的环球旅行

中国是世界上最早养鸡的国家

鸡是人类驯养的第一种也是最重要的家禽。今天，鸡所提供的肉和蛋是人们日常饮食中蛋白质的主要来源。

鸡的祖先是雉类中的原鸡。达尔文曾经认为，家鸡起源于印度，其中最重要的两条佐证是：第一，另一个有悠久养鸡历史的国家中国，它曾有古籍记载"鸡乃西方之物"。第二，在印度发现的一处公元前 1600 多年的遗址中有大量鸡骨，当时世界上还没有发现更早的与鸡有关的考古证据。

但随着时代的推移，越来越多的考古证据被发现，中国是世界上已知最早养鸡的国家。例如，在河北省武安磁山文化遗址当中，考古工作者就发现了 8000 年前的鸡骨骼。通过现代科技手段，证明是家鸡的骨骼。甘肃天水西山坪大地湾一期文化的发掘中，也发现了距今 8000 年左右的饰有鸡类样式的陶器和零星鸡骨，这说明在人类刚开始定居时，鸡便已走进了人类的文化之中。

公元前 2300—1900 年的山西省周家庄遗址出土的禽类遗骨，已经比较符合家鸡的解剖学特征。另外，河南省安阳市殷墟遗址出土的公元前 1300 年左右的家鸡遗骨，也获得考古学家认可。而且该遗址出土的甲骨文中"雉"和"鸡"写法已明显区分。

而明代《三才图会》中的"鸡乃西方之物"一语，事实上，此处的"西方"是指中国的西部，也就是"蜀""荆"等地，而并非印度。

这些证据表明，中国的家鸡不但驯养得比印度早，而且在长期的历史过程中形成了独立的品系，这也和一些西方科学家提出的家鸡多系起源学说也是相符的。

人类驯化鸡的最初动因，可能并不是为了食用。在众多史料中记载，当时人们认为更有价值的是公鸡，因为既可以用来斗鸡，还可以用来报时，或者作为装饰用的美丽羽毛的提供者。在中国以及很多地区，原鸡曾经被认为是"一种能预言的鸟"，通过它的鸡骨，有时候是观察它的内脏来得到预言。

鸡的环球旅行

鸡之所以能"征服"世界，是因为人类一直将它们带在身边，这趟伟大的旅程始于数千年前的东南亚，每一步都离不开人类的活动。

印度河谷地区是重要的家鸡驯化中心，当雅利安人在公元前 2000 年入侵印度北部时，他们发现了这里的鸡，并将其视为神圣的动物。公元前 2000 年以后，人们开始在漫长的航海旅行中带上鸡，人们发现这是一种携带方便并且保持新鲜的食物来源。鸡可以生蛋，并且它们能很快生长到可以食用的程度，为水手提供了新鲜的肉和蛋。

波斯人从印度引进了驯化的家鸡，很快他们被公鸡吸引住了。

公鸡接着从波斯传到了西方。公鸡成为凯尔特人、高卢人还有古代大不列颠人喜爱的动物。公鸡也从波斯传到了古希腊。公元前 8 世纪的古希腊著名诗人荷马在他的史诗《伊利亚特》和《奥德赛》等传世作品中从未提到过鸡。直到公元前 6 世纪，希腊文学作品中才出现鸡，之后越来越多的文学作品中出现了鸡的概念和形象。

　　鸡在古希腊是康复与复兴的有力象征。公元前 5 世纪，古希腊著名剧作家阿里斯托芬将鸡称为"波斯鸟"，这些表明这一时期古希腊的鸡也是从波斯传过来的，并走入千家万户。

　　古罗马人采用并改进了希腊化时期的希腊技术来饲养驯化家鸡，他们吃鸡肉，也吃鸡蛋。罗马人从希腊人那里学会了孵蛋技术，又从希腊人那里学会了阉割公鸡的方法，把公鸡变成肥嫩的阉鸡。罗马的农业专家还写下关于养鸡的长篇大论。

　　非洲大陆的家鸡可能通过陆路和海路等多条路线从印度引入。非洲最早关于家鸡的记录来自埃及，不过这些记录并非家鸡遗骸，而是根据埃及墓葬中出土的古文典籍和图像推测。在很长一段时间，人们普遍认为，直到希腊化时期，古代埃及人没有任何养鸡的知识，直到 1923 年在靠近底比斯的国王谷的一座坟墓中，发现了刻在石灰石上的一些公鸡图案。现在人们能够确定，正如他们在艺术品中所描绘的那样，他们曾经饲养过鸡、鸭、鹅还有其他家禽作为食物。

早在公元前 3000 年，从中国大陆迁徙到东南亚岛屿的第一批移民，可能将猪、鸡等畜禽带入马来西亚、印度尼西亚、菲律宾等东南亚岛屿，在今天大多数太平洋岛屿的考古遗址中，均发现了家鸡的遗骸。

线粒体 DNA 进行测序分析表明，大约 3850 年前，家鸡在密克罗尼西亚和新几内亚岛屿之间随着人类的迁徙而扩散，在之后数千年里，家鸡经由菲律宾、新几内亚、所罗门群岛、圣克鲁斯群岛、瓦努阿图岛的东迁路线，逐渐扩散到波利尼西亚群岛，进而远及北端的夏威夷岛和东端的复活节岛，即将横跨浩瀚的太平洋踏上神秘的南美洲土地。

之前人们普遍认为美洲的鸡是由西班牙人公元 1500 年前后带去的。不过，1532 年当西班牙侵略者弗朗西斯科·皮萨罗带人闯入当时非常繁荣的印加帝国时，他们发现当地已广泛饲养鸡，并将鸡用在很多印加宗教仪式上。如果印加人只是在短短几十年前接触欧洲人带来的鸡，那么可能很难将鸡融入自己的生活和文化中。

2007 年，一项重要的考古发现为这一谜团带来了新的解释。研究人员对智利中南部一处考古遗址出土的一堆鸡骨进行了仔细研究，他们检测出这些鸡曾生活在公元 1321—1407 年。进一步研究发现，智利出土的鸡骨和波利尼西亚的鸡骨中的线粒体 DNA 之间的变异位点惊人的相似，而现代鸡却缺乏这些变异位点。因此，六百多年前生活在智利的鸡可能是波利尼西亚人漂洋过海带来的，这一时间早于欧洲人哥伦布发现美洲的时间。[①]

火鸡为什么叫"土耳其鸡"

野生火鸡原产于中北美洲，阿兹特克人、玛雅人称之为"美丽的鸟"。我们不知道是谁驯化了火鸡，但是当阿兹特克人由北向南迁至墨西哥谷时，这些驯化者把火鸡传到了阿兹特克。

到了 15 世纪，家养火鸡已经遍布阿兹特克世界。西班牙人赫尔南多·科尔特斯（Hernando Cortez）占领阿兹特克帝国时，据他描述特诺奇蒂特兰（墨西哥的城市）的街道都被征

---

① ［美］安德鲁·劳勒：《鸡征服世界》，中信出版社，2017 年版。

用来布置禽肉市集，每5天就卖出8000只火鸡，宫廷每天要吃掉100只火鸡。

火鸡在英语中被称为"turkey"，也就是"土耳其鸡"的意思。

火鸡原产于美洲，为什么称它为"土耳其鸡"呢？有两种说法。一说是土耳其商人最早在欧洲引入几内亚鸡，又称珍珠鸡。欧洲人后来在美洲遇到火鸡时，因二者长相极其相似，而分不清两者区别，于是便将火鸡称作"土耳其鸡"。另一种说法则是，英国人从中东商人那里学会了驯养火鸡，因此火鸡被称作"土耳其鸡"。

这两种鸡在荷兰也往往被混淆，甚至连莎士比亚有时也会搞错，在《亨利四世》第一部分（第二幕，第一场）中他指的是珍珠鸡，却用了"火鸡"。

英语中对两种鸡的混淆直到两者都在英格兰人开始养殖之后才消失。

火鸡在英格兰特别受欢迎。15世纪60年代全英格兰都爱吃火鸡，到了1573年，还把它作为圣诞节和其他盛宴的标准烤鸡。在感恩节或圣诞节，美国的欧洲移民享用塞满菇类或者栗子的火鸡，将原住民食用的火鸡的饮食习惯纳入自己的宗教节庆中，这也算是一种饮食文化的融合。

5. "一条鱼"改变一个国家

汉萨同盟对捕鱼业的垄断

捕鱼活动在人类文明出现之前就已经存在很久了，相当多的考古证据显示，史前时代（约 200 万年前—公元前 21 世纪）的晚期人类文化中出现捕鱼工具和鱼骨。为了捕鱼，探险者必须接触水面，包括跋涉深水，在航海史上这是重要的一笔。历史上，进入海洋的社会群体可以收获海中食物，但鱼类作为陆上食物的一种补充，却很少成为人们饮食的一个支柱。

中世纪的欧洲人通常食用淡水鱼，斋戒期内食用的鱼大多是农民自己捕捞的。随着经济的发展，到了中世纪晚期和文艺复兴时期，人口不断增加，对鱼肉的需求越来越大，但相对应的是河流中的鱼类在减少，这时，海鱼也开始出现在餐桌上。海鱼经过长途陆运很难保持鱼的新鲜度，因此，内陆人们吃到的鱼都是经过腌制的。

在这个时候，汉萨同盟首先发现了鱼肉的前景。

汉萨同盟是德意志北部城市之间形成的商业、政治联盟。汉萨（Hanse）一词，德文意为"公所"或者"会馆"，它在 13 世纪逐渐形成，14 世纪达到兴盛。1367 年成立以吕贝克城为首的领导机构，有汉堡、科隆、不来梅等大城市的富商、贵族参加，同时拥有武装和金库。

汉萨同盟拥有当时先进的"柯克船"，柯克船是大航海时代北欧体系船只中最为发达的船舶，船体呈细长形，通常全长约 30 米，宽约 8 米，总重量约 100 吨到 200 吨。船桅只有一根，位于船体中央，用以张开长方形的横帆，能够适应海上的狂风大浪。

因为吕贝克等城市又是欧洲的制盐中心，这促使汉萨同盟决心把腌鱼推广到全欧洲。

汉萨同盟首先发现了波罗的海鲱鱼的活动规律，四百多个同盟商业城镇的船只集体加入了捕捞波罗的海鲱鱼的狂欢。相对低廉的价格、行销全欧洲的免税销售网络和保鲜技术，使得汉萨同盟在捕鱼上获取了惊人的收益。

为了捕获更多的鱼，汉萨同盟的商船远达北欧海域，蛮横地要求垄断北欧海域的捕鱼权。北欧海盗的后代们当然咽不下这口气，1361 年战争就此爆发。丹麦国王瓦尔德内尔首先洗劫了汉萨同盟在瑞典哥特兰岛的办事处，汉萨同盟也还之以颜色，由 52 艘战船、104 艘辅助船只组成的汉萨同盟舰队不久就攻占了丹麦首都哥本哈根。

汉萨同盟的联合舰队最终打败丹麦，迫使丹麦签订《施特拉尔松德条约》。该条约的签订致使汉萨同盟拥有北欧政治同盟的性质，扩大了汉萨同盟对波罗的海、北海的贸易以及对斯堪的纳维亚政治的控制。汉萨同盟进入鼎盛时期，结盟城市多达 160 多个，同盟在各地享有商业优惠，在伦敦、诺夫哥罗德、布鲁日、卑尔根等地均设有商站。同盟各城市的政权为城市贵族和大商人控制。

《施特拉尔松德条约》规定只有汉萨同盟可以在北欧捕鱼中心挪威卑尔根自由出入，而北欧所有的渔业交易被他们限定在这个汉萨同盟的商业殖民地中，北欧海盗的子孙失去了在自己家门口捕鱼的权利。

1397 年丹麦、挪威、瑞典组成了卡马尔同盟，同盟的首要任务就是对抗汉萨同盟。三国保留了各自的王室和政府，由联盟认可的领导负责外交和对外作战，三国设置对外作战基金，同盟的第一任共同君主是丹麦女王玛格丽特一世，她强迫汉萨同盟放弃对丹麦的直接政治控制，交出同盟占据的堡垒，废除同盟在丹麦领土上实行的税收，还支持海盗对汉萨商船发动袭击。

汉萨同盟在 16 世纪末期分崩离析，英国的伊丽莎白一世女王派人封存了汉萨同盟在伦敦的产业。在英国政府的支持下，英国渔船前往汉萨同盟独占的渔场捕鱼，而此时的汉萨同盟已经无力用武力来制止。

荷兰腌鲱鱼，贸易帝国的第一桶金

14 世纪时，鲱鱼因为要在位于波罗的海入口的丹麦所属的狭长海峡内产卵，因此蜂拥而至，吕贝克等汉萨同盟的商人们将这些鲱鱼用盐腌渍，装入木桶中，运往欧洲各地贩卖，获取了巨大的利益。

虽然鲱鱼个头不大，但因肉质鲜，产量大，便支撑起荷兰渔业的发展。14 世纪时，荷兰的人口还不到 100 万，其中有 20 万人从事捕鱼业，每年捕获的鲱鱼高达 1000 多万公斤。

然而，这些鲱鱼后来不再去丹麦领海产卵了。15 世纪后，鲱鱼渔场移至外海的大西洋北海。在那里，从 1 月到 3 月，大量的荷兰渔船在北海西部的渔场用拖网捕捞鲱鱼。荷兰人在船上去除鲱鱼的内脏，进行盐渍或醋渍加工，然后运往欧洲各地，获得丰厚收益。

荷兰人处理鲱鱼还有看家的本领，一个叫威廉·布克尔松的人发明了"一刀切"的鲱鱼处理方法：先将鲱鱼的肚子剖开取出内脏，而后去掉鱼头只剩下鱼身，这种方法后来得到改进，技艺娴熟的荷兰渔夫只需要令人眼花缭乱的一刀，便可完成处理鲱鱼的全部过程，然后把盐放在鱼身内，这样可以保存一年多的时间。

听起来简单，但正是这个简单的被称为"荷式保鲜"的发明让荷兰的渔船可以放心大胆地在海上长期作业，深入更远的海域，大量打包运输腌制的鲱鱼，成批量地出口到其他国家。

1650 年左右，荷兰拥有的船只数量是英国的 4—5 倍，商

船的数量据说比英国、西班牙、葡萄牙、德国的商船加在一起
还多。

荷兰人改良了鲱鱼渔船，为了运输大重量大体积的货物，
荷兰制造了吃水线浅、宽度大的船体和吨位 100 吨到 900 吨的
平底货船，从而将货物运费减少至其他国家的一半左右。荷兰
船只价格便宜的秘密在于，由于鲱鱼渔船消耗剧烈，荷兰源源
不断地制造鲱鱼渔船，造船技术因此不断革新，最终使造船成
本下降。

17 世纪荷兰鲱鱼的国际市场占有率非常高，根据统计，
1660 年，波罗的海地区进口的鲱鱼有 82% 是荷兰人销售的。
17 世纪末荷兰的造船成本低至英国的 40% 到 50%。当时，荷
兰的造船业世界第一，年造船能力高达 2000 艘。

同时，如果要大规模地运作商船进行买卖，就需要大量的
货币。由于犹太人带来了汇票交易，且货币在阿姆斯特丹汇兑
银行的账户上被记号化，所以存款能被视作通货，这弥补了货
币的不足。这就是世界最早的"存款通货"的诞生。

17 世纪，金融业终于在荷兰蓬勃发展，1609 年，阿姆斯

特丹证券交易所成立，这是世界历史上第一家证券交易所，也是第一个世界金融中心。在交易所演进过程中，联省终于孕育了经济史上的里程碑，自此，金融业才真正在西欧发轫。同年，阿姆斯特丹银行在尼德兰联省共和国（荷兰共和国）诞生，阿姆斯特丹银行的银行券成为全欧流行的货币，在国际贸易中成为最受商人欢迎的支付方式，欧洲第一次出现纸币。

　　1640 年，阿姆斯特丹成为世界重金属贸易中心，此后，阿姆斯特丹银行成为国际汇率中心，进一步巩固了它在国际贸易中的地位。阿姆斯特丹终于取得了世界金融中心的地位。

奠定大英帝国基础的鳕鱼

　　中世纪以来，英格兰一直依靠制衣业的支撑，以此进口本国需要的几乎所有的奢侈食品。在 15 世纪，英国商人在安特卫普售卖羊毛，用所获的利润购买葡萄酒、调料、橄榄油和大量醋栗以及葡萄干。

　　16 世纪 50 年代和 60 年代的经济大萧条导致英国羊毛在欧洲市场全线崩溃。但是英国对奢侈食品的需求却有增无减，葡萄酒、橄榄油和醋栗成了消耗这个国家国库的主要商品。在纽芬兰，英国人终于发现了鳕鱼这种有助于扭转贸易逆差局面的商品。

长期以来，在海洋上捕鱼的重要性一直被人忽视，通常人们只关注海洋探险和寻找香料的故事。但是欧洲西部国家的鳕鱼捕捞者们是第一批掌握了大西洋洋流和季风知识的英国人，这些知识日后帮助了那些寻找航线的探险家们抵达了香料岛。

在 15 世纪，腌鲱鱼在挪威鳕鱼干面前相形见绌，风干的鳕鱼因为汉萨同盟而遍布整个北欧。这个同盟试图垄断北海的捕捞作业，这迫使英国人去寻找新的渔场。他们最后在离冰岛不远的大陆架发现了一个渔场。

起初，冰岛人风干渔获时，英国人只是腌制鳕鱼，然后把它们堆在船舱底部。但是久而久之，他们将两种保存方法结合起来，先在鳕鱼身上抹上薄薄的一层盐，然后让它风干。最终的成品比挪威鳕鱼干更美味，还可以保存得更久。

捕捞鳕鱼成为英国人的重要产业，英文中"fish"如果不做特别说明，就默认为是鳕鱼，鳕鱼成为金钱的代名词。为争夺鳕鱼，英国人也加入了对汉萨同盟的战争。1486—1532年间，保卫自己渔场的英国海军与来自汉萨同盟的武装船队就发生了8次冲突。

1497年，威尼斯的乔瓦尼·卡博托在寻找一条通向香料岛的北海航线时，在海上航行了35天之后，他抵达了加拿大的东北沿岸。他并没发现期望中的通向西印度群岛的航线，反而到了维京人所谓的"巴芬岛"，亨利七世将它命名为"纽芬兰"（Newfoundland）。

一个曾经去过纽芬兰的人说，"海边密密麻麻的"都是鳕鱼，他还描述了他如何"在鳕鱼群里划不动船"。纽芬兰的捕鱼业因此成了英国商业的一个兴旺的分支。越来越多的投资者和商人（一些人远自伦敦）开始参与到这场贸易中来，纷纷资助或者委托航程。每年春天驶向纽芬兰的船只数量增加了一倍多，直到1615年，共有250艘船参与了这场商业活动。西方国家的港口经济被纽芬兰捕鱼业垄断了，从事造船、制绳和制帆的人多达6千人。对西方国家的水手们而言，跨越大西洋的长途远航已经成了一种常规活动。

17 世纪 30 年代，从纽芬兰到南欧，一艘 250 吨重的货轮可以从鳕鱼货物中获得大概 465 英镑的利润。购买这些鳕鱼的本金是 3300 英镑，回报率达到 14%①。用这些钱在地中海买些返程货物，还可以让利润翻倍。

纽芬兰的腌鳕鱼为英国商业经济注入了现金。南欧人一直爱吃腌鳕鱼，他们对腌鳕鱼的需求最终超过了英国人对南欧食品的需求。当西班牙人被迫用银币来购买鳕鱼时，英格兰得以进入美洲大陆这个新世界。

英国重商主义经济学家查尔斯·达文南特（Charles Davenant）批评西班牙让新世界的财富"未经消化"就直接进入了本国经济。他指出，西班牙人没有从他们的财富里获得"精神、力量或营养"。但英国人就不同了，他们具有一个"更加健康的经济结构"。英国商人用银币资助开拓贸易，使得银币重新投入经济。

在 1570 年到 1689 年间，英国舰船的吨位增加了七倍，

---

① ［英］莉齐·克林汉姆：《饥饿帝国：食物塑造现代世界》，北京联合出版有限公司，2018年版。

英格兰成了欧洲主要的海上强国。远洋捕鱼业的发展培养了更多的水手，从而促进了海上贸易和海军的发展，英国也有了和荷兰争霸的本钱。在 18 世纪的第四次英荷战争，英国最终击败荷兰并获取世界金融的霸权地位。

煤气的使用改变了捕鲸业

16—18 世纪，挪威的斯匹次卑尔根岛（Spitsbergen）是当时欧洲公认的捕鲸中心。来自荷兰、法国、英国的航船会聚在这里，据估计，仅荷兰一国，每年捕杀的鲸鱼就多达 6 万头。

猎捕鲸鱼是为了获取它们的肉、骨头和脂油来牟取暴利。鲸全身可以利用，甚至鲸须都可被用来制作女士束缚腰身用的胸衣和撑开裙子的裙撑。18 世纪到 19 世纪鲸鱼脂油是照明行业的重要原料。1736 年，伦敦市政府开始尝试在全市范围内安装路灯，几年之内，伦敦市内安装了 15000 盏路灯，这些路灯的主要燃料，就是鲸鱼油。

19 世纪末期捕鲸和捕鱼已经成为世界大多数航海国家的重要产业。与 19 世纪的其他方面一样，航海捕鲸业也在英国的控制之下，但是美国的船只很引人瞩目。在 19 世纪中期，捕鲸业成为美国第五大产业。1846 年美国的捕鲸船数目达到了735 艘，而当时放眼整个世界，捕鲸船加在一起总共也只有大概 900 艘。

美国捕鲸业发展的一个重要动力是城市的照明主要依靠鲸鱼油。而在美国捕鲸业的黄金时代后期，美国开始普及煤气。煤气的照明效果比鲸鱼油更好，而且更加廉价易得。而到了南北战争爆发的 1860 年左右，煤气管道系统已经相当成熟，而且同一时间，美国本地发现了石油。石油在各方面都比鲸鱼油更有优势，很多捕鲸人家里也都开始使用煤油灯，鲸鱼油的需求剧烈萎缩。

而另一方面，鲸鱼的再生速度根本跟不上这么高强度的捕捞。很多地方的鲸鱼被捕捞殆尽，捕鲸船不得不去更远的地方碰运气。由于接连遇到恶劣的天气，加上海上事故频发，一次航行并不能带来丰厚的收益，而仅仅是勉强不亏本。由于收支的平衡逐渐倾斜，美国的捕鲸业开始走向衰落。

人类捕鲸的历史也是鲸的悲剧历史。为了应对北部大西洋水域的过度捕捞，捕鲸者在 20 世纪初进入太平洋和大西洋南部，一度把偏远的南乔治亚岛作为捕鲸行业的中心。直到替代鱼油的新技术成功研发后，捕鲸业才衰落下去，人类不会再以先前那样的速度继续消费大鲸鱼了。而此时，北方海域的须鲸和露脊鲸已经被捕杀殆尽，太平洋的抹香鲸也剧烈减少，鲸鱼成为迫切需要保护的海洋生态环境的象征。

1986 年国际捕鲸委员会明令禁止商业捕鱼。

海上牧场，未来的渔业

20 世纪航海技术的快速发展在本质上改变了世界捕鱼船队。以蒸汽机和柴油机为动力的巨型船只同时具备冷藏技术，使得渔民能够从本地港口出发航行到更远的地方，在海上待得更久、捕获更多。声波定位仪和其他尖端的侦测方式使渔业成为一个具有高科技含量的产业。

在陆上，如果某种猎物的供应量过低时，解决办法就是畜牧养殖。如果是鱼类，解决办法就是改为养鱼或水产养殖。

早在人类开始养殖软体动物的远古时代以来，便已有养殖大型海鱼的情况。中国的水产养殖历史悠久，早在 3000 多年前，就开始了鱼类养殖活动。中国的第一部诗歌总集《诗经》的《周颂·潜》中写道："猗与漆沮，潜有多鱼。有鳣有鲔，鲦鲿鰋鲤。以享以祀，以介景福。"意思是在那漆沮二水中，鱼儿繁多，藏在鱼池里。有鳣鱼、鲔鱼，还有鲦鲿和鰋鲤。诗中的"潜"指的是水中列木围鱼的器具，这首诗中形象地描绘了中国古人养殖鱼类的方法和养殖种类。

养鱼业者往往采取集约方式，产量之多，比最有效率的集约养猪或养鸡更为惊人。养在近海鱼塭的虾和鲑鱼，以及养在淡水池的鲤鱼、河鲈、鳗鱼和虹鳟，都非常适合采用产业化规模来养殖，这些鱼正是当今全球水产养殖的优势鱼种。

人们可以采用一系列的方法处理来增加种鱼的繁殖力。借助于氧化、控制水温和人工浮游生物，养殖鱼能长得比野生鱼更快更大。养殖鲑鱼每公顷水域可生产 300 吨的肉，比肉牛的产量多了 15 倍。在 24℃的恒温环境中，海鲈生长的速度比在温度不定的天然环境快了 1 倍。

1980 年，人类有 500 万吨的食物来自养殖渔业；20 年

后，这个数字就扩大到了 2500 万吨。中国是这一产业的领导
国，到 2020 年，中国水产养殖总产量达 5224 万吨，占世界
水产养殖总产量 60% 以上，连续 32 年位居世界第一。

第三章

果蔬

丝绸之路和哥伦布大交换

1. 番茄：来自美洲的红色诱惑

长期被当作观赏性植物

在全世界的餐桌上，番茄都是重要的食物。番茄又被称为西红柿，英国人将番茄称为"爱的苹果"，意大利人将它称为"黄金的苹果"，德国人则称之为"天堂的苹果"。欧洲人看起来非常喜欢番茄，但是他们接受这种作物，却足足用了两百年的时间。

番茄与马铃薯相同，都是原产于安第斯山脉周围的作物。番茄与马铃薯都属于茄科植物。主要的茄科植物大多产自美洲大陆，除番茄和马铃薯之外，辣椒、烟草、人参果也都是产自美洲大陆的茄科植物。作为园艺植物被广泛种植的矮牵牛花也是原产于南美洲的茄科植物。

番茄经由安第斯地区传至墨西哥高地后，经阿兹特克人不断地改良品种，终于变成了一种比野生品种大上数十倍的栽培作物，因为番茄有着金黄色的色泽，看起来像是吸饱了太阳的能量，因此被印加人称为"太阳的礼物"。

阿兹特克人偏好饮用添加辣椒的番茄汁，1571 年西班牙传教士何塞·德·阿科斯塔来到中南美洲，用了大约 20 年时间经过实地调查写了《新大陆自然与道德史》一书，书中也提到了番茄，他说当地人偏好以番茄调和辣椒等极度辛辣的香料。另外，柔软且水分充足的番茄还非常适合做成美味的汤品。

据说最初在美洲大陆发现番茄的欧洲人，就是征服了阿兹特克的西班牙人赫尔南多·科尔特斯。在美洲大陆种植的番茄于 16 世纪被传到欧洲，据说是哥伦布在第二次航海时将它带到欧洲的，也有人认为是无名的西班牙船员带回来的。在 1544年的欧洲文献中首次出现了番茄，在威尼斯人所写的书籍中提到了番茄是一种"成熟时会变成黄色"的作物。

但是，欧洲人将马铃薯作为重要的粮食种植，却没有轻易接受番茄，并且在很长一段时间内对其非常排斥。长久以来，番茄只是被当作观赏性作物，甚至是有神秘作用的药用植物，而不是食材。欧洲人开始食用番茄是 18 世纪后的事。

这其中的原因也很简单，番茄是茄科植物，而茄科植物大多是有毒的。在欧洲，有当时令人害怕的被称为"恶魔之草"的颠茄，还有被用在巫术中的曼陀罗，这些都是有毒的茄科植物。

番茄是通红的，因为番茄含有一种叫番茄红素的红色素。欧洲人此前从未见过这种红色的果实，所以，他们觉得这过于鲜艳的红色果实是"有毒的"。同时番茄有一种独特的青草味，这也是它被讨厌的一个原因。

因为这些原因，在番茄传到欧洲的两百年间，番茄竟没有被食用过。

意大利那不勒斯风味的诞生

欧洲最早食用番茄的是意大利的那不勒斯王国。西班牙人从美洲大陆带回珍贵的番茄时，意大利还未建立，那不勒斯王国是西班牙的一个领地。

那不勒斯是确立了量产意大利面技术的地方。而番茄则被用来制作量产意大利面的酱料。这就是被称作"napoletana"的意大利面的起源。

那不勒斯开始使用番茄汁时，番茄并不是什么高级食材。据说当时的番茄汁拌那不勒斯意大利面是将面在大锅中煮了之后，劳工们直接用手抓着吃，在当时是很粗鄙的食物。我们不清楚人们是何时开始食用那不勒斯意大利面的，但在 17 世纪末就已经存在了。

更广为人知的是，那不勒斯是比萨的发祥地。那不勒斯比萨（pizza napoletana）更是被联合国教科文组织列入了世界非物质文化遗产。原先人们用小麦粉制作面团，再将番茄摊在上面食用，那不勒斯比萨就来源于此。

当时番茄汁只能在那不勒斯吃到，所以现在我们把使用番茄汁的料理称为"那不勒斯风味"。如此具有异域风情的植物番茄，如今却是意大利菜不可或缺的一部分。番茄极大地改变了意大利的饮食文化。

1804 年法国人尼古拉·阿佩尔发明了瓶装罐头技术，瓶装番茄酱得到普及。1875 年，弗朗西斯科·奇里奥在意大利北部的都灵建成了近代最原始的番茄罐头工厂。而在同时期，意大利南部的萨勒诺市附近的圣马扎诺小镇上，像青椒一样被拉得细长的长条西红柿被开发出来。番茄的生长、加工步入轨道。

番茄酱与鱼露

据斯坦福大学语言学教授任韶堂的《食物语言学》一书考证，番茄酱（Ketchup）这个词语，原是中国一个南方沿海地区的方言，意为"鱼露"（鱼酱油）。这是一种用小鱼小虾腌渍后发酵出来的琥珀色汁液，吃起来咸鲜十足。

在它的发源地——福建和广东的沿海地区，鱼虾酱仍然是地方特产，还有另外一种发酵酱汁：红糟，酿红米酒剩下的糊状残渣。

16 世纪的福建人把这种发酵的海鲜产品，也就是叫作"ketchup"的鱼露，意为"腌制鱼酱"，"ketchup"是闽南语，福建南部和台湾地区用的方言。Tchup 这个音节——普通话中的发音是 zhī（汁）——在闽南语及粤语中仍然是"酱汁"的意思，Ke 这个音节在闽南语中是"腌鱼"的意思。

福建移民带着腌制鱼酱、酱油和红糟来到了印度尼西亚、马来西亚以及菲律宾。在东南亚的英国殖民地，这种酱料和大豆酱一样，对于西方人来说颇具异域风情，英国特色菜品拓宽了它的使用范围，比如使用烤、炸等方式烹饪的食物。当时的英国食谱表明，酱汁的原料发生了极大的变化，不再仅由鱼类制成，还加入了蘑菇和腌胡桃。

到了 18 世纪初，由于鱼露在远洋航行中容易保存，英国殖民者开始将这种调味品和它的制作方法带回英国，并开启了英式改制过程。在抵达英国之后，英国人将牡蛎、贻贝、蘑菇、核桃、柠檬、芹菜甚至李子和桃子等水果制成"ketchup"。在 E. 史密斯的著作《熟练主妇》中，就记载了当时由凤尾鱼搭配红酒和香料制成的"ketchup"。然而，这种酱料更像是辣酱油，而非我们今天所熟知的番茄酱。

"ketchup（鱼露）"为英国人的饮食增添了滋味，中国的鱼露被运往东南亚，欧洲人再把桶装的"ketchup"大量运往欧洲各地，如同他们把茶叶和瓷器运往欧洲。明代的中国虽然实行海禁政策，但"ketchup"的大规模生产和贸易则讲述了这样一则故事：虽然中国政府的确禁止私人海上贸易，但是这些禁止令不断被废除，福建船员都不把它当回事，继续从事违令的航海贸易，而且规模很大。

查尔斯·洛克耶尔是英国东印度公司的一名商人，曾在1703年去过印度尼西亚、马来西亚、越南、中国和印度。他在回忆录《印度贸易全记录》中写道：他每到一个国家，海港中都挤满了塞满货物的中国船只，浩浩荡荡地从中国出发，前往东至印尼、西至缅甸的所有海岸和岛屿进行贸易。

美国耶鲁大学历史学教授保罗·肯尼迪在《大国的兴衰》中写道：乾隆十五年（1750 年）时中国的工业产值是法国的8.2 倍，是英国的 17.3 倍。1830 年时，中国的工业产值是英国的 3 倍，法国的 5.7 倍。一直到第二次鸦片战争，英国的工业产值才刚刚赶上中国，而法国才是中国的 40%。《白银资本：重视经济全球化的东方》作者贡德·弗兰克说，"1820 年中国经济在世界经济中所占的地位远远超过今日美国在世界经济中的地位。"①

---

① ［德］贡德·弗兰克：《白银资本：重视经济全球化的东方》，中国科技出版社，2022 年8 月。

亨氏番茄酱的兴起

意大利移民将番茄文化带到了美国。美国人改良了意大利商人从亚洲带来的鱼露，加上了核桃、蘑菇等做成了调味酱汁。不久后，便与爽口且带有酸味的番茄联系在了一起。

提炼了番茄的酸味及鲜艳色彩的番茄酱，是 1876 年由匹兹堡的蔬菜商人亨利·约翰·亨氏（H.J.Heinz）开发、制造并贩卖的。

亨氏是一个德国移民的儿子，1875 年他与其兄弟和堂兄弟创建了一家公司，主要产品是注册了商标的亨氏番茄酱。亨氏番茄酱是装在一个八角瓶里售卖的，这种八角瓶至今依然是这个品牌的标志。这种调料源自 17 世纪末亚洲的一种做法，里面的成分有：番茄、盐、胡椒、香料（丁香、桂皮、牙买加辣椒）、芹菜、蘑菇、分葱、食糖。到了 1888 年，公司正式更名为亨氏公司。

不久以后，番茄酱成为了美国人饮食中的基本调味品，尤其是汉堡、热狗、炸薯条等会用到番茄酱。ketchup 现在成了调味料的代名词。在英国还有用蘑菇做成的 ketchup。但如今，说到 ketchup，一般指的都是番茄酱，番茄已然成为 ketchup 的主打食材。

从某种意义上来说，番茄酱还成为了"母酱"，意味着人们可以以番茄酱为底调制其他酱料。烧烤酱中就含有番茄酱；烹饪虾时所用的鸡尾酒酱就是在番茄酱中加入山葵制成的。俄式调味酱和千岛酱中也含有番茄酱；美式肉饼卷和德州辣酱汤中也加入了番茄酱。

番茄的中国之旅

番茄在明朝中晚期通过多种途径传到了中国。成书于 1621 年的《群芳谱》就记载："蕃柿一名六月柿。茎似蒿，高四五尺，叶似艾，花似榴，一枝结五实，或三、四实……草本也，来自西番，故名。"番茄传入中国最有可能的两条路径，一条是从欧洲沿印度洋经过马来、爪哇等地传入我国南方沿海城市；另一条是经"海上丝绸之路"，从美洲先传到菲律宾，然后进一步传到我国沿海。在 17 世纪，番茄已经传到菲律宾，所以极有可能经东南亚传入我国。

番茄开始只是作为观赏植物种植，直到晚清时期才开始食用。世界番茄生产区域主要集中在亚洲、欧洲和北美洲，其中亚洲为主要产区。自 1980 年后，亚洲取代欧洲逐渐成为世界番茄的主要生产区，其番茄的生产能力不断增强，到 2000 年亚洲的番茄产量已经占世界总产量的一半以上。中国番茄的主要产区为新疆。

大航海时代之后的 17 世纪，欧洲船队频繁造访亚洲，才将来自美洲大陆的番茄经欧洲传到亚洲，仅仅在数百年的时间里，番茄就改变了全世界的饮食文化。

2. 像珍珠一样的洋葱

像珍珠一样的洋葱

　　洋葱的原产地为中亚。5000 多年前中亚两河流域的人们，在没有冷藏的条件下，只要保持干燥通风，汁多鲜美的洋葱就能存放一个月之久。在中亚，当地人采收野生葱属植物的鳞茎作为过冬的储粮，有时还会将野洋葱发酵处理，以便长期储存。

　　至今保存完好的出自 13 世纪叙利亚的一位佚名作者之手，这本名为《宴会钟爱的食色至味》的书，记载了阿尤布王朝上层社会的厨房里使用的诸多香料和草药，包括洋葱、肉桂、香橼、芫荽、茴香、大蒜等。今天，中亚各地都有野生葱属物种茂盛生长，大量采摘或挖掘十分方便。

　　准确定位葱属植物的驯化中心是一项艰巨而繁重的任务。探究洋葱、大蒜、韭菜、细香葱、小葱及其亲缘种驯化历程的尝试都面临两大事实的阻碍。首先，这类植物几乎没有驯化的必要，它们在野生状态下就含有大量造就其独特风味的硫化物，已经是几近完美的食物。

其次，这类植物兼有人工繁殖和野化生长的特性，让基因研究工作变得非常复杂。葱属植物的成员在北半球几乎所有的生态环境中均有生长，而且其中许多都可以互相杂交。从欧亚大草原到高原山地，遍布中亚的野生洋葱与人类驯化的现代洋葱极其相似。

洋葱的英文是"onion"，这起源于拉丁语"unio"。"unio"意为"珍珠"，剥了皮的洋葱就像珍珠一样白净漂亮，而且，洋葱一层一层包裹，就像珍珠层层叠叠，所以，洋葱才被比作珍珠。

洋葱虽是"球根"，但实际上却不是根。这一部分在植物学上被称为"鳞茎"，即鱼鳞状的茎。然而，它实际上也不是茎，我们食用的洋葱，其实是"叶子"。将洋葱竖着切为两半，我们会发现在基部有一个很小的芯，这就是洋葱的茎。从茎上重叠而生的就是叶。洋葱为了在干燥地区生存下去，就将叶的部分膨大，用来储存营养物质。

在今天，洋葱价格低廉，食法多样，生食口感脆辣，腌制爽脆可口，和肉类混合爆炒还能去肉腥并增加一些甜味，洋葱圈的形状使其很适合油炸和做汤。同时洋葱富含的汁液对链球菌、葡萄球菌以及斑疹伤寒和痢疾等病原体有一定的抑制作用。

洋葱在欧洲的盛行

在中世纪的欧洲，当两军作战时，骑兵身穿甲胄，手持长剑，脖子上还要戴一条"项链"，这条特殊"项链"的胸坠却是一个圆溜溜的洋葱头。他们认为，洋葱是具有神奇力量的护身符，戴上它，就能免遭剑戟的刺伤和弓箭的射伤，整个队伍就能保持强大的战斗力，最终夺取胜利。因此，洋葱被誉为"胜利的洋葱"。

欧洲人收获洋葱后，人们将其挂在房檐下保存。洋葱耐旱怕湿，所以保持干燥更能长久保存。他们在家里的玄关处挂洋葱用来驱赶女巫，相信这会起到辟邪的作用。

在欧洲人抵达北美之前，印第安人已经会用野生洋葱做各种东西了，但人工栽培的洋葱还是 16 世纪欧洲移民带来的。

洋葱也是俄罗斯人最喜爱的蔬菜之一，也是他们一日三餐离不开的菜蔬。由于俄罗斯夏短冬长，日照不足，所以新鲜的时令蔬菜和水果很少，也很难储存，特别是在漫长的冬季，土豆、胡萝卜、洋葱、圆白菜更是被俄罗斯人称为餐桌上的"四大金刚"，陪伴着千家万户熬过严寒。

在俄罗斯，洋葱最普遍的吃法便是生吃，即将洋葱切成丝后和其他的蔬菜一起做成蔬菜沙拉，或者将洋葱丝作为配菜和牛排等主食一起食用，还可以在汉堡、三明治中，夹上一些生洋葱丝。现在莫斯科街头流行的烤肉卷"沙乌拉玛"，也是将烤肉、洋葱丝以及酸黄瓜一起放入卷饼中，味道非常可口。

洋葱的另一种吃法就是做汤。俄罗斯人喜爱红菜汤，也称罗宋汤。其做法是：将肉切成小块，将红菜头、圆白菜、土豆、洋葱、胡萝卜切成丝，将这些放进水里，加上盐、糖等调料一起煮，煮熟后再浇上酸奶油，味道鲜美。

在俄罗斯的其他菜肴中，无论是馅饼、肉丸，还是烤肉，都离不开洋葱，甚至连俄罗斯人的圣诞节大餐也离不开洋葱。

洋葱是如何传入中国的

洋葱是何时传入中国的？时间说法不一。有人认为是 20
世纪初，有人认为在西汉丝绸之路开通后，也有人认为是 13 世
纪由蒙古帝国在征战中带回的，等等①。

关于洋葱是通过丝绸之路传入中国的说法，认为是汉朝的
张骞出使西域从中亚带回洋葱。张骞的确带回了很多西域的植
物，不过历史学家经过考证认为，这些植物中并没有洋葱。

另一种说法洋葱是唐代初年从波斯传入中原的。公元 647
年，唐太宗要求他的属国进贡最精选的菜蔬，帝国西部的属国
服从皇帝的命令收集来许多在中原未曾见过的菜蔬。其中《唐
会要》记载了一种叫"浑提葱"的蔬菜："浑提葱其状如葱而白，
辛嗅药。其状如兰凌冬而青。收干作末，味如桂椒。其根能愈
气疾。"很多学者认为"浑提葱"就是洋葱，遗憾的是，《唐会
要》中并未画出"浑提葱"的图样，也未就关键的"兰凌冬"
做出描述，所以人们无法肯定地判断"浑提葱"就是今天的

① 梁磊，沈城辉：《中国食品报》，2022 年 12 月 16 日 06 版。

"洋葱"。

唐代医学家孙思邈所著《千金方》记载有"胡葱",这种植物的根和胡蒜的很像,这符合洋葱的特点。

洋葱有防腐效果,便于保存,适合作为长期航海的食材,因此,长途远行的船上都会储备洋葱。我们可以大胆猜测,洋葱也可能是从外国人的船上传到了中国。

尽管洋葱旅行到中国的历史不算太晚,但中国人大规模食用它却鲜见于历史。作为一种外来食品,洋葱在以饮食文化著称的中国却受到了冷遇,很重要的一个原因就是切洋葱的时候,洋葱本身的辛辣会刺激人流眼泪。直到清代前期,中国才有了食用洋葱的记录。康乾盛世前后,中国人口剧增,洋葱作为重要的食粮得到大规模推广,洋葱可能才得以旅行到中国全境,让越来越多的中国人喜欢它。

3. 花生的世界贸易

中国人为什么喜欢"落花生"

　　花生，原产于巴西的食物（另一种说法是原产于南美洲安第斯山脉的中海拔地区），它是一种豆科植物。花生含有 30% 的碳水化合物和多达 50% 的油脂，富含蛋白质和铁。

　　花生收割容易，烹调方法多样。

　　花生被当作精致的美味，在世界上很多地方，花生成为某种特别菜品，通常是点心、盘饰或做成甜酱或酱汁。法国地理学家夏尔·拉孔达米纳（1701—1774 年）在厄瓜多尔的基多时，口袋里装满了花生，不时吃来解馋，他坚称花生是他"在美洲见到的最珍贵物品"。在东南亚，它大受好评，和辛辣的辣椒同为制作沙嗲的基本材料。

　　在中国，花生同样受到了欢迎。花生是由 15 世纪末"西班牙大帆船贸易"取道菲律宾带到中国的。16 世纪 30 年代，花生在当时的嘉定州（今上海市嘉定区）已有栽培，当时叫作

"香芋"或"落花生"。明代嘉靖年间的进士王世懋将其记载在了《学圃杂疏·菜蔬》中。

中国人对花生大为赞叹，比如作家许地山的名篇《落花生》中就说道，花生不但味美、价廉，还可以榨油，并且"你们看它矮矮地长在地上，等到成熟了，也不能立刻分辨出来它有没有果实，必须挖起来才知道"。

它的生长方式也代表了中国人质朴含蓄的人生哲学。在中国文化中，花生还象征着长生不老、长寿多福，所以有"长生果"和"长寿果"的别称；花生也是吉祥喜庆的象征，是传统婚礼中必不可少的"利市果"，寓意多子多孙、儿孙满堂。同时，花生也预示着果实累累，事业成功。

花生是地上开花、地下结果的植物，所以人们又称它为"落花生"。它的种子又酷似蚕蛹。

花生喜高温干燥，适宜生于气候温暖、生长季节较长、雨量适中的沙质土中。它具有改善土壤、防止水土流失的作用。因此，对于因人口压力而生态受到破坏的地方，花生是一种非常好的作物。在美国内战之后，南方农民所承继的土地已因栽种太多棉花而肥力枯竭，为了改善肥力不足的土地，他们非常依赖花生。

此外，这种植物浑身都是"宝"：藤蔓可以喂猪，壳可以做燃料，花生油可用于烧菜、取暖，且花生单位产量大。

19 世纪，中国华南的很多农民都会将剩余的土地改种花生，花生成为自给自足的食物来源，不受价格涨跌的影响，它还能让人摄取较多蛋白质、维生素，这些特性使花生成为改善乡村饮食的首选作物之一。

花生世界贸易的兴衰

乔治·华盛顿·卡佛（1864—1943 年），植物学家和农业化学家，1889 年考入美国艾奥瓦州印第安诺拉的辛普森学院，从而成为该学院有史以来第一位黑人学生。卡佛毕业后又就读于艾奥瓦州立农业学院，并以第一名的成绩毕业。1892 年卡佛取得硕士学位，后在该校任教。

教育家布克·华盛顿创办了一所黑人学院——特斯基吉学院，并邀请卡佛去教书，卡佛致力于农业副产品的开发，在这里，卡佛建立起一座实验室，他以及同时代的科学家发现了花生和花生油的几十种工业用途，包括可充当润滑油、颜料的原料、肥皂原料（在欧洲某些地区，花生油在这方面取代了越来越昂贵的橄榄油）。花生需求大增，出口量增加。

花生是被葡萄牙船只带到印度和非洲的，如今是这两地的重要产品。

19 世纪 20 年代，美国在西雅图建造了特殊码头，只为容纳运输花生油的油轮。由于需求剧增，花生的价格也随之大涨，特别是在第一次世界大战期间和战后时期。

此时种植花生的土地，大多是已干涸的河床、含沙的荒地、多岩的山坡地，这些地方除了花生别的什么也种不成，所以只有穷困的人才会精心开垦。在某些地方，农民只给了地主象征性的租金，就取得了这些土地的使用权，对地主而言，他们不能或不愿亲自耕种这些土地，如果能靠它们收点租金，何乐而不为。

随着花生的价格看涨，这些土地能让人赚钱，租金一夜之间暴涨。于是土地所有者对这些荒地重新产生了兴趣，在

19 世纪 20 年代，在中国华北某些花生产地，经常爆发激烈的"沙地战争"争夺这些昔日的荒地。随着当时欧美市场对中国农产品的大量需求，华北花生的种植和运销，也得到了快速的发展；华北内地的花生集散网络也随之兴起，以青岛、天津、烟台、上海等沿海口岸为龙头的华北花生运销系统逐渐形成。

但地主的"胜利"也没有保持多久。花生价格涨到足够高时，利润空间变大，肥沃的土地也开始大规模种植花生。这些土地比过去那些栽种花生的土地更肥沃，产量也更高。特别是西非花生的大规模种植，很快就崭露头角，在世界市场的占有率越来越高。

19 世纪 30 年代，花生价格暴跌，西非花生农因其产量高、成本低，得以在市场上生存下去，而很多中国、印度花生农则没有那么幸运，他们被淘汰出了世界市场。

花生的泡沫式增长是工业创新所造就的，也被另一轮工业创新所埋没，十九世纪三四十年代，人们发明出取代工业花生产品的合成物。不久，花生再度变为获利微薄的作物。

花生酱是如何成为受欢迎的商品的

随着黑奴贸易，花生于 18 世纪进入了美国的东部地区。美国产的花生半数制成了花生酱，花生酱是由磨碎的干烤花生制成的，它是一种广受欢迎的食品。在巴西中部，土著部落用花生和玉米做饮料，在非洲，在炖菜中加入碎花生，而中国菜中的一些调味汁也需要花生粉作为配料。

今天被认为花生酱是 19 世纪发明的。关于花生酱的发明有这样的说法，18 世纪 90 年代，一名美国圣路易斯市的牙医突发奇想，为了替牙齿无法咀嚼肉类的穷困病人补充蛋白质，他使用绞肉机把花生磨成花生酱，方便牙痛患者食用。后来，这位牙医把他的主意分享给开食品公司的乔治·贝尔，乔治开始把花生酱包装成罐，并且以每磅 6 美分的价格出售。

花生生产商中最著名的是约翰·家乐氏（John Kellogg），家乐氏是密歇根州巴特尔克里克疗养院的内科医生，家乐氏为他的病人制作花生酱，起先是为了让病人吃素，所以以花生酱代替肉类来摄取蛋白质。1895 年家乐氏为生产花生酱的工艺申请了专利，家乐氏通过在美国各地讲授花生酱对健康的益处，以及在密歇根州的巴特克里克疗养院为他的病人提供花生酱来推广他的发明。家乐氏想不到花生酱如此受喜爱，于是使用"家乐氏"的品牌在全球贩售。

最早的花生酱机器之一是由安布罗斯·斯特劳布制造的，他于1903年获得专利，机器的使用意味着花生酱变得更容易制造，而且可以大规模生产。尽管如此，这是一种不能长期保存的食物，因为花生酱固体中的油分离出来，暴露在光和氧气中会使它很快变质。

这一问题在20世纪20年代得到了解决，当时一项名为"花生酱及其制造工艺"的专利被授予一位名叫约瑟夫·罗斯菲尔德（Joseph Rosefield）的商人，他的花生酱像奶油一样光滑柔顺，可以被细致地搅拌，与先前都是粗粒版的花生酱不同，罗斯菲尔德以防止花生油从花生酱中分离拿下一项专利，这也将花生酱的保存期限延长到一年。

多年来，花生酱被用于许多不同的配方中，并与其他成分以创造性的方式结合，比如花生酱和巧克力的甜咸组合，花生

酱和香蕉或培根一起吃。而在 20 世纪 30 年代的大萧条时期，

富含卡路里的蛋黄酱和花生酱的组合而成经济实惠的三明治变

得很受欢迎。

4. 菠菜见证大唐国力

被称为"波斯草"的菠菜

贞观二十一年（647 年），大唐国力强盛，印度和东南亚诸国等纷纷俯首称臣，拼力搜罗国内的奇花异草和珍禽异兽，贡献给大唐天子以表忠心。

据《册府元龟·卷九百七十》记载，被列进名录的植物包括叶护的马乳葡萄、康国的金桃、摩揭陀王国的菩提树、伽毗国的郁金香，还有前文提到的洋葱，以及泥钵罗国进献的"波棱菜"。

泥钵罗，也写作"泥婆罗"，其实就是现在喜马拉雅山南麓的尼泊尔。"泥钵罗献波棱菜，类红蓝，实如蒺藜，火熟之，能益食味。"而波棱菜这种看似神秘的贡品，现在有一个广为人知的名字——菠菜。

这种农作物或许是沿喜马拉雅山南麓逐渐传播到尼泊尔，随后再从那里传播至唐都长安的。史料表明，菠菜在 7 世纪传入中国。如果是这样的话，那么这种作物或许最初是随胡人传入的。它也是沿丝绸之路南线传播的重要蔬菜之一。

　　五代时期，南唐的一位官员叫钟谟，给菠菜起了个玄妙的名字——雨花。这个钟谟不但把菠菜视为"雨花"，而且把菠菜、蒌蒿、萝卜当成无与伦比的佳肴，称为"三无比"。"雨花"一词出自佛教经典。据说佛祖传经说法时感动了天神，天空中飘下各种各样的香花，像下雨一样。钟谟将菠菜称为"雨花"，可见他对菠菜的珍视。

　　"波棱"可能是菠菜梵语、印度语名称的音译。元代已知菠菜出自波斯，到明代干脆就称作"波斯草"了，直到现在仍是最常食用的蔬菜之一。

　　关于菠菜的原产地仍有争论，它可能原产于亚洲南部和中部，土耳其东部至今还有野生菠菜分布。可能是伊朗这一地区的人最早人工栽培，至今这地区的人也常吃菠菜。菠菜可能很早就传播到中亚、印度，在印度常能吃到菠菜做的东西，比如印度北部流行一种碎菠菜酸奶，也有菠菜作为配菜的咖喱饭。

　　植物栽培的奠基学者阿方斯·德·康多尔认为菠菜起源于

"波斯"。他根据语言学资料得出的结论是，至少在古罗马时期，波斯已有菠菜种植，并从那里迅速扩散至整个西南亚。

根据目前所掌握的史料，欧洲原本没有关于菠菜的记载，直到 11 世纪阿拉伯人四处征战才有所改变，菠菜似乎就是在那时与紫色胡萝卜等其他蔬菜一起传入了西班牙。

菠菜传入法国则要到 14 世纪以后，让它在贵族中流行则要归功于 16 世纪法国国王亨利二世的王后凯瑟琳·德·美第奇。她出身于佛罗伦萨美第奇家族，因为菠菜首先从西亚传入西西里和意大利，估计小时候就喜欢吃菠菜，她嫁到法国后也把这一爱好带入法国宫廷，引起巴黎餐饮界的跟风，至今法国一些南欧风格的菜式都称为"佛罗伦萨式"。

菠菜见证了大唐的繁华

从尼泊尔千里迢迢地将菠菜运到长安来，要保持色味不变，在当时的条件下明显是不可能完成的任务。唯一合理的解释是泥婆罗使者带着的其实是菠菜的种子，然后在大唐某地培植出来之后，再送进了宫。这也可以解释为什么《册府元龟》的记录提到菠菜"实如蒺梨",想来尼泊尔人是将种子和植株一并献上的。

唐太宗时期的帝都长安,在时装、娱乐、餐饮各方面都流行着波斯(胡风)的文化。萨珊王朝灭亡,众多的波斯人和粟特人移居流亡到了长安,而菠菜也是在这一时代背景下作为波斯人爱吃的摩登食材走进了唐朝人的生活中来。

在长安的"超级市场"西市(专设有"波斯邸"和其他外商贸易货栈)上,财物堆积如山、珍奇宝物琳琅满目。市场上熙熙攘攘,往来者有王公贵族、富商大贾,最醒目的是身着胡服的胡人和外商,他们经营着大量的香料、器玩等进口货。带有异国风情的饮食,如"胡饼"、"毕罗"(即手抓饭)、"三勒酒"、"龙膏酒"等颇受欢迎。长安常见的食材有大米、黍、猪肉、鸡肉、豆类、洋葱和香菇等,菠菜被当作了外来的珍贵食材。

美国学者薛爱华(Edward H.Schafer)曾写过一本颇有影响的著作《撒马尔罕的金桃:唐代舶来品研究》,书名之所以叫作"撒马尔罕的金桃:唐代舶来品研究",是因为公元 7 世纪时，撒马尔罕的王国曾经两次向唐朝宫廷贡献一种珍异灿黄的桃子作为正式的贡品，而当时就将这种桃子称作"金桃"。据记载："康国献黄桃，大如鹅卵，其色如金，亦呼金桃。"薛爱华说："北方的马、皮革制品、裘皮、武器；南方的象牙、珍贵木材、药材和香料；西方的纺织品、宝石、工业用的矿石以及舞女等——都是唐朝人——特别是 8 世纪时的唐朝人非常渴望得到的物品。"

《撒马尔罕的金桃：唐代舶来品研究》也专门讲到了菠菜。薛爱华说，"波斯草"作为一种带有神秘色彩的名称，到了唐代以后大概就已经不再使用了。

唐诗人刘禹锡所著《嘉话录》则云："菠薐，本西国中种，自颇陵国将其子来。今讹为菠薐，盖颇陵之转声也。"

唐代盛行炼丹，道教方士认为它可以"解酒毒"，"服丹石之人食之佳"，似乎是可以减轻吃汞化合物带来的肠胃不适。因为菜叶青翠，根部鲜红，菠菜又被称为"红嘴绿鹦哥"、鹦鹉菜。

在唐代这是权贵才能吃的稀有蔬菜，《唐六典》称皇宫内有一道面点是将菠菜氽熟捣烂和入面中，然后加工成面条，在朝会宴饮的时候赏赐给九品以上官员食用。

日本的菠菜是明代由中国传入，随着一些中国人移居到日本九州各地，菠菜也随之传入日本。菠菜因为其根部为红色，在江户时代也被叫作"赤根菜"，又因为其从中国传入也叫"唐菜"。

美国经济大萧条和"大力水手"

从 1929 年首次出现在美国漫画连载专栏上开始，小臂很粗、爱吃菠菜并以此爆发力量的"大力水手"海员 Popeye 就大受欢迎，很快掀起了美国食用菠菜的热潮。

"我力大无穷，因为我吃了我的菠菜！"一罐菠菜下肚，"大力水手"便"变得力大无穷"。这一形象如此深入人心，以至于人们普遍相信，菠菜含铁量异常丰富，能令人身强体壮。只是"菠菜神话"其实来源于一个关于菠菜铁含量的"小数点事件"，据说最初测量菠菜铁含量的科学家点错小数点，将数据无缘无故地扩大了 10 倍。

菠菜铁含量的错误信息，给了漫画家创作灵感，"吃菠菜力大无穷"成为"大力水手"最为人津津乐道的角色特质。"大力水手"一下蹿红，部分原因是 1929 年开始横扫美国的经济大萧条。

大萧条时期，很多勤奋的人一样没有了工作。失业的人自觉着愧，而尚未失业的人也岌岌可危。他们发现自己所信任的经济体系、国家乃至个人的力量突然都显得那样薄弱无力，因此格外需要一些强有力的偶像来帮助他们重建信心。

在漫画中，"大力水手"吃了菠菜便"力大无穷"，20 世纪30 年代的美国引发了一场食用菠菜的热潮，美国的菠菜销量增加了 33%，菜农们开始疯狂地种植菠菜。

20 世纪 30 年代中期，虽然经济逐渐好转，从经济危机中走过的人们却仍然喜爱这个陪伴他们度过困难时光的老友——"大力水手"。

第四章

调味品
酸甜辛辣中的世界商品

1. 香料打造出的最早全球贸易网络

罗马帝国衰亡的秘密

香料包括胡椒、桂皮、生姜、肉豆蔻、丁香、小豆蔻、孜然、薄荷等，它们主要产自印度和印度尼西亚，古代的商人从印度获得胡椒和桂皮，从印尼获得肉豆蔻、丁香等。印度尼西亚拥有大小多样的岛屿，像肉豆蔻这样贵重的香料，在当时只有在马鲁古群岛的安汶岛、班达群岛、爪哇岛西部等地才可以得到。

香料的英文单词"spice"来自拉丁语"species"，原意为量小而贵重的东西。古希腊历史学家认为，香料中的肉桂采自万丈悬崖大鸟的巢穴，而乳香是由飞蛇保护。但古罗马作家老普林尼并不这样认为，他说这些传说，是编排出来抬高价格的。

公元 1 世纪初，每年有多达 120 艘船驶往印度购买香料。在大部分情形下，罗马人必须支付黄金和白银来购买这些香料。

香料贸易花费了罗马帝国大量的财富，这也意味着大量的金银流向东方。

根据老普林尼的测算，若将香料、中国丝绸和其他奢侈品一起纳入考虑，罗马每年对东方的贸易逆差总计达一亿塞斯特斯，约相当于 10 吨黄金。为了弥补财产外流，罗马人必须寻找新的财源，要么通过征服他国获得财富，要么通过开挖新矿获得金银。

无论是对外的军事征服，还是购买香料等奢侈品，政府必须承担庞大的财政支出。罗马帝国的问题用现在的话来说，就是国家财政入不敷出。到了公元前 167 年接手的马其顿银矿逐渐枯竭，加之税收不足，只有支出的七八成，罗马帝国一直被财政问题困扰。

为了提高银币的供应量，罗马帝国想到了一个最便捷的办法，即减少硬币中的含银量，这就导致银币的品质下降。虽然超发货币会导致通货膨胀，但在初期货币仍然能够保持之前的价值，政府可以利用这个时间差来获得资金，从而弥补社会保障费的不足。

如果以罗马帝国皇帝奥古斯都发行的银币作为基准，将罗马帝国领土扩张到历史巅峰的皇帝图拉真发行的银币的含银量减少了 15%，以修建大浴场而闻名的皇帝卡拉卡拉（Caracalla，186—217 年）发行的银币的含银量减少了50%。最初接近纯银的罗马帝国银币，到 3 世纪末已经变成含银量只有 5%的硬币，货币价值大幅下跌，物价持续上涨。

香料以及丝绸等奢侈品贸易导致罗马帝国的国库空虚，对外的征服活动进一步加剧这种亏空，罗马帝国企图采取金银币缩水的方式来解决财政危机，这样的做法最终导致了越来越严重的通货膨胀，罗马帝国也逐步走向衰亡。

谁掌握了季风的秘密，谁就掌控了海洋贸易

季风自每年的 6 月到 9 月从西南吹向东北，11 月到次年4 月从东北吹向西南。季风的名称起源于阿拉伯语"mausim"，意为"季节"，中国古代则称为"信风"，我国大约在汉朝就利用季风来进行远洋航行了。这些风促进了远距离季节性航海的发展。季风模式的发现是印度洋地区航海的一个巨大进步。

　　大约 2500 年前，人们就掌握了季风的规律，使得东非与印度、印度与东南亚之间通过横跨印度洋建立了更直接的贸易路线。季风还改善了近东与地中海和南亚之间的航海联系。增加了对不同地区商品的了解和需求。

　　香料的贸易最早是控制在阿拉伯商人手里的。阿拉伯人在上千年中一直是海上贸易的主角，这点我们在《一千零一夜》的故事（如辛巴达历险记）中就会发现，阿拉伯的传奇故事总是贯穿着航海和贸易。欧洲语言中与市场、港口、暗礁、冒险、关税、集市有关的词汇，都是受着阿拉伯语言的影响。

　　阿拉伯商人很早以前就显示出远距离贸易能力，早在公元前他们就知道随着季节而改变方向的季风的秘密，季风使得船只能在阿拉伯半岛与印度西岸之间快速而规律地渡洋。

　　6 月到 8 月吹的西南风将船只带往东方，然后，11 月到次年 1 月吹的东北风再将它们带往西方。对于季风的知识，以及阿拉伯人对于横越阿拉伯半岛的路线控制，使印度和阿拉伯商人能牢牢掌控印度与红海之间的贸易。

　　在散布于阿拉伯西南端的市场上，阿拉伯商人将香料与其他东方物品卖给埃及的商人。然后，这些物品经由船运沿红海北上，再跨越陆地到尼罗河，最后沿尼罗河北上，抵达埃及的亚历山大城，最后从这里物品被销往欧洲各地。

到了公元 1 世纪初期，欧洲人也掌握了季风的规律。地中海的水手最终从有经验的印度洋水手那里学会了如何预测和利用季风。每年有多达 120 艘罗马船只驶往印度，以购买黑胡椒、广木香和甘松香等香料，还有宝石、中国丝绸，以及将在罗马世界的许多竞技场上被屠杀的异国动物。

印度洋是当时的全球商业中心，欧洲人终于首度在蓬勃发展的印度洋贸易网络中成为直接的参与者。

最早的全球贸易网络

从公元前 2 世纪开始，横跨大陆的商贸路线联结了中国与地中海东部，将西方的罗马世界与东方的中国汉朝牵系起来。这些路线被称为"丝绸之路"，虽然它们所承载的物品远不止丝绸，沿着这条路线买卖的香料包括麝香、大黄和甘草等。而且那其实不是单一的一条路，而是由多条东西向路线构成的网络。

汉朝和罗马两大帝国的商人们用接力的方式缔造了亚欧大陆的贸易网络。据史书记载，罗马帝国因为过度进口丝绸和香料导致财政不堪重负，可见当时的贸易规模有多庞大。

公元 73 年，东汉出兵攻打北匈奴，班超在战场上立下了汗马功劳，随后的三十多年里，他一直留在西域开疆拓土。班超曾经派遣部下甘英出使罗马帝国，甘英到达条支国（塞琉古王朝），想渡过地中海，据《后汉书·西域传》记载：安息西界船人谓英曰："海水广大，往来者逢善风三月乃得度，若遇迟风，亦有二岁者，故入海人皆赍三岁粮。海中善使人思土恋慕，数有死亡者。"英闻之乃止。

安息（又名帕提亚帝国，今伊朗）的官员告诉甘英，到达罗马帝国的海路艰苦难行，最长要航行三年，甘英于是打消了前往罗马帝国的念头。

在印度北部和南部之间、印度和中国之间，以及东南亚和中国内陆之间，香料也经由陆路运送。在罗马时代，肉豆蔻、丁香都可以在印度和中国买到，但直到罗马统治末期，这些香料才常见于欧洲。

从公元前 500 年到公元 200 年，香料贸易网逐渐涵盖了整个旧世界——来自印度的肉桂与胡椒被运往西方，远至英国；来自阿拉伯的乳香则向东旅行到中国。

有趣的是，这个网络的参与者大多不晓得它全部的范围，因为他们并不总是知道自己买卖的商品来源。就像希腊人以为通过阿拉伯商人到达他们手中的印度香料真的产自阿拉伯一样，中国人也以为肉豆蔻和丁香产自马来半岛、苏门答腊或爪哇，殊不知它们的真正产地在更东边的摩鹿加群岛（马鲁古群岛），而这些他们认为是原产地的地方其实只是贸易航路沿线的停靠港而已。

经陆路与海路在全球贸易网上旅行的商品很多，香料不过是其中之一。但是香料的特殊性使得它在贸易中占据了主导地位：香料的价值和重量的比率很高；许多香料只出产在世界上某些地方；它们易于储存，适于长途货运，而且非常受欢迎。

香料之后出现的全球性商品，如茶叶、咖啡等，都有同样的特性。

基于上述因素，香料成为极特殊的商品，只有它们会从全球网络的一端被买卖到另一端，且如此受欢迎。香料最终促使人们组织起了第一个全球贸易网络。

大航海时代的到来

阿拉伯人把香料等货物沿尼罗河北上，抵达亚历山大（埃及最大的海港），并由此发往欧洲。

除此之外，香料贸易并非别无分店，它还可以通过陆路运送到拜占庭帝国控制的地中海东岸，再经此转运到欧洲各国。意大利的另一个城邦热那亚，凭借和拜占庭帝国的关系，也经手做起了香料生意。

奥斯曼土耳其人欲控制东方贸易，拜占庭帝国的首都君士坦丁堡于是就成为关键点。一旦攻陷了它，他们便可以对进出黑海的船只强行征收高昂的通行费。

孱弱的拜占庭帝国沦陷是必然的。他们靠着自己八千兵将抵抗着奥斯曼帝国的十五万大军，苦苦支撑。君士坦丁堡的敢死队划着小船冒死出发，寻找援兵。他们奇迹般地冲出重围去搬救兵，作家茨威格这样写道："可是，多么令人痛心的失望啊！在爱琴海上没见到威尼斯的帆影，也没有准备应战的舰队。威尼斯和教皇都将拜占庭忘记了。"

1453 年 5 月 29 日，奥斯曼帝国苏丹穆罕默德二世率军攻入君士坦丁堡（今为伊斯坦布尔），拜占庭帝国正式灭亡。

当君士坦丁堡陷落后，欧洲的香料价格不断上涨，于是冒险家开始四处寻找新的贸易航线，大航海时代终于到来，人类的历史也在这个节点发生了剧变。

欧洲一跃成为大航海时代的主角，世界的经济、科技和军事的重心也从亚洲转移到了欧洲。

中国的"大航海时代"

汉代初期，罕见有外来香料传入中国，东汉班固时期，历史上才明确记载苏合香等香品传入中国。从"胡椒"这样的名称可以大致推断，这种香料是中亚经由天山南北路的丝路到中国的。

唐朝国力强盛，对外贸易和国内贸易都十分发达。伴随着唐朝航海技术和造船技术的发展，海路运输随之兴盛。阿拉伯的商人通过海航，将东亚、中亚、东南亚等国的各种香料贩运进中国，打开了中国香料市场的贸易大门，广州成为了当时最大的香料贸易市场。

到了宋元时代，中国真正进入"大航海时代"。宋朝时期北方已被辽国统治，陆上丝绸之路中断，海上交通也就成为宋王朝与外部世界交流的必然选择。宋朝征战军费负担沉重，官俸支出浩大，为此，被逼无奈的宋朝只能积极推出航海贸易政策，鼓励对外贸易，市舶贸易成为国家主要收入来源。

胡椒等香料在宋代大量进入中国，两宋时期已掌握了季风规律，加上当时宋代的钱币可以在东南亚流通，中式帆船贸易也进入全盛时期。宋代阿拉伯商人来自阿拉伯各地，如层檀国（即吉达）、麻罗拔国（即马赫拉）、勿巡国（即苏哈尔），甚至东非的俞卢和地国（即肯尼亚的基卢普、格迪）等，扩大了中国与波斯湾之间的航路。

南宋设立市舶司，负责海上对外贸易，并设置了各种贸易点。据南宋赵汝适《诸蕃志》所载，与南宋有外贸关系的国家和地区共有 58 个，较之此前增加一倍。海上贸易范围从南洋、西洋直至波斯湾、地中海和东非海岸。贸易港口多达二十多个，主要有广州港、泉州港、明州港（今宁波），当时泉州是最大的海上贸易聚集地和集散地。朝廷还在贸易港口增设市舶司，加强海外贸易的管理和规范。在进口商品中，香料是市舶司收入中最大的外宗物品之一，也是当时朝廷重要的税赋来源。

南宋绍兴二十五年（1155年），从占城运进泉州的商品中就有沈香（即沉香）等七种香料，达六万三千三百三十四斤，海外输入香料数量之大令人咋舌。北宋初年，香料收入为全国岁入的3.1%，到南宋建炎四年（1130年）达到6.8%，绍兴初年达到13%。据《建炎以来朝野杂记》载，仅南宋绍兴三十二年（1162年），泉州和广州两地市舶司的税收就达两百万缗（一千文为一缗）。南宋发达的海外贸易是南宋的重要财政收入来源，对政权的稳定和发展有重大作用。

到了元代，航海贸易更加繁荣。意大利商人马可·波罗在他的游记中记录了他在中国的见闻。

马可·波罗写下了当时最大的国际贸易港口刺桐城（泉州）的所见所闻："到第五日晚上，便到达宏伟美丽的刺桐城。刺桐城的沿海有一个港口。船舶往来如织，装载着各种商品，驶往中国南方城市各地出售。这里的胡椒出口量非常大，但其中运往亚历山大港以供应西方各地所需的数量却微乎其微，恐怕还不到百分之一。刺桐是世界最大的港口之一，大批商人云集于此，货物堆积如山，买卖的盛况令人难以想象。"

这些船吨位最大的需要船员三百名，次一等的需要二百名，再次一等的需要一百五十名。每艘船能装运五六千担胡椒，可见当时中国进口香料的量远远超过了欧洲。

在宋元时期，真正的肉桂生产几乎全为锡兰垄断。至于胡椒，商人须到印度的马拉巴尔海岸；肉豆蔻、豆蔻和丁香则仅出产于印度洋的几个地方和现今的印度尼西亚，尤其是特尔纳特（Ternate）和蒂多雷（Tidore）这两个"香料岛"。上述这些地方的产品大多出口至中国，中国市场最大，经济最富有。在香料生产者的眼里，欧洲市场并不成气候。

马可·波罗当时看到的"天城"杭州是这样的："每到集市之日，市场中挤满了商人，他们用车和船装载各种货物，摆满地面，而所有商品都能够找到买主。拿胡椒为例，就可以推算出京师居民所需的酒、肉、杂货和这一类食品的数量了。"马可·波罗从大汗海关的一个官吏处得悉，每日上市的胡椒有四十三担，而每担重二百二十三磅。也就是说，每天有近一万磅胡椒运进杭州。

全球第一家股份公司

有一家公司在全球贸易史上占据重要地位，那就是英国东印度公司（British East India Company，简称 BEIC）。其实不仅英国有东印度公司，荷兰、法国、丹麦、瑞典等国都相继成立了东印度公司。

各家东印度公司都是在近代国家的形成过程中，作为以东印度地区为对象的贸易公司而成立的，各国也都给予其贸易独占权。这些独占权都是由各国国王或国家政府授予，但各家东印度公司都是引进民间资本的民间贸易公司，而不是全由国家投资的国有企业，这也是它们的共通之处。

东印度公司的贸易手段有物物交换，也有通过白银作为结算货币。来自南美的波托西银山、日本的石见银山，以及欧洲大陆产的白银，通过东印度公司驰骋世界。

1600 年，英国东印度公司在获得特许状后，投资者人数立刻超过了 200 人，投资金额为 68373 英镑。这是一笔相当于国家预算 30% 的巨额资金。当时的荷兰人和葡萄牙人控制着贸易路线，但是英国东印度公司不但拥有自己的贸易业务，并且拥有私人武装力量来保卫它的业务，它由此变成了当时最大的非政府组织。英国东印度公司在前期采取的是按次清算的方式，所以不能算是现代公司的起源。

航海难免出现海难事故，出资者为了尽可能地避免因为海难导致破产的风险，只承担相当于自己出资金额的责任，这就是"有限责任"。股份公司由承担有限责任的股东共同出资成立也是基于上述原因。

全世界第一家股份公司是 1602 年成立的荷兰东印度公司（Dutch East India Company），荷兰东印度公司的成立比英国东印度公司晚了两年。但公司发起的资金和英国相比，却是英国的 12 倍，17 世纪荷兰贸易立国决心之大，从其投资额就可以管窥一二。股份公司发行股票作为出资证明，任何人都可以在交易所购买这种证券，股东不仅可以获得分红，还可以等股票价值上升后卖出赚取利润。

根据公司章程记载，荷兰东印度公司初始资金为650万荷兰盾，在其成立的最初80年间，分出去的红利达到原有资本的1482%。到1669年，荷兰东印度公司已经成为世界上最富有的私人公司，拥有超过150艘商船、40艘战舰、5万名员工和1万人的军队，股息高达40%。

两家公司成立不久，上百万磅胡椒便开始涌入欧洲，欧洲北部这两家贸易公司开始了长达近200年的激烈对立。到1621年，全欧洲胡椒市场的规模达720万磅上下。在印度尼西亚，当时新出现的英、荷竞争导致胡椒的采购价格大幅上扬。英、荷相互竞标导致在1600年到1620年之间，胡椒价格暴涨5倍，苏门答腊东岸占碑和巨港的统治者大发横财。于是亚齐、占碑、巨港及万丹的农民开辟更多土地成为胡椒园，以适应欧洲市场日益增加的需求。

英国东印度公司和荷兰东印度公司为了争夺香料资源也开始大打出手，导致贸易几乎全部停止，英国东印度公司赤字超过 30 万英镑。到了 1656 年，公司已难以维持。为了挽救公司，英国批准其变成一家现代的永久性股份合作公司。此举影响极为深远，甚至被视为资本主义的雏形。

随着时间的变迁，英国东印度公司建立了英属印度，从一个商业贸易企业变成印度的实际主宰者。在 1858 年被解除行政权力为止，英国东印度公司从建立到解散的约 260 年间，一直从事香料贸易，但是香料作为稀有商品可高价销售的时代渐渐过去，香料贸易出现了衰退的迹象。

18 世纪后期至 19 世纪，香料的稀有价值大大衰退。英国和荷兰竞相开展香料贸易，使得大量的香料从东印度流入欧洲大陆。香料的大量进口降低了商品的稀有性，价格也开始下滑，终于普通民众也开始享有香料的恩惠。

2. 糖：甜蜜背后的血泪史

作为奢侈品的糖

　　甘蔗大约于 8000 年前最早生长在太平洋群岛。这种野生芦苇从那些遥远的地方，蔓延到整个新圭亚那，后来到了亚洲，又进入印度。公元前 4 世纪，亚历山大大帝东征的时候，他的士兵进入印度北部时，发现了"不是由蜜蜂制造的固体蜜"，他大喜过望。从那时起，开始有商队将少量的砂糖带到欧洲。

　　在 17 世纪末以前，砂糖一直是一种珍贵的稀罕事物，对于大多数的普通人而言它有点遥不可及，然而一旦人们有幸尝到了糖的甜美，他们便对这种味道向往起来。

　　富人和权贵从砂糖的身上获取了极大的快乐，他们把砂糖用在各种方面以作为炫耀性消费以显示自己的地位，比如把砂糖与其他珍稀香料在加工食物时的混合；把糖用作水果保鲜剂；在制作药时把碎珍珠和砂糖混合。

　　他们还会把砂糖用作装饰品，以彰显自己的财富和权力。

中世纪以来，欧洲的国王和王公贵族会精心制作尺寸巨大的甜点，在其上用砂糖制作装饰品。

在 11 世纪时，埃及的苏丹用了上万公斤的砂糖在祭坛上制作了一棵树，这棵树的大小和真正的树一样。

欧洲的王公贵族喜欢在宴会上，用砂糖做成城堡、塔、马、熊、骑士等装饰品，通常这些会在各道菜上齐之后再摆出来，这些不同形象的砂糖装饰品往往还会串成一个复杂的故事，让参加宴会的宾客乐在其中。最后大家会把砂糖装饰品切开，分而食之。今天婚礼和生日宴会上的切蛋糕，可能最早的起源就是来自这里。

所有这些行为都表明了砂糖是如何在特权阶层中发挥其特殊意义的。

在莎士比亚（1564—1616 年）的时代，文学作品中对于糖关注的焦点依然是糖作为珍稀品的一面。《哈姆雷特》中他写道："如情窦之初开，充满活力，但非永恒，甜蜜而不持久""我以生命发誓，这一群美人儿可真甜蜜""我是个最伤心，最不幸的女人。我曾听过他甜如蜜糖的美言""请别再说下去了，甜蜜的哈姆雷特……"

"玉手纤纤的姑娘，让我跟你谈一句甜甜的话儿。"《爱的徒劳》中的俾隆说。"蜂蜜，牛乳，砂糖，我已经说了三句了。"公主一语双关地回应。而在《皆大欢喜》中，小丑戏弄奥德蕾时说："贞洁跟美貌碰在一起，就像在糖里再加蜜。"

随着砂糖的大量生产和普及，食用糖的场合越来越多，糖的意象在英语文学中变得越来越普遍，于是糖又有了新的用途和意义。

发生在加勒比海的砂糖革命

种植甘蔗要求雨量和温度适宜，甘蔗生长还会消耗土壤的肥力，让土地变得贫瘠，所以需要不断转移寻找新的耕地。甘蔗的种植和加工更是重体力活，所以它和工业革命以来的工厂一样，需要正规的集约化生产，种植甘蔗的地方还会有奴隶，或者类似奴隶的强制劳动。例如，甘蔗种植引进地中海后，就和奴隶制相结合。此后的数百年间，甘蔗的种植地无不显示出这些特点。

1627 年，英国人在巴巴多斯建立殖民地，并把它变成"糖之岛"，这也是英国蔗糖历史的转折点。进入 17 世纪后，荷兰人开始活跃在世界舞台上，荷兰人以阿姆斯特丹为据点，操纵着世界贸易。以荷兰人为中介，他们把甘蔗移植到了英属与法属的加勒比海诸岛上，如马提尼克岛。从这个时候开始，砂糖才成为真正意义上的世界商品。

加勒比海原本只是欧洲人探宝和开发矿藏的场所，当甘蔗种植转移到了加勒比海，原先遍布原始森林和岩石的岛上开辟了广阔的种植园。

在种植园模式下，大部分种植园只栽培一种作物，在很长的时间内，加勒比海地区只种植甘蔗，连粮食都要从北美洲进口。这里的农业状况发生了剧变，岛上的面貌也随之改变，居住人口也有了很大变化，原住民几乎消失，从非洲贩来的黑人奴隶占了人口的绝大多数。

这些岛上的统治者是那些白人种植园园主，当他们发了财回到本国，让留下来的还不够富裕的白人代为监督。因此，加勒比海地区是一个由少数白人和大量黑人奴隶构成的社会。

随着甘蔗的引入，加勒比海诸岛的风景、人种构成、社会结构、经济方式都发生了剧变，即使是人烟稀少的荒岛，一旦开辟了甘蔗种植园，便有成千上万的非洲黑奴到岛上居住，历史学家将这种持续的变化称为"砂糖革命"。

甜蜜背后的黑奴血泪史

黑人历史学家埃里克·威廉斯说："哪里有砂糖，哪里就有奴隶。"

17 世纪 40 年代，虽然至少有八千名奴隶抵达了英属巴巴多斯岛，但是劳动密集型的甘蔗种植园仍然急缺工人。1641年，当第一艘奴隶贸易商船造访这座岛时，它载着成百上千的西非奴隶被种植园园主们急切地买走，很快更多的奴隶商船接踵而至。

到了 1660 年，大约有两万名黑奴在巴巴多斯种植园工作。极其恶劣的工作条件，营养不良和疾病导致了黑奴的高死亡率，以至于 1688 年，这些种植园每年需要两万名新的奴隶来维持劳动力的平衡。甘蔗种植园对于新工人的持续需求也刺激了英

美味简史

国黑奴贸易的发展。

　　黑奴和雇佣劳力像齿轮一样被固定在砂糖这台"机器"上工作：给地施肥，挖沟修渠，修剪废枝和砍甘蔗，通过磨坊传送以及煮砂糖。这是一项非常辛苦且危险的工作，甘蔗叶子很容易划伤工人，许多人在把甘蔗推向碾压机的时候发生意外失去了手脚，或者被沸腾的甘蔗汁烫伤。

　　黑奴们过着精疲力竭且痛苦不堪的生活，他们到地里干活，全身肮脏却没有衣服换洗，因为每人只发一套衣服。他们睡在硬木板上，他们的主人却在对着牛排大快朵颐，雇佣劳力和黑奴把牛皮和牛下水视为最高级的大餐。他们的主食是煮纽芬兰腌鱼和麦片粥，一种他们非常厌恶的玉米燕麦粥。黑奴们只要犯了一点儿小错，就要遭受残酷的鞭刑或其他残忍的惩罚。如果饿极偷吃食物，会被吊在绞刑架上，眼前悬挂一块面包，看得到却摸不到，就这样直到被活活饿死。

　　与此同时，在黑奴辛劳贫苦的背后，种植园园主们却越来越富裕，他们跻身英国的上流阶层，过着贵族一样的生活。

　　有这样一种观点，工业革命之所以首先在英国发生，是因为那些从事砂糖贸易和黑奴贸易的商人财力雄厚。

带血的"三角贸易"和"中段航程"

西班牙人也拥有加勒比海和南美的殖民地，因此计划开展大规模的砂糖生产，但在当地难以获得足够的劳动力。

西班牙被规定需要通过葡萄牙购买黑人奴隶，第三国被严禁加入加勒比海的奴隶贸易中。但是只要加勒比海的西班牙殖民地默认奴隶偷运，英国就可以实质上加入奴隶贸易中。经过缜密的磋商，英国研究出一条贸易线路，这就是日后被称为"三角贸易"的线路。

首先从英国港口利物浦出发的商船前往西非。船上装载着非洲人想要的枪支弹药、玻璃珠、金属制品、棉纺织品等。在西非地区，通过物物交换这些东西可以换来奴隶。

当商船在加勒比海地区和南北美洲卖完了黑奴，又载着砂糖、蜂蜜、烟草返回利物浦港高价销售。整个航程历时两个月以上，历史学家将这三段首尾相连的航程形成的贸易称为"三角贸易"，它以奴隶贸易为中心，首次将非洲、欧洲和美洲三个大陆联结起来。

西非沿海地区的黑人，拿着欧洲人给的枪支弹药，成为了猎取奴隶的贩子，从非洲把买来的黑人奴隶横跨大西洋运往加勒比海和南北美洲等地区，这段路径被称为"中段航程"。

"中段航程"是一段带血的航线，奴隶贩子会尽量将船塞满奴隶，却没有充足的饮用水。所以在航行途中，不断有人出现脱水症状，或者染上疾病，不治身亡。还有不少奴隶因为再也看不见非洲大陆，内心感到不安，投海自尽。

奴隶被运到加勒比海以后，在市场上被卖到各个种植园，从 16 世纪到 19 世纪，欧洲人跨越大西洋贩运到加勒比海和美国南部的黑奴，据推算至少有一千万人。因此 19 世纪的古巴有句名言："糖是用血造出来的。"

"三角贸易"在资本主义发展的历史趋势下、在有利的地理条件下，以巨额利润为动力，顺利进行数百年的同时使欧美有了丰厚的原始资本积累。

争夺砂糖产业引发的战争

奥地利继承战争（1740—1748 年）、七年战争（1756—1763 年）和美国独立战争（1775—1783 年），也是英国与法国争夺加勒比海的安的列斯群岛的战争。双方不仅在海上发生冲突，比如扣下对方的船只、封堵对方的港口，甚至还企图登陆对方的岛屿。

这些战争也被称为"砂糖战争"，甚至在拿破仑时代的欧洲战争中，大西洋上的海战也是围绕砂糖展开的。英法间的对立从 1688 年（奥格斯堡同盟战争）持续到 1815 年（拿破仑败北），中间经历了法国大革命，这场旷日持久的战争也称为第二次百年战争，双方大多数时间都在争夺砂糖产业的支配权。

大西洋上的战争与七年战争同时进行。1763 年，法国海军败北，被迫选择领地。时任外交大臣兼海军、陆军总指挥的舒瓦瑟尔选择了珍贵的砂糖岛屿，放弃了加拿大。思想家伏尔泰热烈称赞了这一选择，"与其花费巨额资金维护和保卫那片冰雪大地，不如去保卫面积虽小却富饶的群岛"。

可以说，18 世纪的欧洲都被砂糖征服了。到法国大革命爆发的 1789 年，法国的国际收支为盈余状态，这几乎全仰仗殖民地，即砂糖岛屿的收入。战争中，法国海军的主要任务是保证这些殖民地不脱离法国，为此，他们根据凡尔赛宫的指示，扮演了大西洋使者的角色。来自波尔多、南特、勒阿弗尔等大西洋港口的大商船几乎都在从事砂糖贸易。

拿破仑的"大陆封锁令"

种植甘蔗只限于热带和亚热带，但并非所有的欧洲国家都有适合种植甘蔗的殖民地，于是，他们开始另辟蹊径。

1747 年，普鲁士的学者马格拉夫就发现，被广泛用作家畜饲料的甜菜含有大量糖分，尽管不像甘蔗那么多。1786 年另一位学者阿查德开始改良甜菜品种，研究用甜菜制糖的方法，并于 1799 年取得了成功。

普鲁士国王感到很高兴，为阿查德提供了广阔的农田，让他展开正式的甜菜制糖研究。这些用甜菜制成的砂糖是温带地区最早制造出的砂糖。

法国大革命后，利用征兵制组建起庞大军队的拿破仑，不但通过一系列战争，即拿破仑战争（1803—1815 年）守住了革命成果，而且打败了欧洲各国联军，成为欧洲大陆的霸主。拿破仑战争使欧洲各国都需要筹集巨额军费，欧洲迎来了"金融时代"。

拿破仑企图统治欧洲全境，为了阻止英国商品涌入欧洲大陆，杜绝俄罗斯向英国出口粮食，他于 1806 年下达了大陆封锁令，禁止当时处于法国支配下的欧洲大陆各国与英国（及其殖民地）的一切贸易。此后，贸易陷入了混乱，一时间，法国进口砂糖的道路断绝了。

拿破仑关心甜菜制糖的原因之一，是因为法国无法得到大西洋的甘蔗，因此开始发展以甜菜为原料的砂糖生产，他为法国学者本杰明·德莱塞尔提供了七万英亩土地开展试验。

在此期间，欧洲的其他国家和美国也开始竞相改良甜菜品种，种植甜菜。19 世纪后半期，甜菜制糖产业逐步实现工业化，生产步入轨道，甜菜成为与甘蔗同样重要的制糖原料。

为什么欧洲人喜欢饭后甜点

在英国,对于甜味的渴求势不可挡。英国人喜爱砂糖,甚至在殖民地种植甘蔗之前就已经开始了。一名于伊丽莎白时期(1558—1603 年)在英国旅游的德国人注意到,贵族妇女(包括女王)的牙齿都烂了。因为她们长期吃蜜饯,佐以糖和酒。

17 世纪以来,比以往更多的砂糖开始抵达伦敦港,其价格减半了,而且在国内的消费量增长了三倍,因为买得起的人越来越多。到了 17 世纪 90 年代,伦敦有 40 家糖果店向有钱人售卖果酱、棒棒糖和点心。以前偶尔才能吃到的糖果,如今熟练的手工艺人花钱也可以买到。

经济学家格里高利·金注意到,砂糖在农村的普及促进了农村的水果和蔬菜的消费。它们经常出现在农家餐桌的馅饼和果酱里。到了 17 世纪末,人们不再把糖当作一种调料,而是把它作为越来越多的食谱里的主要原料。18 世纪末,英国的人均砂糖消费已经是法国的 8—9 倍,到了 19 世纪,砂糖的使用更加普及,供儿童、妇女食用的糖浆种类增多,还出现了许多混有各种香辛料的糖浆,用珍贵果品制成的糖浆。英国成为世界第一大砂糖消费国。

　　虽然比不上英国，但法国的砂糖消费量也直线上升。1845年，法国人的人均砂糖消费量为 3.6 千克，1870 年居然达到了10 千克以上。糖的普及，也使得欧洲的餐饮文化中，甜点占据了重要地位。不管是蛋糕，还是巧克力、冰淇淋，甜点作为正餐之间的零食或饭后甜点，也变得流行。

　　"在 1850 年以后，砂糖的最大消费群体是穷人，相反在1750 年前则是富人。这一转变标志着糖从稀有品最终转化成了日常用品，转化成了第一个充斥着资本主义劳动生产力和消费之间相互关系的消费品。"人类学家西敏司在其著作《甜与权力：糖在近代历史上的地位》中这样写道。

随着铁路线传播的甜食

　　18 世纪的法国，成为了欧洲高雅社交和礼仪的先锋。在正餐之后，贵族阶层会聊一些风雅的话题，甜点则将这种热烈的气氛推向高潮，它与豪华的沙龙和绅士范儿最匹配，贵妇们会要求使用精致的餐具，人们将不同形状的水晶、陶瓷、银制餐具用于盛装各种蛋糕、曲奇、冰淇淋、果冻、夹心糖和慕斯。伴随着甜点的发展，餐桌艺术也繁盛起来。

资产阶级开始效仿贵族，而普通百姓也愿意模仿有钱人，于是不管是王公贵族的宫廷点心，或是普通百姓的乡村点心，由于糖的普及，使得谁都可以拥有自己的甜点。

普鲁斯特是法国 20 世纪最具代表性的作家之一，他的著作《追忆似水年华》中多次提到了一种柔软的扇贝形糕点——玛德琳蛋糕，这种蛋糕让他不断浮现出童年的回忆。他这样写道："我掰了一块玛德琳蛋糕放进茶水，准备泡软食用，带着点心渣的那一勺茶碰到我的上颚，顿时使我浑身一震，我注意到我身上发生了非同小可的变化，一种舒坦快感传遍全身，我感到超尘脱俗。"

玛德琳蛋糕诞生在 18 世纪中期法国洛林地区的可梅尔西城，一个叫玛德琳·波尔米耶的年轻女仆照着祖母留下的秘方做了一款蛋糕，结果客人都赞不绝口。

玛德琳蛋糕最早就是一个地方美食，之所以能够红遍法国，这也和铁路分不开。19 世纪中期，巴黎到斯特拉斯堡修建了铁路，该路线途经可梅尔西城车站。于是很多家庭妇女身着地方服饰，脖子上挂着装满玛德琳蛋糕的方形大篮子兜售。当火车进站时，她们就快步走起来，大声吆喝，或者摇动铃铛招徕客人。

玛德琳蛋糕最后成为了可梅尔西城的一大产业，它的品质越来越好，价格却很低廉，火车还将蛋糕带到了巴黎，晚饭后使用玛德琳蛋糕成为了贵族和资产阶级的习俗。就这样，玛德琳蛋糕成为了法国美食的代表性甜点。

随着 19 世纪法国铁路网的完善，走红的可不止玛德琳蛋糕一个，那些原本在地方上才能吃到的，没有什么名气的甜食，纷纷随着乘客的口碑而变得全国闻名了，其中有波尔多地区的卡娜蕾、普罗旺斯的可利颂、利穆赞地区的芙纽多蛋糕、布列塔尼地区的黄油酥饼、安茹地区的李子派、南锡的马卡龙……

一部铁路史，也是一部美食史。

被吞并的夏威夷

当美国加利福尼亚萨克拉门托河发现黄金后，引来了无数的淘金者，其中有个叫施普雷克斯的德国移民，靠着经营食品杂货从矿工身上赚钱。他赚了一些钱之后，又把事业扩及炼糖。他的总公司设在西海岸，生意越做越大，不久，他看中了夏威夷。

施普雷克斯开始在夏威夷种植甘蔗，甘蔗改变了这群岛的面貌。1876 年，美国与夏威夷签署贸易互惠条约，赋予夏威夷砂糖在美国市场享有优惠地位之后，夏威夷的砂糖产量在接下来的 20 年里，暴增将近 19 倍，且几乎全部输往美国。25 年的砂糖荣景，使美国人掌控了夏威夷八成的甘蔗园。

更多的美国人来到夏威夷，在这里购买土地，开垦为甘蔗园，他们招募大量华工。到 19 世纪末期，夏威夷的原住民从 30 万骤减为 5 万，与此同时，从中国引进的劳工数量已经远远超过了原住民。

夏威夷国王卡拉卡瓦开始考虑削弱美国人的影响力。1886 年，他在伦敦筹募到一笔贷款，英国人也想插手夏威夷的砂糖业。伦敦的贷款让美国人感到忧心，更令他们担忧的是，卡拉卡瓦还拒绝接受美国针对互惠条约所设定的严苛条款。

　　为了更好地控制夏威夷的砂糖种植业，时任美国总统哈里逊考虑将夏威夷王国纳为受保护国，将珍珠港据为己有。1891年，民族意识浓厚的女王利留卡拉尼继承王位后，当时居人口少数的美国甘蔗园园主掌控了夏威夷王国八至九成的财富，甘蔗园园主担心女王会和其本土子民站在同一边，削弱糖业巨头的统治势力，于是安排在夏威夷境内发动政变，同时让美国海军陆战队和水兵登陆，就这样女王遭到推翻。

　　1898年，时任美国总统麦金利终于正式将夏威夷并入美国版图。

　　"在糖的故事里，权力的影子处处清晰可见。"人类学家西敏司说道。

为什么我国江南地区的食物偏甜

　　第一次去无锡的时候，我惊讶于什么菜里都带有甜味。在我国江南地区，食物中常常喜欢放糖，比如无锡的酱排骨、苏州的小笼包等等。

　　公元前4世纪的战国时期（也有认为是更早的周宣王时

期），甘蔗从东南亚或印度东部传入中国南方地区。中国最早提及甘蔗甜品的文献出自公元前 3 世纪《楚辞》中的《招魂》："腼鳖炮羔，有柘浆些。"这里"柘"就是指甘蔗，那时甘蔗可能已名闻南方地区。

我国利用甘蔗制糖远在汉朝就开始了，到公元 5 世纪蔗糖制作已初具规模。公元 6 世纪，蔗糖仍非平民百姓生活的必需品。成书于北魏末年（533—544 年）贾思勰的《齐民要术》，是一部内容最广博的早期农业论著，仍然置甘蔗于南方外国品种之中，属非产于中原的"五谷、果、瓜、菜、根"之内。在公元 6 世纪时，很多中国北方人可能仍未品尝过蔗糖制品，也许只有长安的朝臣能分享这些来自南方的贡品。

我国的甘蔗制糖技术发展到唐代已居世界领先地位，到了明代技术更是炉火纯青，但蔗糖的使用却一直没有得到普及。直到明代后期，糖仍然是很珍贵的奢侈物品。王世贞所撰的《燕山堂别集》卷十三里记载，万历皇帝派司礼监太监张诚赏赐权臣张居正"银三百两、白糖一百斤、黑糖一百四十斤、蜜二十五斤"。显而易见，如果不是珍贵的物品，皇帝不可能作为恩赐品赐予大臣作为奖励。

即便是明清时期制糖技术已十分成熟，由于产量有限，价格仍然比较高，作为奢侈品的蔗糖，寻常百姓人家并不太消费得起，更别说把糖当作调料来使用。在这种情况下，菜肴里用糖自然并不普遍。

寻常人家想要吃到糖，不是一件容易的事情，只有像《红楼梦》贾家这样的贵族豪门家庭，才可能吃到"糖蒸酥酪""糖蒸新栗粉糕""藕粉桂糖糕""冰糖燕窝"这样的甜食。例如"糖蒸酥酪"就是贾元春从宫里赏赐出来的，量少而珍贵。要任性地往菜里放糖，自然是要有相当的经济实力。而在那个时代，有一个地方的人群能做到了这一点，那就是长三角地区，尤其是太湖平原一带的苏锡常地区。

苏锡常地区原本就是著名的鱼米之乡，盛产丝绸、茶叶之类，明清时期又兴起了棉纺织业等，家财万贯的富豪比比皆是。在给菜肴提鲜的方法中，往里面放糖，就是其中最常见的一种。太湖一带的富裕人家，都开始流行往菜肴里面放糖，经过数百年的光阴，形成了鲜甜风味的本帮菜。

但甜味有一种霸道的能力，它会盖住其他食材的味道，随着今天少盐少糖的健康理念普及，人们开始觉醒食物原本味道的精妙，食物也越来越回归本来的味道，但食物中传统的甜味，却仍然在诉说着那段繁华的历史。

3. 盐：曾经作为货币

曾经作为货币的盐

几千年以前，在有盐的人与没有盐的人之间，最早的商品交易就开始了。渐渐地，盐开始变成了地球上最具有操纵力和政治性的东西。

世界上最古老的贸易之路，主要目的地通常都直指拥有盐矿资源的人类栖居地，盐被制成盐块、盐条、盐片、盐砖与盐粒来出售，这些贸易之路让一个城市、地区或国家变得繁荣和强大，同时也创造出自己的文明。

"薪水（salary）"一词来源于拉丁语名词"salarium"，本意是"用来买盐的津贴"，其中的 sal 指的就是 salt（盐）。据说可追溯到罗马人将盐作为报酬发给士兵的时代。

盐曾经被用来当作货币。公元 6 世纪时，摩尔的商人曾用盐作交易的凭证，1 克盐可以交换 1 克黄金。古代的阿比西亚，也曾用盐做货币，流通了一百多年。中非的部分地区仍保留使用"盐币"的习惯。在中国，也曾经使用过盐币，马可·波罗在他的游记中写道："这儿（云南）有很多盐井，人们从井里挖出盐水，烧成盐，做成了一块块小饼，下平上凸，打出一大汗的印痕，这是一种奇特的货币——盐币。"[①] 随着工业的发展，盐的开采量的增加，"盐币"才逐步退出历史舞台。

人类维持生命离不开盐，人的血液中大约含有 0.9% 的盐分，该浓度需要维持在固定的水准上，人在代谢的时候会导致盐分的流失，因此一个成年人每年需要摄入 5—10 公斤的盐来补充流失的盐分。生理盐水的盐浓度就是 0.9%，同样，我们在喝汤的时候，汤的盐分浓度在 0.9% 左右的时候，我们会觉得最为美味。如果缺失了盐分，人类会出现全身乏力、倦怠等症状，甚至会危及生命。

人类如此离不开盐，好在地表的七成都是大海，海水的盐分含量占 3% 左右。此外，内陆地区也有以死海为代表的盐湖以及含盐分较多的地下水、结晶化的岩盐。每种文明都有独特

---

① ［意］马可·波罗：《马可·波罗游记》，大众文艺出版社，2005 年版。

的方法来确保盐类的摄入，如煮干海水，在海藻上洒海水、待凝缩后烘干制盐，将海水引入盐田、浓缩后熬干，挖掘岩盐等。

中国古代著名的盐池

中国有超过 4000 年的产盐技艺和传统，至今还有一些地名与产盐有密切联系，如四川的自贡和江苏的盐城。淮河古时自盐城北部出海，西周时这里被称为"淮夷之地"。汉代以前，有人在淮河南北的海边煮海水为盐。淮地有南北之分，盐城与扬州、南通等属淮南，在这些地方生产的盐，称淮南盐。西汉初，这里是汉高祖刘邦的侄子吴王刘濞封地的一部分，他靠煮盐获利，富可敌国，于是便起兵造反，争夺皇位。

可证实的最早的中国史前盐场之一位于山西省的北部，在干燥的黄土地上和沙土山脉上有一个盐湖——运城盐池（又称河东盐池、解池）。这一地区因连绵不断的战争而闻名，并且所有的战争都是为了争夺对该湖的控制权。早在公元前 6000 年，每年当此湖中的水在夏日艳阳下蒸发时，人们就会在水面上收集盐的结晶物。在湖边发现的人类遗骨可以追溯到更早的时期，有些历史学家推测这些居民也许已经开始从湖里收集盐了。

　　钱穆先生在《中国文化史导论》中这样说："解县附近有著名的解县盐池（即河东盐池），成为古代中国中原各部落共同争夺的一个目标。因此，占到盐池的，便表示他有各部落共同领袖之资格。"

古代国家税收的重要来源

　　自古以来，中国的统治阶层都把盐看作是国家财政收入的来源，据《尚书·禹贡》记载，青州所贡赋税有盐、细葛布、各种海产品等，可见盐税的雏形在夏朝就产生了。到了周代，税收设为九赋，是国家财政的经常收入，其中九赋之中的"山泽之赋"规定了对煮盐征收赋税。

　　《元史·食货志》说，"国家财赋，盐利为盛""国之所资，其利最广者莫如盐"。制盐最初是直接用海水煮制；宋以后发展为先将海水制成含盐量较高的卤水，然后再用锅、以卤水煎盐；从清末开始，逐步发展为利用太阳的热能来晒盐。技术的改进使盐产量不断增加，朝廷从中获利也越来越丰厚。从唐至明清，盐赋收入占国家财政总收入的 1/3—2/3。

　　实行盐税法则始于北宋初期。盐是古代朝廷征收税款最方便的手段，古代交通不便利，信息不发达，实际上朝廷要向每一个人征税是非常困难的。古代的官员很难全面地统计人口数字，很多流民和在偏僻山区的居民往往统计不到。以这样的条件，要想每年收遍全天下人的赋税，需要付出的成本惊人。

　　而盐是每个人都必不可缺的，无论是住在最深山里的部落，还是四处游走的商人，都需要买盐，所以最简单的办法就是向盐征税。同时盐税是很容易征收的，因为盐矿在哪里众所周知，盐的生产、运输和销售也可容易管制。

盐铁论：朝堂的大争论

　　汉武帝时期是汉帝国大扩张的时期，由于在东西南北四个方向上的大规模用兵，积攒了几十年的家底迅速见底。汉武帝刘彻于是任用大铁商孔汉和大盐商东郭咸阳为大农丞。这二人深知盐铁之道，给刘彻上疏道："山海，天地之藏也，宜属少府，陛下不私，以属大农佐赋。"

汉元狩三年（公元前 120 年），刘彻正式实行盐铁专卖政策，"笼天下盐铁"，由朝廷募民煎盐，食盐官收、官运、官销。在 27 个郡共设盐官 36 处，主要分布在沿海、西北和西南产盐区。凡是抵制盐铁国策者都受到打压，御史大夫卜式被贬逐，而大司农颜异以"腹诽罪"被诛。

元狩四年（公元前 119 年），刘彻采用御史大夫张汤的建议，将天下盐铁之利全部收归国有，排富商，除豪强。于是原由富豪占有的产盐滩灶收归国有，由朝廷直接组织盐业的生产、运输和销售。刘彻的改制做到了官自卖盐，产供销一条龙，他的改制被称为"全部专卖制"。有了盐铁行业的垄断暴利后，刘彻和匈奴等民族开战就有了本钱。

公元前 86 年，益州郡连然县等地的制盐工人首脑（廉头）组织盐工进行反抗，很快发展成为波及 24 县的起义。汉昭帝始元六年（公元前 81 年），在汉昭帝的主持下，从全国各地赶来的六十多位民间士人，与御史大夫桑弘羊就盐铁官营展开辩论，这就是著名的盐铁会议。

一场大辩论在朝堂内展开，儒家学者对汉昭帝提出了"愿罢盐铁官营，毋与天下争利"的建议。反对官营盐铁的学者称：
"昔文帝之时，无盐、铁之利而民富；今有之而民困乏，未见利
之所利也，而见其害也。且利不从天来，不从地出，一取之民
间，谓之百倍，此计之失者也。无异于愚人反裘而负薪，爱其
毛，不知其皮尽也。"（《盐铁论·非鞅第七》）这话的意思就是
说，盐、铁官营的好处又不是天上掉下来的，这么做跟愚蠢的
人反穿皮衣去背柴一样，将毛朝里，为的是爱护皮衣的毛，可
不知这样把皮毛都磨坏了。

御史大夫桑弘羊予以反驳，他认为盐铁官营为国家大业，
安边足用之本，不可废止。

辩论的结果是桑弘羊获胜，盐业仍然专卖，这场辩论的主
要内容就是《盐铁论》。自此以后，盐业专卖就成为西汉的正式
国策。其实辩论就是个形式，盐铁的收入已经成为朝廷税收收
入的主要来源，从此之后的封建王朝，也再也无法摆脱对盐业
垄断的依赖。

官营经济以超额的垄断价格，代替利税的征收，朝廷源源不
断地攫取暴利，而百姓却不知不觉。同时这种掠夺还会抑制民间

力量的成长，"今意总一盐、铁，非独为利入也，将以建本抑末，
离朋党，禁淫侈，绝并兼之路也。"（《盐铁论·复古第六》）

西汉灭亡后，朝廷虽然在全国范围内实行各种复古措施，
但盐业专卖这一制度依然没变。

中国最早的"金融杠杆"

"盐引"是宋代以后历代朝廷发给盐商的食盐运销许可凭
证。为了和辽、西夏作战方便，宋朝推出了"折中法"，具体做
法是：让商人运输粮草到边境塞外，根据运输的货物成本价值，
发给"交引"，然后商人拿着"交引"到京师，由朝廷移交盐
场，给其领盐运销。

宋庆历八年（1048 年），兵部员外郎范祥变通盐法，由
"折中法"的交实物改为交钱买盐钞，商人凭盐钞购盐运销，官
则用所得之钱收购粮草，这称为"盐钞法"。

北宋政和年间，最重要的产盐区山西的运城盐池由于水涝
问题产盐量下降。由于盐钞要求商人们都到解州的盐池去兑换
盐，这就造成不仅影响了朝廷的盐业专卖收入，还让那些持有

解盐盐钞的商人们无处换盐。大奸臣宰相蔡京及时地寻到东北和东南地区出产的末盐（海盐和井盐）来代替解盐，解决了这场危机，同时也让蔡京看到了盐钞的潜力：只要把盐钞杠杆化，就可以从民间汲取大量的财富。

在宋代，只要朝廷把持了盐业供给，盐商就会帮助朝廷把盐价炒高。而盐价的高昂更激发了盐商的热情，朝廷也可以发行更多的盐钞。但人们对食盐的需求是有限的，当盐钞发多了，人们迟早会发现，储存的盐钞远远超过实际需求，那就是泡沫破裂的时刻。

但蔡京想方设法地避免泡沫破裂，他的办法是：让盐钞不断地贬值，或者增加盐商用盐钞换盐的难度。比如，本来盐商把钱交给朝廷，就可以获得盐钞去换盐。但有些早年的盐钞还没有使用，就又已经发了新盐钞。对于旧盐钞，朝廷规定必须折价，去买盐时，最多只能使用百分之三十的旧钞，其余都必须是新钞，或者还要搭配一部分现钱。

朝廷利用不断对旧钞折价的方法，控制了盐钞的数量。在蔡京进行盐钞改革的当年，商人们向朝廷缴纳了一百六十四万贯的钱，而朝廷实际支付只有十四万贯的盐，净赚了一百五十万贯。

蔡京利用"金融杠杆"，将大量的财富收于朝廷手中。这也是中国封建朝廷第一次利用"金融工具"从民间抽取巨额利润的尝试，这之后，交子、钱引、盐钞、茶引等层出不穷的纸片，将社会财富从民间源源不断地送到了朝廷手中。

到了明代，朝廷以"盐引"控制食盐专卖。商人每给边关运送 200 石粮食，官方就给一张引票；凭此引票，商人就可以在两淮或河东换盐去卖，其中的差价就是商人的利润。

明代朝廷这种鼓励商人运输粮食到边塞换取盐引，给予贩盐专利的制度，这种制度又称"开中"。开中之制系沿袭宋、元制度，但明代多于边地开中，以吸引商人运粮到边防，充实边境军粮储备。到了清代，盐引的地位变得更加重要，全国各地的盐商数不胜数，清王朝的户部，以大量印盐引来补充国库，康熙年间的盐引泛滥成灾，盐引制曾一度面临取消的危机。

南北战争也是食盐的战争

19 世纪下半叶，美国南方成立美利坚联盟国（简称邦联），试图脱离联邦，这引发了美国历史上最大规模内战，史称南北战争。南北战争中，缺乏生产武器装备的工业并非南方唯一的战略性缺陷，南方当时不能生产出足够的食盐也是失利的重要原因。

1858 年，美国南方的主要产盐州——弗吉尼亚、肯塔基、佛罗里达和得克萨斯共生产 236.5 万蒲式耳（1 蒲式耳相当于 35.238 升）的食盐，而纽约、俄亥俄和宾夕法尼亚却能生产 1200 万蒲式耳的食盐。

作为一个整体，美国仍然依赖于外国食盐，但是进口的大部分食盐是供给南方的。缺乏食盐的战争会面临失败的绝境。当拿破仑从俄罗斯撤退时，成千上万的法国士兵并非死于致命的伤病，而是因为缺乏食盐不能制造和使用消毒剂进行消毒而死去。不仅医疗方面需要食盐，士兵的日常食物需要食盐，骑兵的马匹、驮运装备辎重的马匹及供部队食用的牲畜也需要喂以食盐。

盐总是被列入南部邦联军的后勤配给清单中，根据 1864 年的食品配给清单，一个士兵每月得到的配给包括 10 磅熏肉、

26 磅粗粮、7 磅面粉或硬饼干、3 磅大米、1.5 磅食盐和时令蔬菜，但是事实上，南部邦联军的后勤配给清单难以兑现，只是偶尔才能实现。

1861 年 4 月 12 日南北战争爆发，四天之后，亚伯拉罕·林肯总统下令对所有的南方港口进行封锁。这一封锁被强制实施，直到 1865 年战争结束。封锁引起物资短缺，盐在南部邦联刚刚开始变得稀缺。

战争爆发时，新奥尔良码头上一袋 200 磅的利物浦盐只卖 50 美分。在封锁了一年多之后，1862 年的秋天，同样一袋盐卖 6 美元还算便宜的。到了 1863 年 1 月，在萨凡纳（美国佐治亚州大西洋沿岸的港口），盐的价格是 25 美元一袋。

北方联邦军很快认识到南方盐的短缺是一种重要的战略优势，北方联邦军队所到之处都会攻占盐场，一占领盐场就立即将盐场破坏掉。如果盐场就是盐水井，他们就破坏水泵，并且推倒支撑井壁的设施。南部邦联军被打败固然有多种原因，但一个重要原因就是盐的缺乏。

4. 辣椒：为何广受欢迎并全球传播

辣椒为什么会受欢迎

辣椒的辣味成分是辣椒素。辣椒素最初也是为了防止被动物啃食而产生的。人们食用辣椒后，辣椒素会刺激内脏神经，促进肾上腺素的分泌，加快血液循环。

人类的味觉是为了生存下去而获得重要信息的方式。比如，一定状态下，苦味是为了辨别是否有毒，酸味是为了辨别是否腐败。另外，人类在进化的过程中，果实是猿人的食物，甜味就是为了辨别果实的成熟度。但是，人类的舌头上却没有感知辣味的部位。

那么，我们感到的辣椒的辣味究竟是什么呢？其实，辣椒素强烈刺激舌头，我们感到的是痛觉。也就是说，辣椒素的"辣"实际上是"痛"。于是，我们的身体就会快速消化、分解疼痛的来源，让肠胃加快蠕动。这也就是辣椒可以提振食欲的原因所在。

另外，为了将辣椒素无毒化分解并排出体外，我们的身体会调动各种机能，加快血液流动，排出汗液。不仅如此，辣椒素会让大脑感觉到身体出现了不寻常的情况，甚至会分泌内啡肽。

内啡肽也被称为脑内啡，能够起到一定的缓解疲劳和疼痛的作用。

胡椒也具有和辣椒的辣椒素相同的辣味成分。胡椒的辣味成分是胡椒碱，与辣椒里的辣椒素有着相似的化学性质，能够产生与辣椒素相同的效果。

辣椒对古代远距离航行的船员们来说可是起了很大作用。当时船员们为坏血病所困扰，其原因就是维生素 C 摄入不足。因此，维生素 C 含量丰富的辣椒成了长期航行时囤于船上的必备品。

欧洲人曾将胡椒与黄金同等看待，对其视若珍宝。这并不只是因为胡椒数量稀少，也有人们被胡椒的辣味所吸引的原因。但辣椒的辣度大约是胡椒的一百倍，人们被辣椒这种热辣奔放的魅力吸引。所以，在用惯了香辛料的亚洲各国，辣椒转眼间就风靡开来。

辣椒传入中国的途径

荷兰植物学家尼古拉斯·冯·雅坎在 1776 年进行有关辣椒品种的分类研究时，特意记录了一种他称之为 Capsicum Chinense（黄灯笼辣椒）的类型。尼古拉斯推测这种在中国当地菜肴中普遍采用的辣椒原产于中国，但他弄错了。和所有同类辣椒品种一样，辣椒的起源地都在美洲。

16 世纪初，葡萄牙人经过与马六甲苏丹国（明朝的藩属国，又称满剌加国）的苦战，征服了马六甲，开始了对马六甲的殖民经营。葡萄牙人给马六甲带来了辣椒、番茄、土豆、菠萝、番石榴、腰果这些原产于美洲的食物。

从 15 世纪开始中国商人就经常来往于广东、福建的主要港口和马六甲之间，因此很可能 16 世纪上半叶中国的商人就已经认识了辣椒这种植物，并带回了国内。

除了由葡萄牙人的渠道传入中国外，辣椒还有可能由西班牙人通过吕宋（菲律宾古国之一）作为中继点传入中国。15 世纪中期福建和浙江沿海与吕宋的贸易相当频繁，16 世纪，西班牙人占据了吕宋，并在当地种植辣椒，辣椒借此传入宁波、泉州等港口的可能性也很大。

因此，辣椒传入中国不是一次性完成的过程，而是在 16 世纪持续的一个过程，辣椒进入中国不止一次，不止一地，并且还传入了不同的品种。

广州和宁波是辣椒传入中国最重要的两个港口，辣椒传入中国之后的传播路径非常复杂，但几乎都可以追溯到这两个港口，其中尤以宁波为重要。从宁波传入中国内陆的辣椒，经由长江航道和运河航道向西、向北传入华北和长江中游地区，包括安徽、江西、湖南、山东、江苏、湖北、河南、河北这些省份。

从广州传入中国内陆的辣椒，经由珠江航道和南岭贸易孔道向西、向北传入广西、湖南、贵州、云南、四川等省份。长江中游的湖南、湖北、江西三省很有可能同时受到了广州传入的辣椒和宁波传入的辣椒的影响，其中湖南省也是向西部的贵州、四川、云南这几个省份传播的重要中继点。

　　中国东南沿海最先接触到辣椒，而后是中国内河贸易网络的覆盖区域，诸如长江沿岸的贸易城镇、大运河沿岸的贸易城镇、珠江沿岸的贸易城镇。商路覆盖不多的区域，对辣椒的记载也最晚。

辣椒和中国白银货币化

　　当中国人接触到辣椒这种外来作物时，首先注意到的是它作为观赏植物的价值，因其"色红，甚可观"。随着辣椒的物质特性逐渐被中国人所了解，辣椒开始陆续出现在"药谱"中，也就是说明末清初的中国人是将其作为一种草药加以利用的，并以外用涂抹为主。

　　当辣椒的药用价值被中国人发现了以后，开始在长江和珠江航道商路的沿线地区被少量地种植，因此我们可以看到辣椒陆续地出现在这些地方志的"药谱"中，但是种植的规模还非常小，使用的范围也很有限。

　　根据以往研究基本可以确定辣椒进入中国内陆始于明万历末期，与中国白银货币化几乎同期。这并非偶然，辣椒等美洲食物进入中国的时代背景，就是来自美洲的白银作为通用货币而进行的全球化贸易。

明朝隆庆元年（1567 年），隆庆帝（明穆宗）宣布解除海禁，调整海外贸易政策，允许民间私人远贩东西二洋。从此民间私人的海外贸易获得了合法的地位，东南沿海各地的民间海外贸易进入了一个新时期。这被称为"隆庆开关"（也称"隆庆开海"），大量的来自美洲的白银加入全球贸易。明朝出现一个全面的开放局面，这就使得广东、福建和浙江沿海的港口和吕宋、马六甲的贸易频繁，因此使得辣椒等美洲食物得以传入国内。

从 1567 年到 1644 年这段时间，海外流入大明朝的白银总数大约为三亿三千万两，相当于当时全世界生产的白银总量的三分之一，大明帝国积累了巨大的财富，为日后张居正的全面改革奠定了经济基础。

隆庆六年（1572 年），张居正成为内阁首辅，并实施"一条鞭法"的改革方案，这个方案确立了银本位的制度，这是中国产权确认和货币制度的一个重大转折。中国成为了世界白银大国，这也为日后在内忧外患中挣扎的明朝提供了延长寿命的资本。

贵州为什么流行吃辣

康熙年间，辣椒开始进入中国人的饮食之中，但是食用辣椒的地理范围还很小，仅限于贵州东部和湘黔交界的山区，仅仅有几个府、县的范围。辣椒传入中国以后，首先接触到辣椒的东南沿海地区，以及较早接触到辣椒的中部交通枢纽省份都没有发现辣椒的食用价值，反而是偏处内陆一隅的贵州省最早出现了食用辣椒的记载，这背后的原因是什么呢？

明清时期，人口激增，在耕地面积并无太多增加的情况下，农民不得不尽量压低口粮标准，长期的粮食短缺，造成了中国饮食的独特风格，即少肉食、多菜蔬、重调味的风格。

中国调味副食的类型分布与地区有密切关联，在东南沿海地区，调味副食有以海产品做原材料的，也有以豆制品做原材料的，还有以菜蔬做原材料的。比如广东的潮州地区就同时有虾酱、咸鱼、豆瓣酱、咸菜作为下饭调味副食的情况，可以说调味副食的选择是比较丰富的，同时，沿海地区也是海盐的出产地，盐的取得比较容易，因此咸味的调味副食并不昂贵。

中国中部地区，如湖南、江西等地，海产品不易获得，调味副食以菜蔬和豆制品做原材料比较常见，然而由于这些地方河网密集，商贸发达，盐的获得也相对容易，因此咸菜、咸味的豆豉、豆腐乳都比较常见，且不昂贵。

中国西部地区的情况不太相同，有些地区靠近井盐的产地，容易取得食盐；有些地区虽然不产盐，但是交通较为便利，也容易获得食盐；然而有些地区则既不靠近盐井，交通又不便利，导致食盐价格较高，当时当地贫困居民遇到人口增殖幅度较大的时候，不得不放弃副食而大量地食用主食。在不容易获得以盐为主的调味副食时，就不得不在传统的调味副食之外寻找别的出路了。

当时贵州是南方地区最为缺盐的省份，本省既不产盐，交通也极为不便，势必导致盐价较高。北方的西北地区盐井也较少，但是交通运输较西南便利得多，因此缺盐情况没有贵州来得严重。

　　由于食盐的缺乏，西南地区以别的调味方式"代盐"的情况并不鲜见，辣椒作为代盐的调味料则完全是出于味道的需要，辣椒和盐一样可以促进唾液的分泌。贵州山区的苗族、侗族在辣椒引进以前，已有以酸代盐的食俗，康熙年间田雯《黔书》记载："当其（盐）匮也，代之以狗椒。椒之性辛，辛以代咸，只逛夫舌耳，非正味也。"

　　即便时至今日，这种食俗仍然颇为鲜明，酸味已经与辣味充分混合，形成了贵州山区独特的酸辣口味菜肴，如酸汤菜、酸辣米粉、酸辣肉食等。

辣椒在中国的扩散

　　辣椒大约花了一百年的时间，从明万历末年间到清康熙中叶，将其从外来植物的身份转化为中国饮食中的调味料。

　　辣椒在清代中国的扩散有一个由缓慢而逐渐加速的过程，大致上康雍乾时期的扩散很缓慢，从嘉庆时期开始逐渐加速扩散，也就是说从 19 世纪开始，辣椒在中国饮食中加速蔓延，到了 20 世纪初，辣椒的食用范围已经从贵州向北扩散到湖北西部；向东扩散到湖南、江西；向南扩散到广西北部；向西扩散到渝州、四川、云南。

明末清初时，由于战乱，西南地区人口大量减少，清政府通过各种形式向四川移民了数百万人，其中以湖广移民和客家移民为主。当时的贸易已经将辣椒带入广西、湖南、贵州、云南和四川。正是在这个移民的过程中，辣椒大规模地被引入了西南地区，也成为了当地饮食文化中不可或缺的一部分。

在 20 世纪初，业已形成了一个以贵州为地理中心的"长江中上游重辣地区"。辣椒的扩散是伴随着中国农业发展的进程，人口的增殖使得缺地的农民的副食选择越来越少，不得不将大量的土地用以种植高产的主食，辣椒作为一种用地少、对土地要求低、产量高的调味副食受到越来越多的小农青睐，这构成了辣椒在南方山区扩散的主要原因。

第五章

饮品

帝国的全球贸易

1. 茶叶，优雅背后的野蛮和强权

茶叶是如何从中国传往世界的

中国是茶叶的故乡。中国的饮茶历史可以追溯到史前时期。在公元 8 世纪，一个名叫陆羽的人被称为"茶圣"，陆羽的《茶经》中记载："茶之为饮，发乎神农氏。"神农氏（炎帝）是一位中国传说中的上古部落首领，距今约有四五千年。

从长沙马王堆汉墓出土的竹简上，说明当时的湖南饮茶颇广。到了唐代，茶变成国民饮料。公元 793 年，唐德宗在位时，茶叶被列为单一的税种征税，当年全国财政茶税收入便达四十一万贯，与盐税收入相当，由此也可以看出茶叶的盛行。

有一幅名为《唐人宫乐图》的画作，为唐代佚名画家所画，刻画了宫廷女性吃茶小聚的生活场景。琳琅满目的茶具摆满了长案，一位宫人正手执长柄茶杓舀取大茶釜中的茶汤。唐人的茶汤受"混煮羹饮法"和医家的影响，凡葱、姜、酥、橘皮、茱萸和薄荷，甚至是羊油，都可以加入茶汤，倒有些类似于今天的酥油茶或奶茶。唐德宗就爱喝加了酥、椒等香料的茶汤，所以才有"旋沫翻成碧玉池，添酥散出琉璃眼"（《赋茶》，李泌）的诗句。

茶叶在国外也备受欢迎。相传，公元805年，日本僧人最澄到浙江天台山国清寺学佛，带回了茶叶种子种植在日本的滋贺县比睿山的山峦之中，茶叶由此传入日本。不过也有研究显示，茶叶从中国传入日本的时间更早一些，可以追溯到日本的飞鸟时代至奈良时代初期。

中亚的游牧和半游牧民族也嗜茶如命，茶可以化解他们饮食的油腻。茶叶很快成为了中国卖给这些地区的主要商品，中国再从他们那里购买战马，为了确保取得足够这项贸易所需的茶叶，中国王朝有时将茶叶的生产和运输纳为国家专营。

茶马交易的制度自唐开始，在唐、宋、明三代王朝中始终沿用。中原王朝的历代统治者都努力把控着对茶叶的控制权，也让茶叶成为之后千年里中原地区用于换取马匹及其他重要战略资源的主要物资。

饮茶习惯从中亚又传到俄罗斯、印度、中东这三个新市场。

这些地方或因禁止饮酒，或因地理环境种不出葡萄酿不出葡萄酒，而加糖茶（东亚所没有的饮用方法）正好提供了葡萄酒的代替品，因此大受欢迎。

　　葡萄牙人于 16 世纪闯入东南亚时，发现了当地人所饮用的茶叶，但大部分是劣质茶种，因为劣质茶种比优质茶种更经得起离开中国后的长期运送。但早期的欧洲商人并未将茶叶运往欧洲。葡萄牙水手最初可能将少量茶叶以个人名义带回到里斯本，直到 1610 年荷兰船队才首次把茶叶当作商品运到欧洲，茶叶这时还很稀罕。到 17 世纪 30 年代，茶叶从荷兰传入法国，到 17 世纪 50 年代传入英国。当时欧洲人对茶叶的需求并不是很大，因为茶叶是被当作治疗感冒和防止瞌睡的药品。

工业革命形成的饮茶传统

　　17 世纪末期，茶叶在英国开始普及，多年的饮茶习惯改善了英国人的健康指标，从 18 世纪 30 年代开始，伦敦的痢疾病例开始下降，到了 18 世纪末，伦敦几乎没人知道这个疾病了。茶叶中的茶多酚对多种菌的活性有抑制作用，同时茶多酚的收敛作用具有沉淀蛋白质的功效，当细菌蛋白质遇到茶多酚后会凝聚而失去活性，痢疾也因此得以治愈。饮茶的普及大大降低了英国人口的死亡率，减少了疾病的发生。

同时，在 17 世纪末到 18 世纪期间，由于美洲大陆种植园大面积种植甘蔗，使得糖首次成为一般大众买得起的商品。18 世纪正值英国工业革命开端，越来越多的工人出门到早期的工厂里工作。由于工作的时间变得比较死板，中午时他们很少能回家慢悠悠地吃顿午餐。在这种环境下，利用短暂的休息时间喝茶（茶歇），补充点热量和适当放松，就成为他们刻板工作时间里重要的一部分。早期工厂工作相当危险，如果工人精神不济，昏昏沉沉，手脚不灵，容易发生事故。茶有助于人们提起精神，因此提神的茶叶和热量来源的糖，就自然而然地结合在了一起。

同时，茶叶加工机械开始替代中国人传统、难学又不易控制质量的手工制茶技术。英国人将在工业革命中获取的经验，流水线设计、规模化量产、机械化制作等，很好地运用到了茶产业。茶叶开始驶上了工业化、商品化的快车道。

"Low Tea" 和 "High Tea" 究竟有什么不同

英国人饮茶的习惯是从王室开始的。17 世纪中期，英国爆发了由清教徒克伦威尔领导的革命，克伦威尔掌握了政权。逃亡法国的前国王之子查理于 1660 年回国，成为查理二世。他的妻子凯瑟琳出身葡萄牙王室，她带给英国的嫁妆是印度的孟买岛。据说是她将喝茶的习惯带到了英国王室，与亚洲关系密切的葡萄牙王室在当时已经养成了喝茶的习惯，凯瑟琳到了英国后保留了这一习惯。

在英国，喝茶成了王室的文雅举动，所以受到了贵族和绅士阶层中女性的欢迎。当时的贵族会连续好几天举行宴会，通常在第二轮宴会时，男女分开，男性尽情饮酒，一醉方休，女性则常常一边喝茶一边闲聊趣闻逸事。

茶会是一种高雅的风尚。英国东印度公司很精明，每年都向英国王室献上新茶，然后用"王室御用茶"和王妃贵妇饮用之茶的名义来宣传。

受到王室的影响，17 世纪英国上流社会的女性中开始流行下午茶（Low Tea），这一习惯是高贵、典雅的象征，如今这种茶会仍以下午茶的形式存在。下午茶形成了一套独特的礼仪，例如茶点用三层瓷盘装盛，一层是三明治，二层是烤饼，三层是蛋糕和水果塔；自下往上食用。至于烤饼，吃的方法是先涂果酱，再涂奶油。

相应地，工人阶级开始出现在工作间歇喝茶的茶歇，在英文里被称为"High Tea"。这里的 Low 和 High 是指桌子的高矮，上流社会的英式下午茶一般都在起居室的矮桌上享用，而工人阶级则在高脚桌边匆匆饮用。"Low Tea"和"High Tea"两者很容易搞混，但茶歇和下午茶的社会意义是完全不同的。

17 世纪以来，上流社会和下午茶的风气日盛，他们在气派的庭院和宴会中，用昂贵的英国瓷器甚至是来自中国的奢侈品瓷器，以及设计精美的茶巾和银质茶匙，饮用礼仪繁复的红茶。

而工人则不同，他们喝茶是为了提神干活，且茶叶大多是劣质的。

1760 年以后，由于工业革命的进展，为满足劳动者的需求，市场上出现大量不纯的廉价红茶。茶商以不纯的茶充当廉价红茶早已是家常便饭之事，市面上纯红茶中约有四成都是假红茶。英国本土并没有种植茶树，市面上却出现了"英国产红茶"这种商品。英国还出现过将使用过的红茶染色后再混入新茶贩卖的现象，喝这种茶等于是回冲用过的茶叶。据说当时每年有 36000 吨使用过的茶叶为了再制造贩卖而被回收。

茶叶贸易和鸦片战争

1693 年，英国人均茶叶进口量大概不到 3 克。18 世纪，情形全盘改观。英国东印度公司从中国进口茶叶的总价值仅在 1700 年到 1774 年间就增长了一百倍，茶叶取代了纺织品成为东印度公司最有利可图的贸易商品。1793 年，英国人均茶叶进口量已超过 450 克；该国的茶叶总进口量比 1700 年增长了 400 倍。

1800 年至 1833 年间，英国茶叶进口量已经飙升到了年均 35000 担，茶叶在英国成为了一种必需品。英国人开始担心，如果找不到合适的商品出口中国，大量的进口中国茶叶会彻底掏空大英帝国的银库。

英国人开始在全欧洲乃至全世界寻找能让中国人接受的商

品，他们发现，中国对檀香木、燕窝、鱼翅甚是喜好，但这些商品的产量太小，即便把太平洋岛屿上的檀香木砍尽，也没有办法平衡贸易。

至于英国本身，在国际上拿得出手的商品就是用羊毛加工而成的纺织品，以及英国的瓷器，而这些拿到中国来根本没有市场，当时中国的瓷器和丝绸早已天下无敌，自然没人能够看得上英国的这些蹩脚的商品。

最后，英国东印度公司把目光转向了在印度殖民地生产的鸦片。这种致瘾性商品很快让中国的白银快速流向英国。1729—1800 年，中国的鸦片进口量增长超过 20 倍，从而有助于止住英国金银流向中国。但金银的流向并未彻底逆转。对中国而言，进口这些鸦片虽然伤害不小，但在这个 3 亿人口的国度里，还未到动摇国本的地步。

到了 1818 年，英国人继续推出了混合鸦片，毒害随之更为严重。这种新鸦片的问世，大大扩大了鸦片的消费市场。1839 年输入中国的印度鸦片，足供一千万瘾者吸食。

中国因进口鸦片所流出的白银，自此大到足以抵消英国庞大进口开销的一大部分（当时英国的进口金额居世界之冠），并导致中国部分地区银价飞涨，影响政府财政。

吸食鸦片成瘾者多到中国政府不得不采取行动反击，1839年中国采取了强制措施收缴英商鸦片。林则徐在虎门海滩的销烟池内销烟近 2 万箱，道光帝对他在广州的禁烟功绩也予以肯定。

道光二十年（1840 年），英国政府以林则徐的虎门销烟等为借口，决定派出远征军侵华。当年 11 月，一支英国舰队抵达了广东沿海，战争爆发，中国以惨败收场，签署了第一个不平等条约。中国不只未能如愿禁绝鸦片入境，不只败给英国海军，还失去关税自主权、治外法权，并支付大笔赔款。这也是中国近代史苦难的开始。

被盗窃的中国茶叶

因为茶所具有的战略价值，栽种区的扩散远慢于饮用习惯的传播。在很长的时间里，将茶树带离中国都属违法行为，直到 19 世纪中叶，全世界茶叶大部分仍产自中国（日本略能自给

美味简史

自足，但非出口国）。亚洲大部分地区满足于倚赖中国提供所需的大部分茶，但早在 17 世纪就开始引进这种饮品的欧洲人，却开始不愿接受这种安排。

英国人极度渴望拥有一片属于自己的茶园，将茶叶运到世界各地为帝国赚取暴利。于是他们开始在中国之外，寻找一片属于自己的茶叶种植园了。1823 年在印度的邻国、当时仍为缅甸领土的阿萨姆地区，他们终于发现了当地野生茶树品种。英国人发动了英缅战争，战败的缅甸被迫将阿萨姆大部分土地割让给了英国，成为英属印度的一个省。

印度独立后，阿萨姆成为印度的一个邦国，成为世界上最大的茶叶产区之一。我们熟知的"阿萨姆红茶"就产自阿萨姆地区。

但是当时对中国茶迷恋不已的英国人并不青睐阿萨姆发现的野生茶，他们相信中国才是最佳茶叶的出产国。

体面的英国绅士们这次采取的方法不是抢劫，而是偷窃。

1848 年，一艘从英国出发的商船抵达上海，这艘船上的园艺家罗伯特·福特尼，另一个身份则是商业间谍，这是他第二次来到中国。这位园艺家乔装成传教士以掩人耳目，偷偷学习着各个茶区的茶叶栽培、种植、采制技术等，终于他将从中国著名茶区松萝山和武夷山收集来的茶树幼苗和茶种精心包裹，连同中国茶农、制茶工人，以及各种制茶工具一起运出中国。

1851 年 3 月 16 日，福特尼带着整本的记载茶叶的笔记、12000 株的茶树，以及中国的茶工抵达加尔各答，开启了印度茶叶种植的历史。

到 1880 年，印度的茶叶种植面积就达到了 843 平方公里。1888 年，印度的茶叶产量达到了 8600 万磅。英国从印度进口的茶叶数量第一次超过了从中国进口的茶叶数量，印度取代中国在世界市场的垄断地位，成为英国最大的茶叶出口国。

英国人称福特尼为"茶叶猎人"，中国人给了他一个更贴切的称呼——"茶叶大盗"。

2. 咖啡：工业时代的闹钟

咖啡和牧羊人，一个营销故事

据推测，咖啡的原产地在非洲东北部，埃塞俄比亚高原地带的卡法（kaffa），据说这也是咖啡（coffee）的发音来源。埃塞俄比亚是重要的咖啡生产国，如今大约有 1200 万人从事咖啡生产，是非洲主要的咖啡豆出口国。

每天早上，我都会自己手冲一杯咖啡开始一天的工作。我使用的咖啡豆是产自中国云南的小粒咖啡，这种国产咖啡豆物美价廉。

如果你手头有一个地球仪，不难发现，无论是云南的小粒咖啡，还是印度尼西亚的曼特宁、巴拿马的瑰夏、埃塞俄比亚的耶加雪啡，或是牙买加咖啡、哥伦比亚咖啡，这些咖啡产地大都分布在赤道南北回归线之间，即热带或亚热带赤道以北 25° 及赤道以南 30°。这些地区的年平均气温在 16—25℃ 之间、无霜降，降雨量在 1600—2000 毫米。

在咖啡产量方面，中南美洲的咖啡产量约占世界全部产量的六成，非洲、阿拉伯约占两成，其余的 20% 则分布于亚洲各个国家和岛屿。

关于咖啡，几乎所有的书籍都会提及一个故事，牧羊人卡尔迪带着山羊去了新的牧场后，山羊们兴奋不已晚上也睡不着。他觉得很奇怪，和修道士讲了这件事，修道士认为山羊可能吃了某种有药性的果实，于是就在附近寻找，结果发现了咖啡树。修道士发现吃了这种树上的果实睡意全无，从此便能够以清醒的状态熬夜祈祷。

美国普林斯顿大学钻研咖啡史的学者拉尔夫·哈托克斯广泛涉猎阿拉伯语文献，他在著作《咖啡与咖啡馆》一书中指出："撰写了咖啡相关文献的阿拉伯人，没有一个人提到过该传说"，他推断牧羊人的传说"估计不过是欧洲人的猜想而已"。被咖啡的魅力所倾倒的欧洲人，出于营销的目的，极有可能创作了这个流传甚广的咖啡起源传说。

摩卡咖啡是怎么来的

如果你在咖啡店，点一杯摩卡咖啡再平常不过了。今天的摩卡咖啡意味着是一杯由意大利浓缩咖啡、巧克力酱、鲜奶油和牛奶混合而成的饮料。而摩卡咖啡的本来意义，是指从阿拉伯半岛西南部（现在的也门）的摩卡港运出的咖啡所命名的咖啡品牌。因为所有出口的咖啡麻袋上都要印上"Mocha"的标记，以证明是从摩卡港运输的，所以欧洲人就把摩卡港运来的咖啡称作"摩卡咖啡"。

咖啡的原种达到五六十种，埃塞俄比亚的咖啡苗和咖啡树被带到了隔着红海相望的阿拉伯半岛西南部的摩卡港口。支配了阿拉伯半岛的奥斯曼帝国，开始在摩卡周边和萨那的山丘地带种植咖啡，而在摩卡产出的咖啡又被带到地中海沿岸，其消费地域也逐渐向欧洲大陆扩大，摩卡咖啡可以说是世界上最古老的咖啡品种之一。

咖啡饮品是 15 世纪左右在摩卡发展起来的，到 15 世纪末摩卡成为了咖啡贸易据点。16 世纪的时候，咖啡在阿拉伯半岛已到处可见。咖啡成为商品大约有 600 年的历史，但是摩卡港掌控全球咖啡市场却长达 300 年时间。

1536 年，奥斯曼土耳其帝国攻占也门，在此之后没多久，咖啡豆就成为整个土耳其帝国赚取出口暴利的重要商品。咖啡豆基本上都是从也门的摩卡港运送出口，摩卡咖啡便因此得名。

咖啡豆从摩卡港运出后，经过红海抵达埃及东北部城市苏伊士，然后再用骆驼运到埃及亚历山大的仓库，继而法国和威尼斯商人在此取货，然后再运往欧洲。掌控欧洲流通渠道的是和英国的文豪威廉·莎士比亚生活在同一时代的"威尼斯商人"。

尽管奥斯曼帝国和欧洲诸国处于敌对状态，但和海上城邦威尼斯一直保持着贸易关系，面向英国和欧洲大陆各地出口的咖啡，就是通过威尼斯港巧妙地运输出去的。

伊丽莎白女王于 1581 年正式向"利凡特公司（Levant Company）"颁发贸易专利证书，允许该公司垄断对奥斯曼土耳其的贸易，期限为 7 年。而且女王本人也向该公司秘密投资 4 万英镑，占了该公司全部资产的一半。利凡特公司和威尼斯商人也保持着友好的交易关系，双方联手使摩卡咖啡得以出口到英国。

到了 17 世纪，英国东印度公司经过非洲南部的好望角，将帆船暂停于摩卡港口，成功地直接从土耳其商人手中采购摩卡咖啡，开拓了可以大量并且稳定地进口咖啡的渠道。因此，利凡特公司对咖啡的独占贸易崩溃，因为完全无法和东印度公司价格低廉的咖啡竞争，利凡特公司不得不从咖啡贸易中退出。

英国为什么没有成为"咖啡之国"

英国之所以没有成为"咖啡之国"，是出于经济的现实考虑。

印度人巴巴布丹（Baba Budan）到也门经商时，偷偷地在头巾里藏了几粒咖啡种子，1600 年他回国后，把偷来的种子撒到了印度南部齐马伽格的卡纳塔克邦，在那里开垦了咖啡农场。直至今天，当年由巴巴布丹带回来的种子依然在繁衍后代。

1616 年，在也门亚丁从事贸易的荷兰东印度公司听说"印度种植咖啡"这一传闻后非常震惊。于是秘密派出假扮成商人的间谍到印度打探。间谍确认了印度的确种植了由巴巴布丹带回的咖啡原豆和苗木，于是收购了一些，秘密运回本国。就这样，咖啡来到了荷兰。之后，荷兰同印度签订正式合同，每年从印度进口大量咖啡。

1696 年，荷兰人种植咖啡终于取得了成功，他们在爪哇岛上建起了第一个欧洲人的农场。1706 年，爪哇生产的咖啡样品首次被送往阿姆斯特丹——这就是迄今为止依然口碑良好的"爪哇阿拉比卡咖啡"。这次成功也为后来"爪哇咖啡"的诞生打下了良好基础。

从这以后，爪哇咖啡在全世界范围内得以普及。直到现在，"摩卡（Mocha）"和"爪哇（Java）"这两个单词依然是咖啡的代名词。

荷兰东印度公司将价格低廉的"爪哇咖啡"带到了欧洲大陆，给英国东印度公司的咖啡贸易造成沉重的打击。在价格层面上，英国的摩卡咖啡已经失去了优越性。出于对咖啡贸易前景渺茫的判断，英国东印度公司大规模地从咖啡贸易中撤退，在继续少量咖啡贸易的同时，将业务核心急速地转移到和中国的茶贸易上来，英国也由此不得不从"咖啡之国"的政策转变成"红茶之国"。

到了 18 世纪，英国的茶叶贸易量猛增，红茶成为了国民饮料。最终喝下午茶成为了英国的传统。茶叶为英国社会提供了大量精力充沛的劳动力，为工业革命打下了坚实的基础。

拿铁咖啡源自维也纳之战

"拿铁（Latte）"在意大利语里原意为"牛奶"，如果你在意大利点一杯"拿铁"而不加咖啡这个词，那么服务生只会给你上一杯牛奶。"拿铁咖啡"是意大利浓缩咖啡（Espresso）与牛奶的经典混合，意大利人也很喜欢把拿铁咖啡作为早餐的饮料。一般的拿铁咖啡的成分是三分之一的意式浓缩咖啡加三分之二的鲜奶，一般不加入奶泡。它与卡布奇诺相比，有更多鲜奶味道，要更加香醇。

不同于"摩卡咖啡"来自咖啡的贸易港口，我们熟悉的"拿铁咖啡"则来自一场战争。

奥斯曼土耳其人的咖啡做法是用长柄的土耳其咖啡壶（Cezve）将咖啡豆煎烤，把红色的豆直到烤成褐黑的，然后磨成粉，再加水冲泡，等豆渣沉淀之后，只喝上面的液体，渣就留在杯子里。意大利人觉得这种喝法麻烦，就采用一个细筛子，把豆渣过滤之后再喝。土耳其人今天喝咖啡仍然不过滤，有些占卜师还能根据杯子里面留下渣的分布形状来占卜。

1683 年，奥斯曼土耳其大军第二次进攻维也纳。当时的维也纳皇帝奥博德一世与波兰国王奥古斯都二世订有攻守同盟，波兰人只要得知这一消息，增援大军就会迅速赶到。但问题是，谁来突破土耳其人的重围去给波兰人送信呢？

曾经在奥斯曼帝国游历的维也纳人柯奇斯基自告奋勇，他以流利的土耳其语骗过围城的土耳其军队，跨越多瑙河，搬来了波兰军队。奥斯曼帝国的军队虽然骁勇善战，但在波兰大军和维也纳大军的夹击下，还是匆忙退却了，这场战役成功地阻止了奥斯曼帝国攻入欧洲的行动，并维持了哈布斯堡王朝在中欧的霸权。

土耳其军队撤退的时候在城外丢下了大批军需物资，其中就有数十麻袋的咖啡豆。

但是维也纳人不知道这是什么东西。只有柯奇斯基知道这是一种神奇的饮料，并且知道怎么烤咖啡豆，怎么煮咖啡。于是他请求把这数十麻袋咖啡豆作为突围求救的奖赏，并利用这些战利品在维也纳开设了一家咖啡馆——"蓝瓶子咖啡"（几百年后美国人开创的咖啡品牌"蓝瓶子"向柯奇斯基致敬）。刚开始的时候，咖啡馆的生意并不好。原因是土耳其人的咖啡并不过滤，甚至连咖啡渣一起喝掉。奥地利人喝了咖啡后觉得太苦，聪明的柯奇斯基改变了配方，因为奥地利盛产牛奶，于是他想办法过滤掉了咖啡渣，并把牛奶加到咖啡里，就形成了我们今天喝的"拿铁咖啡"。

咖啡的全球"旅行"

由于咖啡贸易收入已经成为土耳其人收入的主要来源，因此土耳其人小心翼翼地保护着自己对也门咖啡树的垄断权。土耳其严禁生豆出口，输出的咖啡豆必须先经过沸水煮或者烘焙，让咖啡都失去生命力，无法再繁衍生长。

也门作为咖啡的主要产地，为了确保垄断资源以获取巨额利益，严禁将咖啡苗带出境。

前面章节已经说到，1600 年前后一个印度人巴巴布丹在也门经商的时候，把咖啡种子藏在头巾里，偷偷带到了南印度，并成功栽培出了咖啡树。

荷兰也瞄准了咖啡贸易的高收益性，17 世纪起，积极开展了许多关于栽培咖啡可能性的调查研究。经过无数次尝试，终于成功将南印度栽培的咖啡苗移植到爪哇岛栽培。随后，荷兰以低价的爪哇岛咖啡席卷了欧洲市场，摇身变为"世界的咖啡商"。

1706 年，一株咖啡苗由爪哇岛捐赠到阿姆斯特丹植物园。这株咖啡苗几乎改写了咖啡的历史。

1718 年荷兰把这株树苗产的种子移植到南非的苏里南，后又传到法国占领的圭亚那地区，1729 年，法属圭亚那总督的夫人将咖啡种子藏在花束中，并把它带到南美洲，巴西从此开始大面积种植咖啡，并逐渐成为世界上最大的咖啡生产国。美国的咖啡栽培也是从这一株树苗发端的。

此外，1714 年阿姆斯特丹市长将阿姆斯特丹植物园移植出来的咖啡苗赠予路易十四，并种植于巴黎植物园。法国的气候不适宜咖啡树的成长，路易十四还专门为这株咖啡树修建了世界上第一个温室，才使它终于存活下来并且开花结果。

为了在合适的地方大量种植咖啡树，1720 年，法国人将植物园中的咖啡苗移植到了殖民地加勒比海的小岛马提尼克（Martinique）。同年，咖啡又被移植到加勒比海的牙买加岛，不久后生产出了著名的蓝山品牌的咖啡。

就这样，咖啡从一个植物园蔓延到美洲大陆的各个地区，并逐渐变成战略性作物。

咖啡树引进中国最早是在台湾地区台北近郊的三峡山区。台湾总督府技师田代安定考证："1884 年德记洋行的英国人布鲁斯从马尼拉引进 100 株咖啡苗，由杨绍明种植于台北三角涌（今新北市三峡区）。"

1887 年 10 月清廷被迫开放云南的蒙自为通商商埠，法国势力进入云南。法国田德能神父，奉大理教会之命，到如今大理宾川县平川镇朱苦拉村传教并盖一座天主教教堂，田神父有喝咖啡的习惯，于是引进一株阿拉比卡咖啡树，来源不详，田神父的咖啡树就栽种在教堂旁边，时间大约在 1892 年到 1902

年之间。它后来成为云南咖啡的始祖。

咖啡馆成为商业中心

咖啡馆诞生于中东。

世界上第一个咖啡馆在 15 世纪的土耳其首都伊斯坦布尔（原君士坦丁堡）诞生，而且很快就演变成人们聚会、聊天的场所。

欧洲人迟迟才接纳咖啡，出于几个原因。土耳其式咖啡不加糖、不过滤、不加奶，又浓又烫，不合欧洲人胃口；这种相当稀少而富含咖啡因的饮料很不便宜。事实上，在约 1776 年之前，欧洲人很少喝这种饮料。

自从英国东印度公司从摩卡港直接进口大量咖啡以后，英国开始定期进口咖啡。随着咖啡的消费急剧扩大，掀起了咖啡热潮，咖啡馆也开始雨后春笋般地接连诞生。咖啡一度是英国东印度公司最赚钱的商品，这也引发了伦敦咖啡馆的繁荣。

伦敦贸易商开始在咖啡馆喝咖啡谈生意，咖啡馆作为商业中心，数量增加了一倍。乔纳森（Jonathan's）、盖拉威

（Garraway's）两家咖啡馆，还作为英格兰的主要证券交易所长达 75 年；弗吉尼亚（Virginia）、波罗的海（Baltic）两家咖啡馆，担任商业和海运交易所使命则达 150 年。

英国东印度公司的创始期的骨干和船长，也同样在咖啡馆一边喝着咖啡一边进行商业洽谈，其中最有名的是爱德华·劳埃德创办的劳埃德咖啡馆。当时的劳埃德咖啡馆已经成为了东印度公司向海外发展据点不可或缺的场所，进行海外贸易就少不了贸易商船的筹资购买和租赁，同时远洋贸易又是一门高风险的生意，一个来回常常长达数年，海上存在飓风、疾病、海盗等各种风险，投资东印度公司虽然可能获得高收益，但同时也可能面临海上翻船颗粒无收的风险。

为了减轻个人投资者对商船投资的贸易风险，劳埃德咖啡馆的 79 名商人每人出资 100 英镑，于 1774 年在咖啡馆原业务的基础上成立了日后大名鼎鼎的劳合社（Lloyd's），并开发了以船舶和贸易商品为对象的特别保险。

劳合社最终成为全世界最著名的保险公司之一，构建了庞大的全球商业网络，著名的邮轮泰坦尼克号就是由劳合社承保。

而追溯其起源，原本不过是一家由船长们聚集在一起的小小咖啡馆。

1711 年，英国成立了与西班牙属南美殖民地开展贸易活动的南海公司，公司的业务听上去很美：西班牙将允许南海公司在所有殖民地自由贸易；南海丰富的金银矿藏将使公司富可敌国；南海公司将垄断英国的棉花和羊毛贸易；公司可以不向任何外国政府缴纳关税……

这些故事让南海公司的股价一度超过每股 1000 英镑，当 1720 年公司崩盘时，股价则灾难性地跌破了 120 英镑。牛顿在这场泡沫中赔了 5 万英镑，他说，我能计算出天体的运行轨迹，却难以预料到人们如此疯狂。

在这场被称为"南海泡沫"的事件中，疯狂的股票交易大多是在被称为"伦敦金融中心"的咖啡馆中进行的。

1650—1750 年的一百年间，伦敦市内放眼即是咖啡馆，最盛期时有超过 3000 家的咖啡馆挤满了大街小巷，甚至有文献记载：在 18 世纪前期，伦敦再加上周边地区，共有八千多家的咖啡店。伦敦作为"咖啡之都"，不仅是在欧洲大陆，就连在奥斯曼帝国也是盛名卓著。

1788 年巴黎的咖啡馆也达到 1800 家，无论是大革命还是拿破仑帝国都没能阻止咖啡馆的增加。法国大革命前夕，巴黎的市民总数约为 65 万人。大约每 360 人就有一家咖啡馆。1807 年，增加到了 4000 家。其中，既有平民化的，也有十分豪华的，当时经常可以看到柜台上摆放着金字塔形砂糖小山的咖啡馆。每一杯咖啡都附带一些摆放在碟子中的方糖，还会附赠细长的面包。

美国人与咖啡的恋情

海地的奴隶在大甘蔗园里工作，生产大量的糖。但海地的自耕农和自由民欠缺资金开辟甘蔗园，于是这些乡间中产阶级转而辟种面积较小而成本较低的咖啡园，以卖给岛上一心要学巴黎人的时髦作风喝咖啡的上层人士。种咖啡获利稳当，不久产量就超过当地需求。

美国商人出手援助，销掉剩余的咖啡豆。在这之前，新英格兰、切萨皮克两地区的美国贸易商，与这产糖岛屿和英国从事三角贸易已有很长时间。他们运来食物供海地奴隶填饱肚子，运来木材、英国产品换取岛上的糖、朗姆酒，然后将其中一部分糖和朗姆酒运到英国脱手，换取其他产品。这些海运业者有时货舱未塞满，还有空间可另外带回托售货物寻找新市场。咖啡豆适合海上长途运送，腐烂慢，正是理想的货物。

后来咖啡的价格发生暴跌，从 1683 年每磅阿拉伯咖啡要价 18 先令，降为 1774 年英国商人所经手的海地咖啡每磅 9 先令，再降为独立后的美国境内咖啡每磅 1 先令，咖啡因此成为更多大众喝得起的饮料。到了 1790 年，美国的咖啡进口量比茶叶进口量多了三分之一，十年后，咖啡进口量是茶叶的十倍之多。

17 世纪 90 年代海地奴隶受美国、法国革命的鼓舞，起事反抗殖民统治，终于废除奴隶制，宣布独立，咖啡产量受时局影响暴跌，价格飙涨，出口美国的数量减了一半。若非另一个同样靠奴隶撑起经济的国家，趁机填补美国的咖啡需求缺口，美国人与咖啡豆的恋情，可能就此终结。

这个国家就是巴西，巴西利用这机会，把农地改辟成咖啡园，1809 年第一批巴西咖啡运抵纽约。19 世纪中叶，美国所消耗的咖啡，有三分之二来自巴西。

先前，葡萄牙人牢牢掌控巴西商业，使美国商人无法与葡萄牙这个辽阔的殖民地做生意。但随着法国大革命的介入，改变了局势。拿破仑说服葡萄牙国王开放巴西口岸对外通商。自此，美国船只可以轻松进入里约港装载咖啡。但还有一个问题，巴西是大陆规模的殖民地，与其他加勒比海地区的竞争者不同，它民生物资自给自足，美国人可以载什么货品来卖呢？

巴西只缺一样东西——更多的奴隶。

18 世纪 30 年代全球咖啡需求量大增，巴西的咖啡园主需要更多黑奴在咖啡园里工作，可是卖家不好找了。

原来英国境内的反奴隶买卖呼声高涨，最终促成国会通过相关法案，从而使从事奴隶买卖已久的英国人几乎不再参与这件事。美国人及时地接过这桩生意，到 18 世纪 40 年代初期，从大西洋彼岸运来巴西的奴隶，人数创新高，其中有五分之一是美国船所运来的。到 1850 年，来到巴西的奴隶有一半是由飘着星条旗的船只运来的。美国贩卖奴隶赚到了钱买了更多的咖啡，巴西也有了更多的黑奴在咖啡种植园劳动，看起来是"双赢"。

咖啡终于成为美国生活方式里不可或缺的一环。

工业时代的闹钟

随着工业时代的来临，咖啡渐渐地不只代表悠闲，还代表劳动。咖啡用以帮助机器前的工人撑起垂下的眼皮，唤起逐渐涣散的眼神。咖啡的主要角色，不再是宗教冥想，也不是谈生意或休闲消遣时的饮料，而是"工业时代的闹钟"。

工业革命时期，人们更喜欢喝咖啡，咖啡在一定程度上支持了这场革命。工业革命在 18 世纪英国爆发，19 世纪初期蔓延到欧洲和北美洲其他国家。工厂制度的发展改变了人们的生活态度和饮食习惯。

以前很多人都在家或者乡下的手工作坊劳作，人们会严格区分工作时间和生活时间。随着纺织厂和钢铁厂的出现，越来越多的工人移居城市，工人阶层生存环境恶劣，妇女和儿童也进入这一系统化的劳动力市场，在家操持家务和做饭的机会也越来越少。19 世纪早期，欧洲的编织女工几乎全靠咖啡和面包为生。因为咖啡能提神，让人觉得精力充沛而且身上暖和，会造成一种营养充足的假象。

一位历史学家记录道："这些编织女工为了能多挣一点点刚够糊口的钱，只能一直坐在织布机旁边织布，根本没有那么多时间准备午餐和晚餐，于是就只能靠不断地喝稀咖啡来刺激已经很虚弱的肠胃，至少能够暂时缓解一下饥饿带来的痛苦。"

到了 20 世纪，喝咖啡更多的不是出现在社交场合，而是在上班开车时或匆匆赶路时囫囵吞下。咖啡不只加快了现代工业生活慌乱的步调，本身也已成为大量生产的工业商品。

3. 可可曾经被当作货币使用

来自中美洲的珍贵食物

可可树生长在热带低海拔地区，它是一种喜阴的树种，通常生长在高大的热带树木的树冠下，扎根在由大量有机物质组成的营养丰富的土壤中。可可豆是经过干燥和完全发酵的可可树的种子，可以从中提取出可可固体（一种低脂肪物质的混合物）和油脂。通过加工提取出来的油脂称为可可脂，剩下的固体称为可可粉。

可可豆在中美洲作为珍贵商品已有两千多年历史。考古学家乔安妮·巴伦分析了古玛雅文明中的壁画、雕塑以及绘画等艺术品，发现其中关于可可豆或可可饮品及器皿的作品十分丰富。根据研究，已知最早的可可消费可以追溯到公元前 1400 年至公元前 1100 年之间。在早期，使用的不是可可豆，而是果肉——将甜果肉发酵制成酒精饮料，后来才用上可可豆。

在一座玛雅城市的坟墓里，考古学家发现一个有 2600 年历史的罐子，而罐子中的残骸让考古学家们震惊。实验室分析表明，罐子里的物质可能是最早的可可饮品，而且考古学家在附近村庄也发现了种植可可树的遗迹。

建立美洲第一个文明的奥尔梅克人开始食用可可，随后将此习惯传给玛雅人。可可豆又通过贸易先后传到特奥蒂瓦坎、阿兹特克这两个高地文明国家。

可可之所以成为广受人们欢迎的东西，除了因为味美外，还因为稀有，以及喝后的药理反应。可可曾经被当作兴奋剂和迷幻药使用。战士希望借助可可豆的可可碱，让自己在战场上骁勇善战。其他人则喝发酵过的巧克力饮料，整个人变得醉醺醺。这种饮料还充当治焦虑、发烧、咳嗽的药剂，阿兹特克人还认为饮用能够治疗胃肠不适，防止各种感染性疾病。

远古时期的可可会添加辣椒粉与其他香料，使之成为王公贵族欢迎的热辣饮品。玛雅人摘了成熟的可可果，发酵、晒干、放在火上烤，可可豆就出来了。把烤好的可可豆磨成粉，加入水，然后加入辣椒、玉米粉和其他独特的调味料做成糊状，再反复摇晃，直到液体充满泡沫，巧克力就完成了。

这样的巧克力自然让现代人不敢领教，但也有玛雅人和阿兹特克人在这种糊状物中加入了蜂蜜和香草精，也许这样的口味和现代比较接近。

被当成货币的可可豆

可可豆曾经一度被拿来当作货币。

任何一样东西想成为货币，它一定具备稀缺性且携带方便。

天然的可可树林生长在热带低地，但住在这类地区的玛雅人，大多是自给自足的农民，即便有剩余产品也是通过纳贡献给贵族。墨西哥高地居民对可可豆的需求很大，但可可豆的产量却很小，因此可可豆变得非常珍贵且稀有，以致被拿来充当货币。

在很多古代文献与图像中，可可时常出现在人们交易与纳税的场景中。玛雅人就将巧克力或可可豆作为货币来进行流通，特别是在公元 8 世纪之后。古玛雅人没有用过金属货币，与许多早期文明一样，他们主要是采用以物易物的形式，通过等价交换来获得烟草、玉米和服装等物品。16 世纪西班牙殖民者留下的记录表明，当时这些欧洲人用可可豆来支付工人的工资。阿兹特克经济同样也是大部分以面对面的实物交易为基础，因而可可豆代表着迈向货币化的重要发端。

在公元 691 年至公元 900 年的陶瓷和壁画中，约有 180 种不同场景的画面上有像可可豆和玉米粒一样的商品。这些东西被作为贡品或者税收交给玛雅领袖，似乎当时的人们将可可豆作为支付媒介来使用，而非一次性的交易商品。

可可豆有时有仿冒品，根据第一任西班牙总督的说法，空可可豆壳里塞进黏土，看起来"和真的没有两样，有些豆子品质较好，有些较差"。

以树的果实当货币，听起来或许荒谬，但事实上，西班牙人在墨西哥中部沿用这传统数十年，在中美洲部分地区更沿用了数百年。在 18 世纪的哥斯达黎加，总督仍用可可豆当钱买东西。天主教修士是将可可豆引进欧洲的最大推手，更有甚者有些修士甚至建议西班牙也以可可豆作为货币。

然而当可可豆被当作货币以后，它有着天然的缺陷。

与玉米、棉花等植物不同，可可豆的生长需要相当特定的条件，因此比较难以栽种，而且数量有限，这就增加了可可豆作为货币的可能性。但当时的气候变化或许影响到了可可豆的产量，并对玛雅经济产生了负面影响。可可豆短缺扰乱了执政者征税或支付劳务的规划，破坏了玛雅时期的政治格局，并导致经济崩溃，这甚至可能是玛雅文明衰落的重要原因之一。

在西班牙入侵阿兹特克后不久，可可豆作为货币的购买力大约为：一只火鸡价值 200 个可可豆；一只野兔价值 100 个可可豆；一个大番茄价值 1 个可可豆；一个搬运工的日工资为 100 个可可豆……

可可是如何传入欧洲的

1502 年 8 月，哥伦布第四次登陆美洲。他的小儿子斐迪南·哥伦布在瓜纳哈岛上俘获了一艘独木舟。这像是一艘用来从事贸易活动的独木舟，船体中部有一个用棕榈树叶搭成的简易顶棚，而顶棚下的内舱装满了谷物、酒等食物，服装、兵器、斧头、铃铛等货物。另外，还有一种看起来像杏仁的东西，当散落的"杏仁"落入海水中，船上的人大惊失色，立马伸手往海里捞起这些"杏仁"。

这让斐迪南等人大惑不解。日后，他在对这件事情的记录中写道："他们（船上的人）似乎把这种杏仁当成非常值钱的东西，因为他们和他们的商品一起被带上船时，我发现只要有这种杏仁掉落，他们都会停下脚步把它捡起来，好像掉下来的是他自己的眼睛。"

这些奇怪的豆子，玛雅人称之为 ka-ka-wa（卡卡瓦），阿兹特克人称之为 cacao（可可），最后西班牙人以讹传讹称之为 chocolate（巧克力）。

1519 年，西班牙人赫尔南多·科尔特斯率队登陆墨西哥东海岸，随后 5 年中，以不到 1000 人的兵力征服了墨西哥的阿兹特克帝国。

当科尔特斯带领着几百个人和一些武器到达当时阿兹特克的首都特诺奇蒂特兰。在阿兹特克国王蒙特祖玛举办的一次酒会上，科尔特斯和他的队伍受到了国王蒙特祖玛的热烈欢迎。

蒙特祖玛招待他们品尝一种叫"超克力"（xocolatl）的神奇饮品，它被装在精美的、金子制作的酒杯中。那是一种略微辛辣的饮料，由可可豆制成，加以辣椒和玉米淀粉来调味。当地人将这种可可饮品视为最珍贵的饮料，并称它为液体黄金，用来盛装它的金杯用一次便被丢掉，仿佛里面的液体比金子更为尊贵。这是旧大陆的人第一次正式接触可可饮品。

　　1519 年从阿兹特克返回时，科尔特斯携带了大量掠夺的财物。而船上载货的详细描述和清单显示，当时并没有将可可豆带回西班牙。1528 年西班牙探险家荷南·考特斯（Hernan Cortez）因为自己的贡献获得贵族头衔时，献给皇帝的礼品也没有可可豆或其他植物种子。有人猜想，这是因为科尔特斯发现了从可可豆中获取暴利的点子，想要独占可可豆。

　　时间转眼到 1544 年，多米尼加的修道士代表玛雅贵族来拜访西班牙的菲利普王子。在他们所带来给王子的礼品清单中，有一些动物羽毛、植物制品、香料，以及几罐碾碎的可可豆。这是可可进入西班牙的首次正式的文字记载，可以认为可可豆大约是在这一时间段传入欧洲的。

　　1585 年，第一批可可豆从墨西哥的韦拉克鲁斯启程，以正规的货运途径运至塞维利亚，开启了正式的可可贸易。

中世纪欧洲上层社会的习俗让可可流行

可可最初是充当节制饮食用的饮料而引进西班牙的，但不久，就和它在墨西哥一样，成为贵族打发闲暇、显示个人身份地位的饮料。

16 世纪初的西班牙，巧克力饮料是加水、糖、肉桂、香草精泡制而成。两个世纪后，泡热巧克力时终于加入牛奶。可可豆作为第一个获欧洲人青睐的提神剂，成为西班牙美洲殖民地最主要的外销农产品。

在资本主义世界经济的驱动下，可可豆生产由墨西哥的野生树林转移到大面积的种植园。可可树在委内瑞拉、中美洲栽种，然后移植到菲律宾、印尼、巴西，最后移植到非洲。可可豆这时成为了商品，而非货币。在 18 世纪之前，它一直是殖民地作物，但要到殖民地贵族阶层不再是其主要消费者，它的生产量才开始变大。

擅长享受的欧洲贵族发挥了丰富的创造力。他们首先把可可冷饮变成了热饮，并理所当然地加入了能带来甜美滋味的砂糖，又添加了欧洲人更熟悉的肉桂、杏仁等香辛料，并保留了泡沫。相比新大陆的原始可可饮料，这种热可可更能被欧洲人广泛接受，这也成为如今常见的热可可饮品的雏形。

1615 年西班牙公主安娜嫁给路易十三，可可饮品首先踏入法国。在路易十四统治期间，可可的消费变得普及，成为凡尔赛宫菜谱上的普及美食。然而，可可在一个世纪后才变成皇宫的风尚。路易十五格外钟情可可的味道，甚至会在私人公寓的厨房里自己做起热可可饮品。

1770 年，玛丽·安托瓦内特与路易十六结婚。她入宫的时候带着她私人的可可制造商，正式头衔为"女王的可可制造商"。为取悦贵族皇宫，工匠们不断开发新的食谱，把可可与橙花、甜杏仁结合在一起。

17—18 世纪，下午茶文化在欧洲市民阶级中逐渐流行起来。咖啡店和可可饮品店也在欧洲蔓延开来，可可饮料也由上流社会专享的高级食物，变成了大街小巷处处可见的大众消费品。

但是，即使经历了无数次调整和改进，可可饮料仍存在种种缺点。由于油水不相溶，可可饮料在研磨过程中很容易遇到油水分离的问题，甚至流失其中一部分，因此其制作工程非常烦琐复杂。可可在平民中的推广遇到了瓶颈，欧洲可可商人亟须进行技术变革。

工业革命让可可成为巧克力

工业革命对可可制造工艺的影响却是在荷兰首先出现的。荷兰的范·豪登（Van Houten）父子先后发明了"压榨脱脂"技术和"碱处理"技术，最终得到易混于热水且廉价的可可粉。

在豪登父子的发明之前，可可饮料的配方和制作工艺相比刚引进时期已发生了巨大变化。虽然欧洲可可商人创造性地使用了泡沫、糖类、香辛料和调味剂，大大改善了可可饮料的口感和味道，但这仍然无法满足消费者挑剔的口味。如何制作容易冲调又适合市场的可可饮品呢？这个问题一直困扰着当时的可可制造商们。

范·豪登父子的发明，促进了巧克力的诞生。

小豪登是荷兰阿姆斯特丹的一位药剂师，他的父亲是可可行业从业者。自很小的时候起，豪登就协助父亲打理生意，并开始学习可可制作艺术。小豪登尝试将一些碱性盐，即碳酸钾或碳酸钠加入可可液中，试图用酸碱反应来中和酸类物质。碱处理不仅成功地中和了可可液的酸涩味，使风味变得更加柔和，还改善了可可的色泽以及相溶性，使可可粉的颜色更醇黑，更易溶于热水。

1828 年，小豪登以压榨脱脂技术和碱处理技术为基础，申请了新型可可粉加工流程的专利。

可可的加工需要耗费大量的时间与精力。蒸汽机的广泛使用和制糖业的飞快发展都为可可产业前进打下了坚实的基础，是可可的历史发展史中铺陈开来的壮阔大背景。

1847 年，弗莱伊公司的工人发现，用去脂过程的副产品可可脂代替热水，可以把可可粉和糖充分混合，这个发明成为弗莱伊公司的一个里程碑，因为使用融化的可可脂制作出的可可酱更稀薄，黏性更低，更容易倒进模具中，这就诞生了世界上第一块真正可食用的现代巧克力。

就这样，巧克力终于成为大众喜爱的通俗食物。

查理和巧克力工厂

英国作家罗尔德·达尔的《查理和巧克力工厂》是一部脍炙人口的儿童文学，故事讲述了小查理生长的一个小镇里有一个全世界最大的巧克力工厂，工厂由一个伟大的巧克力发明家、制造商威利·旺卡所拥有。工厂非常神秘，大门紧锁，全镇子的人从来没有看见有人从大门进去或出来过。有一天，查理和其他几个幸运的孩子抽中了参观工厂的金色奖券，来到这个已经 15 年没有人来过的古怪工厂……

威利·旺卡的巧克力工厂为何如此神秘呢？书中这样写道："听着，查理，不久以前啊，威利·旺卡先生的工厂还有几千名员工呢。结果有一天，就是那么突然之间，旺卡先生就不得已让他们每个人都走了，回家去，再也别来上班了。"

"可是为什么呢？"查理问。

"因为有间谍。"

"间谍？"

"嗯。旺卡先生做的糖果那么好吃，那么棒，很多做巧克力的人都越来越嫉妒他，就送间谍进去偷他的秘方，这些间谍先假装成普通工人的样子在旺卡工厂里找工作。进入工作以后，每个人都分别把某个特定的东西怎么做的摸得一清二楚。"

关于这个情节可不是什么童话故事，这些是在 20 世纪初的欧洲巧克力制造业中真实发生的事情。

把商业秘密变成可靠而持续的财产，通常有两种方法，一种是把配方保密，这也是 1886 年药剂师约翰·彭伯顿对可口可乐的做法。还有一种就是申请专利保护，瓦特发明的新式蒸汽机就申请了专利。仅靠保密有时不可靠，比如 19 世纪 60 年代前，染料行业还主要依靠保密，可那之后的分析化学却发展到了能使竞争对手找出染料制造方法的水平，于是只好改为申请专利保护。

20 世纪初的巧克力配方很难申请专利，这有点像餐馆的食谱，得不到法律的保护，只有靠餐厅和厨师的严格保密。各家糖果公司常常全盘复制竞争对手的产品，改个名字就上市了，因此，糖果公司只有通过严格保密才能保住自己的商业机密。

糖果公司和竞争对手于是便展开了一场扣人心弦的"情报大战"。竞争对手会绞尽脑汁地安插间谍来窥探机密，而糖果公司这边则会想尽办法揪出自己身边的"内奸"。糖果公司的配方也成为了最高机密，只有最忠心耿耿、最受信赖的高层员工才有资格知道生产过程和配方的详情。

在糖果业，大公司的尔虞我诈、互相倾轧和窥探机密使得整个行业生态恶化，那些规模较小的家庭经营的小店就无法生存，罗尔德·达尔从小就特别喜欢那些小巧温馨的糖果店，那些用五彩的蜡纸包裹的糖果给达尔带来了美好的梦想，因此他特别痛恨这种无底线的竞争。

在 20 世纪 20 年代，吉百利和朗特里是英格兰最大的两家巧克力制造商，在达尔的学生时代，吉百利公司就经常寄巧克力新产品到学校，换取学生对新产品的意见，达尔还当过这家公司的试吃员。吉百利和朗特里两家公司经常试图窃取对方的商业机密，这些工厂的对巧克力制作的高度保密性和里面巨大精密的机器，也激起了达尔的好奇心，这也成为了达尔写《查理和巧克力工厂》的灵感来源。

4. 从酒中诞生的国家

曾被当作货币的啤酒

有记载的啤酒历史源自美索不达米亚的苏美尔，约在公元前 3400 年这里首先出现文字。从世界上首部文学巨作《吉尔伽美什史诗》（吉尔伽美什是公元前 2700 年左右的苏美尔王）的一段诗文中，我们可以清晰地看到，美索不达米亚人把饮用啤酒视为自身文明的一大标志。

在古埃及文化的所有记载中，啤酒同样重要。在始建于公元前 2650 年第三王朝的文献中曾有对啤酒的记载；出土于第五王朝末年（大约公元前 2350 年）的金字塔中的陪葬"铭文"里，也记录了许多种类的啤酒。通过对埃及的文学作品进行考察就可以发现，啤酒（埃及语中叫"hekt"）被提及的频率远远高出其他食物。

同样在美索不达米亚，人们认为啤酒历史悠久，身世迷离，所以这个词经常出现在祈祷文和神话传说中。美索不达米亚人对醉酒的态度是宽容的。而在埃及，从一些抄录员抄写的文章中，可以感受到埃及人强烈反对嗜酒和醉酒。

最早有文字的记录是苏美尔人的工资条和纳税收据，其中表示啤酒的符号（一个陶器外形的字框里画着几条线）和表示谷物、织品、牲畜的符号同样是最常用的几个字符。因为文字的发明最初是为了记录谷物、啤酒、面包和其他物品的收集分发情况，祭司可以用面包或啤酒的方式支付维修灌溉系统或建设公用场所的费用。

在埃及和美索不达米亚，大麦、小麦以及加工出的固态面包和液态啤酒，都不仅是主要食品，还是便捷、流通的货币和支付形式。美索不达米亚的楔形文字曾记载：苏美尔神庙中最底层的劳动力，每日配给啤酒1斯拉（约合1升）；普通官员为2斯拉；高级官员和王宫女眷是3斯拉；最高长官则是5斯拉。

啤酒作为支付手段最经典的例子，可在埃及吉萨金字塔看到。根据金字塔建筑工人曾经吃住过的小镇上的记录，当时工人领取的报酬就是啤酒。记录上称，金字塔的建造时间约为公元前 2500 年。那时，一个劳动力的标准配给是 3—4 条面包和两坛啤酒（大约是 4 升）；管理人员和官员相对多些。

人们将面包、啤酒当作工资或者货币，使之成为繁荣和富有的同义词。古埃及人几乎将它们视作生活必需品。词组"面包加啤酒"泛指维持基本生活的必需品，它们组合在一起的象形文字为"食物"之意。词组"面包加啤酒"还用于日常问候语，类似于祝别人好运健康。苏美尔语中表示"宴庆"的词，按字面上的意思来理解就是"摆着啤酒和面包的地方"。

真正把啤酒纳入国家管理、把啤酒收益看成是战争基金的是赫梯人。公元前 1525 年制定的《赫梯法典》中，明确提出了啤酒的酿造由国家管理，而啤酒也成为民事纠纷的调解赔偿物之一。

啤酒花改变的酿酒行业

啤酒在古代西方世界的地位不高，在希腊罗马时代，被认为是"野蛮人的饮料"，不过日耳曼人喜欢啤酒，他们热衷痛饮一种盛在粗糙的陶杯中，完全来自纯小麦酿造的啤酒。日耳曼人的远亲维京人也喜爱啤酒，在北欧神话中，死亡之神奥丁迎接英灵的殿堂，有一头巨大的山羊，而它产的不是羊奶而是喝不完的啤酒。

公元 5 世纪，日耳曼人占领了罗马帝国西部的大片区域，预示着"啤酒大复兴"。早期的日耳曼部落大量饮用啤酒。在被喝葡萄酒的人统治了 500 多年后，喝啤酒的统治者重新上台。公元 9 世纪初，阿尔弗雷德大帝（盎格鲁-撒克逊，英格兰时期威塞克斯王国国王，849—899 年）战胜了维京人后明确表示，啤酒对于僧侣、武士和农民都是必需品。随之而来的啤酒酿造与消费的兴盛使得它成为欧洲封建领主觊觎的新兴财源。

1187 年，"狮心王"理查为了筹措第三次十字军东征庞大的军费开支，宣布征收"萨拉丁什一税"，并特别通知啤酒酿造行业在纳税之余还要用钱和物额外捐赠。

1267 年英王亨利三世在伦敦颁布了欧洲第一个关于啤酒酿造的法令，上等啤酒的价格不得超过一个半便士每加仑，每桶啤酒的重量必须达到 36 加仑，一夸脱麦芽最多只能酿造 4 桶酒。在伦敦和其他城市，有国王派遣的市场专员定期巡视啤酒作坊，检查发酵过程和麦芽是否新鲜。

伴随着查理曼帝国的衰落，天主教会和地方统治者的很大一笔收入来源于对啤酒添加物"格鲁特（gruit）"（由各种酿酒调味品混合而成）的管制和税收。这个体系被称为"格鲁特制（gruitrecht）"。在 10 世纪的低地国家和德国，格鲁特制最初是天主教会的特权。主教对格鲁特实施垄断，严守配方秘密，防止税收欺诈。修道院外的人想要酿酒，必须带着大麦到某个中央机构与格鲁特混合，以防有人稀释配方，逃避税赋。

但是啤酒花的到来改变了这一切。有了这种新的调味品，任何人都可以酿酒，无须为格鲁特缴税。啤酒花的防腐效果也远远优于格鲁特，这使酿酒商可以大批量产酒，商人也能载着啤酒去更远处开展贸易。

到了 14 世纪，格鲁特制逐渐消亡，啤酒花的推广，标志着真正商业化酿酒的普及，也标志着酿酒成为一个行业。

葡萄酒的全球旅程

葡萄栽培的历史可以上溯至公元前 6000 至前 4000 年间，

发源地则是在黑海与里海之间的多山地区，也就是如今亚美尼亚境内。到了公元前 15 世纪，地中海东部与爱琴海一带的商业葡萄酒产量已具有相当规模。进入公元以后，酿酒业也盛行于地中海地区，所以《圣经》中提到葡萄酒的次数不下 165 次。

中古时代欧洲饮酒和酿酒的风气依然盛行，后来希腊的葡萄酒又随希腊正教（东正教）一起传到了俄罗斯。

葡萄酒是欧洲贵族偏好的饮料（平民百姓大多饮用自制麦酒或啤酒），更是肮脏饮水的安全替代品——自有文明以来，水污染可能是危害人类健康最甚的因素，所以《圣经》上讲到好心的撒马利亚人用酒而非水来为受伤的旅人清洗伤处，绝非巧合。

葡萄酒沿着丝绸之路传到了中国（也有一种说法，葡萄酒是本土起源）。司马迁在《史记》中记载了汉朝学习种植葡萄、酿造葡萄酒的过程。中国内地的葡萄酒工艺在唐朝开始大规模地出现，公元 640 年，唐太宗发动了对西域小国高昌的讨伐，他从高昌国获得了马乳葡萄种和葡萄酒酿造法。唐太宗不仅在皇宫御苑里大种葡萄，还亲自参与葡萄酒的酿造。此后唐朝人的诗歌里出现大量关于葡萄和葡萄酒的内容，最脍炙人口的就是王翰的《凉州词》："葡萄美酒夜光杯，欲饮琵琶马上催。"

元朝的葡萄酒在民间也很普及，内地的产量很大，民间百姓多能自酿，甚至是把葡萄酒当作生活必需品。元代统治者对葡萄酒也持鼓励政策，他们给粮食酒的税收标准是百分之二十五，葡萄酒则是百分之六，其原因就是葡萄酒不占有宝贵的粮食储备。

文艺复兴时期，欧洲品种的葡萄株被成功地移植到大西洋东边的一些岛屿，15世纪时，哥伦布曾在南美洲试栽葡萄，但没有成功，直到16世纪科尔特斯率领西班牙人远征墨西哥后，欧洲品种的葡萄株才被成功引进墨西哥。墨西哥原产葡萄和所有美洲本土葡萄一样，都有颗粒小、果皮硬、果肉酸、口味差的特性，并不适合酿酒，科尔特斯移植的则是他父亲从埃斯特雷马杜拉地区带来的品种，也是历经7000年人工选种得来的优良品种，果粒大、肉质软、甜度高、风味佳。

1524—1556年间，酿酒葡萄向南传至秘鲁和智利，并且越过安第斯山脉进入阿根廷（由当地一位耶稣会教士引进）。后来传教士又于 18 世纪 70 年代将酿酒葡萄传入美国的加州北部，不到 100 年间，此地就成为世界重要产酒区之一，产品输出远及澳大利亚、中国、夏威夷、秘鲁、丹麦和英国。

法国红酒为什么会成为葡萄酒标杆

葡萄酒的生产，最适宜的温度在年平均气温 10—20℃。北纬 30—50°、南纬 20—40° 被称为"葡萄酒酿造带"，著名的葡萄酒产区都集中在这两个产区内。制作葡萄酒的原材料葡萄，和橄榄、橙子、柠檬一样，在地中海气候下生长最好。所谓地中海气候，指的是夏季高温干燥、冬季温暖湿润的气候条件。这种气候主要集中在欧洲地中海周边区域，所以被命名为地中海气候，属于温带气候的一种。

全球范围内的地中海气候区域都有哪些地方？按国家来划分的话，有法国、意大利、西班牙、阿尔及利亚、南非、澳大利亚、美国和智利。从这个国家名单可以看到，这里有很多著名的葡萄酒产国。美国只有加利福尼亚州周边地区属于地中海气候，所以美国 90% 以上的葡萄酒产自加州。

全世界有这么多葡萄酒著名产区，为何法国红酒会成为葡萄酒的标杆呢？

在公元 1 世纪时，统领法国北部的罗马人在各地大量栽种葡萄并进行酿酒，当时的许多地区如今已成为葡萄酒的同义词。当时的酒农大多采用罗马人的酿酒方法，而且在罗马帝国倾覆后，还继续从事酿酒并扩展酒品贸易。

从酿酒业草创之初法国酒农就得四处寻找能让葡萄长到最佳成熟程度的理想土地。据传公元 9 世纪时，法国的查理曼大帝就已在勃艮第酒区的高登山丘钦选一块坡地种植葡萄了。查理曼大帝发现这块坡地总是阳光普照，所以每年的冬雪融化得最早。

公元 10—13 世纪间，法国各地纷纷建起了教堂与修道院，这些宗教机构在葡萄酒的发展过程中扮演着重要角色。法国毕竟幅员辽阔，陆路交通的不便限制了酒的运销与市场的拓展。有舟楫之便的地区如阿尔萨斯以及有海港之利的波尔多酒区，当然占尽发展优势。1650 年左右，软木酒塞的发明更促进葡萄酒的普及化。

1855 年，法国万国博览会召开，当时的法国国王拿破仑三世想借此机会推广他所喜爱的波尔多梅多克葡萄酒，他要求波尔多葡萄酒商会在博览会上筹办一场酒展，并对酒庄进行分级，以便于推广。葡萄酒经纪人工会根据当时酒庄的名声、民间已有的列级排名以及其酿造葡萄酒的品质，制定了一份分级制度，将顶级的酒庄分为五个等级，拉菲、拉图、玛歌、侯伯王成为其中首批一级庄，也借着这次万国博览会名扬天下。

法国凭借着这场万国博览会，更是凭借着酿造葡萄酒的悠久历史和诸多顶级葡萄酒产区，法国红酒成为了世界葡萄酒的标杆。

伏特加的禁令加速沙皇倒台

伏特加的禁令是加速沙皇倒台的重要原因之一。

伏特加是以谷物或马铃薯为原料，经过蒸馏制成的酒。俄国人最离不开的东西就是伏特加。彼得大帝平常喜欢用喝酒代替喝水，而在俄国农民眼中它是比肉类更好的营养品。

伏特加也是沙俄扩张最持久的动力。沙俄的军费开支非常依赖于伏特加，早在伊凡四世远征喀山公国的战争中，伏特加特别税就支持了俄国的军费开支，可以说没有伏特加就没有沙俄的持续扩张。从 1762 年开始，沙俄开始降低盐税，大肆推行伏特加专卖制度，卖酒收入占到了沙俄财政收入的三分之一。

沙俄能源源不断地发动战争，伏特加专卖收入"功不可没"。1819 年沙俄酒类专卖收入就高达 4300 万银卢布，1859 年沙俄伏特加包税人应交的税款高达 1.21 亿银卢布。沙俄废除包税制度后，伏特加买卖税款反而大增，1881 年已经达到了 2.25 亿银卢布，折合白银近亿两，是同时期清廷盐税收入的四倍。

沙俄士兵也离不开伏特加，他们到战场上的第一件事就是痛饮不要钱的伏特加，喝够之后才肯冲锋上阵。正因为俄国士兵酗酒如命，在关键时刻他们经常喝得醉醺醺，严重影响了战斗力。因此，沙皇尼古拉二世下令，禁止伏特加酒买卖，沙皇希望以此来重振军队的精神风貌，他认为一支清醒的军队肯定比一支醉醺醺的军队要骁勇善战。

但令尼古拉二世没想到的是，禁酒令一下，立即带来了巨大的负面效应。没有伏特加买卖，伏特加税自然也就消失了，没有了伏特加税，政府的收入锐减，而战争又让开支水涨船高。在这种收支不平衡下，沙皇政府很快陷入了拮据之中，很多军队的军饷都发不齐了。

同时士兵们也怨声载道，沙皇禁酒的行为让士兵们烦闷不已。伏特加原本能帮助他们驱散天气的严寒和生活中的苦闷。作为在战场上奋勇杀敌的士兵，酒更是提升勇气的灵丹妙药，一瓶伏特加可以轻松消除士兵对于战场和死亡的恐惧。

沙皇的禁酒政策先让士兵没了军饷，又让他们连酒都喝不上了，士兵顿时丧失了维护沙皇政权的动力。沙皇想让士兵卖命，又不想给士兵好处，天下哪有这样的好事。军队对沙皇的忠诚急转直下。

尼古拉二世禁酒的这种想法看似颇有道理，一支清醒的军队比一支醉醺醺的军队更能打仗，禁止伏特加买卖将大大改善军队在战场上的表现。然而他忽略了这件事的负面影响，伏特加在俄国大众特别是军队中极为盛行，伏特加如此受欢迎，且消费量巨大，它构成了俄国政府岁入的三分之一。一旦禁止伏特加买卖，沙皇的收入立刻锐减。而由于战争，他的开销却在持续增长。

布鲁斯·梅斯奎塔说，沙俄政权所谓的"制胜联盟"（指对于统治者来说不可或缺的关键支持者）有两个，一个是传统的俄国贵族，另一个就是军队。但是尼古拉二世最后完全丧失掉了这两者的支持。沙皇的财政危机使得他没有能力收买军队的忠诚，加速了自己的倒台。

白兰地推动了奴隶贸易的进程

蒸馏这项技术自古就有，它通过对液体进行汽化再冷凝，从而分离和净化出液体中的内含成分。简单的蒸馏设备早在公元前4000年就在美索不达米亚北部出现了。根据后来的楔形文字记载，该装置最初是用来生产香水的。

古希腊人和古罗马人对这种技术也不陌生，亚里士多德就曾提到：煮沸的盐水冷凝后就不再有咸味了。然而，该技术还是到后来才广泛应用于制酒。对此，8世纪的阿拉伯学者哈扬做出了杰出的贡献，他被后人视为化学奠基人之一。他对蒸馏装置进行了改进，并和其他的阿拉伯炼金术士一起对酒以及其他物质进行蒸馏以备实验之用。

葡萄酒经蒸馏后其酒精含量更高，因为酒精的沸点是78℃，比水的沸点100℃更低。如果对葡萄酒进行加热，酒精会在沸腾之前就开始逐渐蒸发。由于酒精的沸点低，这些气体里所含的酒精比例就大于水分。把这些富含酒精的气体抽出并冷凝后，就会产生一种比葡萄酒酒精含量高得多的饮料。经蒸馏后的葡萄酒后来在英语中被称为"葡萄酒烈酒"。这种烧制过的酒在荷兰语中称为"Brandewijn"，它的简写是"Brandy"，也就是"白兰地"。我们熟悉的金酒（Gin）也源自荷兰文"Genever"（意指有杜松子味的谷制烈酒）。

1492年，欧洲的哥伦布发现了新大陆。在此后的400年左右的时间里，大概有1100万奴隶从非洲运往新大陆，这个数字远远没有体现出奴隶贸易的真实规模，因为有近一半在非洲内陆被捕的奴隶死于运往港口的途中。白兰地等蒸馏饮品在这些罪恶贸易中扮演了重要的角色。尤其是在17世纪，当英国、法国和荷兰在加勒比海地区建立了甘蔗种植园时，更集中地反映了这一点。

非洲的奴隶贩子们用奴隶与欧洲人交换丝织品、金属碗杯及铜板，但最受欢迎的还是高浓度的酒精饮品。不同地区的非洲人早在很久以前就开始饮用酒精饮品，包括棕榈酒、蜂蜜酒及各种啤酒。非洲各地都非常喜欢从欧洲引进的烈酒，奴隶贸易早期，葡萄牙占据了贸易的主导地位，因此非洲奴隶贩子们习惯了喝葡萄牙的高浓度烈酒。

葡萄酒是一种合适的货币形式，然而欧洲的奴隶贸易者很快就意识到白兰地比葡萄酒更加合适，因为白兰地的酒精浓度高于葡萄酒，所以装运白兰地可以让有限的船舱装运更多的酒精。另外，由于酒精还可以起到防腐剂的作用，因此白兰地在运输过程中就不会像葡萄酒那样容易变质。

非洲人之所以钟爱蒸馏酒，是因为蒸馏酒比他们自己用谷物酿造的啤酒和棕榈酒更纯更"辣"，于是饮用进口烈酒就成了奴隶贩子们显示身份的标志。一般来说，在与奴隶贩子们进行交换时，他们认为用丝织品包装的商品最为珍贵，而烈酒特别是白兰地最能显示身份地位。

很快，欧洲人就习惯了在与非洲奴隶贩子进行交易之前先送给他们许多白兰地酒。奴隶船的船长每天都要给当地的首领和重要的奴隶贩子送一些白兰地，据说如果不首先送足够的白兰地给这些人，他们是不会和你做生意的。

白兰地还从其他方面推动了奴隶贸易的进程。据资料记载，欧洲人需要雇用船工把货品来回运送，他们每天付给船工们一瓶白兰地作为预付报酬，如果有工作就再多给两到四瓶。每逢星期天还会多给一瓶作为奖赏。同样，那些把关押在岸上的奴隶护送出港口的卫兵们的酬劳也是用白兰地来支付的。

用朗姆酒购买奴隶

人们在利用蔗糖加工过程中的废料制出了一种新的酒精饮品，这就是朗姆酒（Rum）。

"朗姆"一词源自英格兰南部的俚语，意思是"争吵和骚乱"。之所以为朗姆酒选了这个名字，是因为当人们过量饮用后往往会产生这样的结果。

朗姆酒很快受到了奴隶主的欢迎。在种植园中，对于新到的奴隶，奴隶主往往会给他们喝些朗姆酒以检查奴隶的身体状况或以此约束桀骜不驯的奴隶。他们还让奴隶们对朗姆酒产生依赖性，这样一方面有利于他们发号施令，另一方面也能帮助奴隶们驱走疲劳。当时朗姆酒还可以用作药物。当奴隶们感到不舒服时，医生只要给他们每人一杯朗姆酒就可"立即见效"，"酒到病除"。

朗姆酒也很受水手们的欢迎，1655年以后，加勒比海上的英国皇家海军舰队就用朗姆酒代替啤酒作为士兵的日常配额。在随后的一个世纪中，朗姆酒成为海军将士远航的首选饮品。士兵们原来每人可带1加仑啤酒，现在改成半品脱的朗姆酒，这样做对海军的纪律和工作效率带来的影响就可想而知了。

朗姆酒最初被用作货币，从而结束了烈酒、奴隶和蔗糖之间的物物交换。人们用朗姆酒购买奴隶，又用奴隶来生产蔗糖，蔗糖又可以用来酿造朗姆酒以买进更多的奴隶，如此循环反复以致无穷。

1721年，一位英国贸易商报道说，在非洲的奴隶海岸，朗姆酒变成了"最主要的贸易品"，甚至可以交换黄金。朗姆酒替代了白兰地作为船员和士兵的工资。白兰地有助于蔗糖和奴隶的跨大西洋贸易，而朗姆酒则促成了这两者的产销一条龙，从而使所获利润更加丰厚。

朗姆酒中诞生的美国

17世纪下半叶，朗姆酒的传入改变了美洲殖民地的生活状况。朗姆酒比白兰地便宜得多，它可以在美洲本地酿造，不必船运穿过大西洋，所以又省去了昂贵的运费。朗姆酒不仅比白兰地便宜，而且其度数更高，因此它很快就成为北美殖民者最喜爱的饮品。它能缓解劳累、舒筋活血，是人们在寒冷冬天里的液态小暖气，还减少了殖民者对欧洲进口饮品的依赖。

朗姆酒已经为美国工业的繁荣打下了基础，朗姆酒成了美国渔民、木材工人、洗衣妇、农民以及工人的选择。正如蔗糖种植园园主给黑奴喝朗姆酒抵御潮湿天气一样，美国劳动者通过喝酒来增强体质。因为是用糖做的，朗姆酒是热量最高的酒精之一，而且很便宜，人们乐于喝它来给自己注入能量。实际上，美国的工人喝朗姆酒和英国劳动者嗜好加糖的茶有类似之处。朗姆酒的价格在有的地方甚至低到一个工人一天的工资可以买够一个星期的饮用量。

　　然而，英国人却没有从这桩生意中得到好处，于是，英国蔗糖生产者呼吁政府出面干预。1733 年，在伦敦通过了一部新税法，即《糖蜜税法》。该税法规定，如果北美殖民地从其他国家的（实指法国）殖民地或种植园进口糖蜜，英国要对它征收每加仑 6 便士的关税。此税法旨在让新英格兰的酿酒者购买英国殖民地的糖蜜，因为英国糖蜜出口到美洲就可以不征此类关税。

　　如果这个税法强制执行下去的话，酿酒者就会被迫减少产量或者提高价格，从而严重破坏新英格兰的经济繁荣。另外，朗姆酒也已经成为北美殖民地人们最钟情的饮品。无论男女老少，平均每人每年要喝 4 加仑的朗姆酒，如果税法通过了，他们就不能像以前那样痛快地畅饮自己最喜欢的酒了。因此，酿酒者几乎都对这一税法视若无睹。他们从法属岛屿走私糖蜜，向那些本身就睁一只眼闭一只眼的海关工作人员行贿。

　　《糖蜜税法》虽然没有强制执行，但它仍然引起了殖民地人民的愤慨。对于英国政府而言，它不但让殖民地整个社会习惯了走私，还削弱了英国法律在殖民地的威信。自此，殖民地的人民觉得他们有权拒绝缴纳他们认为不合理的进出口货税。因此，对于《糖蜜税法》的大规模抵制活动为美国走向独立埋下了伏笔。

继《糖蜜税法》之后，英国又陆续出台了一系列不受欢迎的税法，包括 1765 年的《印花税法》、1767 年的《汤森税法》以及 1773 年的《茶税法》。这些税法的通过最终导致了 1773 年的波士顿倾茶事件——愤怒的波士顿人把三船茶叶倾入波士顿海港以示对新税法的抗议。如果说茶叶是美国独立战争的导火索，那么朗姆酒则推动了它在 1775 年的最终爆发。

美国独立战争的重要领袖之一本杰明·富兰克林曾经说过："在费城，每 25 个居民就有一个酒吧。"事实上，美洲殖民地的酒吧密度远超英国本土。